《设施蔬菜物联网云平台及系列智能装备研发与应用》

著者名单

主　　著：尚明华

副主著：刘淑云　　王富军

著　　者：李乔宇　　穆元杰　　刘　振　　张　静

张亚宁　　尹志豪　　胥兆丽　　李翠洁

秦磊磊　　赵庆柱　　马会会

U0271880

前　言

山东省是蔬菜第一大省,在全国蔬菜产业中的地位十分突出,种植面积、产量、产值等主要指标一直位居全国首位。近年来,以日光温室、大中拱棚为代表的设施蔬菜产业取得了快速发展,2015年全省播种面积达到97.3万hm^2,约占全国设施蔬菜的1/4。设施蔬菜产品质量安全水平不断提高,品牌不断发展壮大,生产、加工、市场、流通各环节相衔接的产业化格局已经基本形成。

虽然山东省设施蔬菜产业的多数指标均处于全国领先地位,但与荷兰、以色列等发达国家相比还存在一定差距,与兄弟省份相比也有一些不足之处,不能适应现代蔬菜产业发展的趋势和要求。一是设施装备自动化、智能化水平不高。设施内温、光、水、肥、气等小气候环境调控能力差,缺乏信息化基础设施,尤其是信息化装备水平较低,管理粗放,水肥资源浪费现象突出;设施环境信息采集和管理措施滞后,劳动强度大,生产效率低,抗灾减灾能力弱,容易受到极端灾害天气影响。二是设施蔬菜信息技术创新能力有待加强。山东省在主要设施和蔬菜类型精准化管理规程的制定实施、精准化环控模型研究开发等方面仍相对落后,缺乏成熟、可靠、易用的设施环境精准监测和智能调控装备。三是劳动力瓶颈越来越凸显。从事设施蔬菜生产的青壮年劳动力缺乏,劳动力成本节节攀升,从业者科技文化素质低、操作技能差等问题,已成为制约设施蔬菜进一步发展的瓶颈。山东省作为蔬菜大省,加强信息技术研究开发,推进实现设施蔬菜精准化生产管理,降低劳动强度,提高劳动生产效率,成为解决"谁来种菜"问题的十分现实和迫切的突破口。

针对以上主要问题,先后承担并开展了"设施蔬菜环境精准监测与调控技术研究与示范""'互联网+'农场关键技术及云应用""基于物联网的智慧农业园区信息化关键技术研究与示范"等重大科研项目的研究工作。为确保研发工作的针对性和研发成果的实用性,一方面加强了与山东向阳坡生态农业股份有限公司等设施蔬菜生产企业的合作,带领团队成员深入企业生产现场,与菜农细致沟通交流,了解各种问题和瓶颈,做到有的放矢;另一方面,在济南市历城区唐王镇建立了设施蔬菜物联网试验基地,团队成员在大棚里挥洒汗水,亲自种菜、亲自管菜、亲自收菜,亲身体验设施蔬菜生产的全过程,实地试验验证研发的各类设备,发现问题及时改进。

通过上述措施，有效地推动和加速了项目研究进程，先后研发完成了"智农云宝"系列设施蔬菜环采与环控设备、"智农水肥"系列设施蔬菜水肥一体化精量施用设备及"设施蔬菜物联网测控平台""设施蔬菜物联网管理平台"等一批实用化农业物联网产品，并在多家农业企业、专业合作社等进行了示范应用，均取得了良好效果，多家媒体对此进行了宣传报道。如《科技日报》——"物联网嫁接农业：一场田间的技术革命"；《中国农业新闻网》——"山东夏津首家农业物联网综合平台投入使用"；2017年2月7日《山东新闻联播》——"依托新型经营主体，提高农业供给质量"等。2016年10月，团队研发成果入选由山东省经信委、省科技厅、省农业厅、省新闻出版广电局联合发布的《山东省农业农村信息化应用解决方案（产品）推广目录》，成为全省农业农村信息化领域的主推产品。2017年12月，团队研发的农业物联网云服务平台被省经信委列入首批"山东省省级物联网示范平台"。

本书的编写目的，一是对团队前期的相关研发成果进行阶段性整理和总结，以便查找不足，继续前进；二是作为一份交流材料，请读者及专家指导指正。全书共分四章，分别介绍了设施蔬菜物联网的概念与背景、软件平台、硬件设备、应用案例等。因著者水平有限，又因时间、人力及资料等的限制，书中仍存在错误和遗漏之处，热诚希望读者把问题和意见随时告知，以便今后补充修正。

在本书撰写过程中，得到了单位领导的大力支持，农业物联网团队成员穆元杰、张静、刘振、尹志豪、张亚宁、李翠洁、胥兆丽、赵庆柱等付出了辛苦努力，在此表示衷心地感谢！

著　者
2018年4月

目　录

第一章　概念与背景 ·· 1

　　第一节　设施蔬菜概述 ·· 1

　　第二节　设施蔬菜发展现状、问题与对策 ······································ 11

　　第三节　农业物联网概述 ·· 21

　　第四节　农业物联网国内外研究、应用现状与趋势 ······················ 34

第二章　设施蔬菜物联网软件平台 ·· 43

　　第一节　设施蔬菜物联网云平台总体设计 ······································ 43

　　第二节　设施蔬菜物联网测控平台 ·· 49

　　第三节　设施蔬菜物联网管理平台 ·· 73

　　第四节　设施蔬菜物联网通信中间件及协议 ·································· 124

　　第五节　设施蔬菜物联网移动端应用系统 ···································· 139

第三章　设施蔬菜物联网硬件装备 ·· 162

　　第一节　设施蔬菜物联网环采设备 ·· 162

　　第二节　设施蔬菜物联网环控设备 ·· 184

　　第三节　设施蔬菜物联网水肥设备 ·· 196

　　第四节　设施蔬菜物联网其他智能装备 ·· 210

第四章　设施蔬菜物联网应用案例 ·· 222

　　第一节　日光温室环境监测与远程预警 ·· 222

　　第二节　日光温室无人化智能卷帘 ·· 233

　　第三节　日光温室无人化精准通风 ·· 238

　　第四节　蔬菜作物智能补光控制 ·· 243

　　第五节　蔬菜作物智能遮阳控制 ·· 248

　　第六节　日光温室蔬菜栽培环境一机全管 ···································· 251

　　第七节　蔬菜作物水肥一体化精量施用 ·· 259

参考文献 ··· 263

第一章　概念与背景

第一节　设施蔬菜概述

一、设施蔬菜相关概念

（一）概念由来

设施蔬菜是设施园艺的重要组成部分，设施园艺又是设施农业的主要组成部分。目前，我国设施蔬菜面积已占设施园艺面积的90%以上。由于设施蔬菜可以在露地自然环境不适宜生产的季节条件下进行栽培，在我国曾长期被称为"反季节栽培""不时栽培"或"保护地栽培"等，直到20世纪90年代后，才逐渐使用"设施蔬菜"这一名词。

（二）设施农业

广义的设施农业包括设施种植业和设施养殖业。设施农业是利用现代农业工程技术、管理技术和新型生产设备，控制动植物生长所需的土壤、光照、水分、空气等环境因子，依托适当的工程设施，在局部空间和一定程度上控制气候环境，从品种选择到生产管理全过程实施相应的成套技术，尽可能降低动植物生长对外部自然环境的依赖，实现动植物高效、优质、集约化生产的一种现代农业生产方式。设施农业的实质是对自然资源的合理配置、高效利用和可持续发展，是实现速生、高产、优质、低耗的一种有效手段。

（三）设施园艺

设施园艺是利用人工设施（如温室、大棚、遮阳网等），在露地不适于园艺作物（蔬菜、花卉、苗木、食用菌等）生长的季节（寒冷或炎热）或地区，在局部范围内改变园艺生产的小环境，人为地为园艺作物生产提供适宜生长的温度、湿度、光照、水肥和气候等环境条件，实现在逆境环境下的正常生产。比如说在高寒冷凉地区、干旱缺水地区，利用覆盖塑料薄膜或建造玻璃温室，可以通过人工调节阳光、温度和水分，进而创造出适宜园艺作物生长的有利环境和条件，在一定程度上摆脱对自然环境的依赖。

（四）设施蔬菜

设施蔬菜是指在蔬菜栽培过程中，在露地不适宜蔬菜作物生长的季节或地区，利用特定的设施（保温、增温、降温、防雨、防虫等），人为地创造出适于蔬菜生长的环境，生产优质、高产蔬菜的一种环控农业。蔬菜采用设施栽培能够有效避免低温、高温、强光照射等逆境环境对蔬菜作物的危害，摆脱蔬菜种植所受到的自然环境制约，实现全年均衡生产，解决夏季蔬菜淡季、秋冬反季、早春避寒栽培等问题。设施蔬菜可以在任何时间上市，能够缓解蔬菜产销的季节性、区域性与消费需求的均衡性、多样性之间的矛盾。生产者可以在冬季严寒季节、盛夏高温多雨季节提供新鲜蔬菜，通过反季节的产品差价来获得较高的经济效益。

从理论上讲，设施蔬菜生产方式既可以在不适宜蔬菜作物生长发育的任何地区生产，也可以在不适宜蔬菜作物生长发育的任何季节生产。但在实际生产中，人们多是选择可以有效节能的地区进行设施蔬菜的周年生产。伴随着设施蔬菜的周年生产，设施蔬菜生产中出现了全季节栽培、冬春茬栽培、春早熟栽培、越夏栽培、秋延后栽培、秋冬茬栽培等生产茬口。

二、设施蔬菜在蔬菜产业中的地位和意义

我国设施蔬菜发展具有悠久的历史，尤其是近年来发展迅猛，目前已经成为支撑农业和农村经济的一项重要产业。它的发展不仅为解决我国蔬菜周年供应问题提供了不可缺少的生产方式，也为农民增收提供了重要途径。随着社会经济的发展、人民生活的改善和科技水平的提高，设施蔬菜越来越受到人们的重视，设施蔬菜产业已经成为我国农业现代化发展的重要组成部分。

（一）设施蔬菜实现了蔬菜周年均衡供应

蔬菜是种植业中仅次于粮食的第二大农作物。蔬菜与粮食、畜禽及水产品一样，是人们日常饮食中必不可少的食物之一，我们身体所需要的许多营养来自摄入的蔬菜。蔬菜的营养物质主要包含矿物质、维生素、纤维等，这些物质的含量越高，蔬菜的营养价值也越高。从保健的角度来看，蔬菜的营养价值也不可低估，据1990年国际粮农组织统计，人体必需的维生素C的90%、维生素A的60%均来自蔬菜，可见蔬菜对人类健康的贡献之巨大。许多蔬菜还含有独特的微量元素，对人体具有特殊的保健功效，如西红柿中的番茄红素、洋葱中的前列腺素等。蔬菜可提供人体所必需的维生素、矿物质、碳水化合物、蛋白质、脂肪、膳食纤维等多种营养物质，其中一些营养物质是其他食物中所没有的，因此，日常生活中一个成年人每天应摄入200～500g蔬菜才能满足人体的需要。由于每种蔬菜所含营养素种类和数量各异，而人体的营养需要又是多方面的，人们每天需要摄入多种不同种类的蔬菜，丰富多样的蔬菜是人人必需、天天必需的重要食物。

蔬菜又是一种鲜嫩食品，多数蔬菜不耐贮运，市场供应受当地当时蔬菜生产状况的影响很大。我国大部分地区的自然环境不适宜蔬菜的周年生产，一方面，我国北方地区冬季寒冷，难以在自然条件下生产蔬菜，常导致北方地区出现冬季蔬菜供应的淡季；另一方面，我国南方地区夏季炎热多雨，蔬菜自然条件下生产也较为困难，常导致南方地区蔬菜供应的淡季。蔬菜供应的不足，会直接影响人们的身体健康。随着人们生活消费水平不断提高，人们膳食结构不断趋于合理化，人们对于蔬菜类农产品的需求量以及种类不断增多，蔬菜周年均衡供应是我国蔬菜产业发展中的最大问题。

利用日光温室、塑料大棚等保护设施进行蔬菜提早、延后和遮阳等形式的栽培，人为地创造适合蔬菜生长的环境和条件，增加各个季节蔬菜生产的种类和产量，能够有效解决我国蔬菜周年均衡供应问题。截至2013年年底，我国设施蔬菜面积近370万hm^2，其中日光温室95万余hm^2，塑料大中棚近170万hm^2，日光温室和塑料大中棚蔬菜面积约占设施蔬菜总面积的72%；设施蔬菜产量2.5亿t左右，人均占有量180kg以上，约占当年蔬菜总产量的32%。设施栽培的主要蔬菜种类包括茄果类、瓜类、豆类、甘蓝类、白菜类、葱蒜类、叶菜类、多年生类、食用菌类等10余大类的上百种，设施蔬菜产业的发展为我国蔬菜周年均衡供应提供了重要保障。

（二）设施蔬菜有利于蔬菜产业的可持续发展

近年来，我国蔬菜产业发展迅速，总体上满足了城乡居民对蔬菜数量、质量、品种日益增长的需要。虽然蔬菜产业近年来取得了长足的发展，但生产中重产量轻质量、产品质量安全水平不高等问题也不容忽视，农药残留、重金属等有毒有害物质超标现象较为突出。伴随着工业化和城市化的快速推进，工业"三废"等的排放给生产环境中的水、气、土壤等环境造成严重的危害，容易引起生态环境的恶性循环，最终危及人类。而当前露地蔬菜生产中存在规模化程度低，标准化生产技术缺失，生产过程中农业投入品使用不合理等问题，也导致蔬菜产品污染严重，因食用有毒有害物质超标的蔬菜而引发人、畜中毒的事件时有发生。蔬菜作为人民群众在日常饮食中不可或缺的农产品，其质量安全状况直接影响到广大人民群众的消费信心和幸福程度。在蔬菜种植方面，散小农户蔬菜种植存在区域分散、土地利用率低、过度使用化肥农药、水资源浪费严重等现象，在一定程度上浪费了宝贵的农业资源。

设施蔬菜栽培因其环境的封闭性和可控性，具备防控外部污染的先天条件，能够有效控制种植过程中的环境因素和水肥药投入，抑制害虫、病害发生，减少农药用量，有效保障蔬菜质量安全，有助于实现蔬菜栽培过程规范化、蔬菜产品标准化、水肥药施用精准化，从而提高蔬菜的质量，促进蔬菜产业稳定健康可持续发展。

（三）设施蔬菜是发展新型现代蔬菜产业的重要手段

我国既是蔬菜生产大国，又是蔬菜消费大国，蔬菜是除粮食作物外栽培面积最广、经济地位最重要的作物。随着科技进步和人们生活水平的提高，蔬菜产业正向着品种多元化、布局区域化、技术标准化的方向发展。随着蔬菜消费市场的多元化发展，适应不同消费群体、不同季节、不同熟性的蔬菜新品种将不断涌现。质优味美型蔬菜、营养保健型蔬菜、天然野味型蔬菜、奇形异彩型蔬菜、绿色安全型蔬菜将会越来越多地进入千家万户。根据不同生态地区的气候特点和资源优势，不同蔬菜的优势产业区域将进一步扩大。根据产业特点划定的出口蔬菜加工区、冬季蔬菜优势区、高山蔬菜、夏秋延时菜和水生蔬菜优势区有着广阔的发展前景。国内外都加强蔬菜质量认证体系建设，无害化蔬菜将成为我国蔬菜产品的主体，农户在生产中避免使用高毒和剧毒农药的同时，应注意防止蔬菜生产中出现的硝酸盐污染和重金属污染。绿色蔬菜将是未来我国蔬菜发展的方向。

设施蔬菜可以综合运用现代高科技、新设备和管理方法，通过自动化、信息化和智能化等生产管理方式，在完全人工创造的环境中进行全过程的连续作业，从蔬菜品种选择、生产周期安排、育苗、定植、营养液管理、施肥施水、环境控制、病虫害防治、植株管理、授粉、采收等环节都可以实现严格控制。因此，设施蔬菜是实现蔬菜产业品种多元化、布局区域化、技术标准化的重要途径，是建设新型现代蔬菜产业的重要内容。信息技术等支撑下的设施蔬菜是实现传统农业向现代农业生产方式转变的重要体现。

（四）设施蔬菜有利于实现农民增产增收

过去的30年，设施蔬菜生产为农民增产增收和蔬菜产业结构调整作出了重要贡献。相比于大田作物和露地蔬菜，设施蔬菜产业的技术装备水平、集约化程度、科技含量以及比较效益都很高，通过规模化生产、集约化经营、标准化管理，使农业生产实现效益最大化，目前设施蔬菜的投入产出比可达1∶4.5，是一个高投入、高技术集成、高产出的产业。对农民而言，设施蔬菜单位面积产值是大田作物的25倍以上，是露地蔬菜的10倍以上。多年的实践证明，设施蔬菜产业是一个富民产业，是农业增产和农民增收的产业，从而成为我国农业产业结构中的重要支柱性产业。

三、设施蔬菜栽培方式及特点

（一）设施蔬菜栽培介质类型

设施蔬菜栽培方式按栽培的介质不同分为土壤栽培和无土栽培。

1. 土壤栽培

设施蔬菜土壤栽培是利用土壤作为蔬菜植根的基质，其特点是管理技术相对简单、易掌握，是我国设施栽培的主要类型，占整个蔬菜设施栽培面积的99%，土壤栽培主要有自然土栽培和人工营养土栽培。

自然土栽培，由于设施蔬菜种植品种比较单一，重茬多，土地复种指数高，蔬菜产量高，所以对土壤条件要求也较高。使用自然土栽培时，要求土壤高度熟化，熟土层厚度要大于30cm，土壤有机质含量不低于30g/kg，最好能够达到40～50g/kg；土壤结构要疏松，土壤的固、液、气三相比例要适宜，固相占50%左右，液相占20%～30%，气相占30%～20%，总孔隙度在55%以上，这样的土壤才能有较好的保水保肥和供肥供氧能力；土壤的酸碱度要适宜，蔬菜设施栽培土壤的pH值最好在6.0～6.8，在这个范围内大多数蔬菜生长发育良好；要求土壤肥沃、养分含量高，土壤碱解氮含量在150mg/kg以上，速效磷110mg/kg，速效钾170mg/kg以上，氧化1.0～1.4g/kg，氧化镁150～240mg/kg，且含有一定量的有效硼、钼、锌、锰、铁、铜等微量元素。在细致整地和施足底肥的前提下，可以在土壤上覆盖地膜以提高地温，减少土壤水分蒸发，防止地面板结，能够显著降低棚内的空气湿度，减少病害的发生和传播，促进蔬菜的生长发育。

人工营养土栽培，设施蔬菜土壤栽培常因连作导致土壤次生盐渍化、土壤营养失调、土传病原菌大量集聚以及蔬菜作物自毒物质积累等，形成明显的连作障碍，解决连作障碍最经济有效的方式就是采用人工营养土栽培。人工营养土多是大田土壤与有机肥、有机质和适量的无机肥沤制而成。一般腐熟秸秆体积占50%左右，腐熟有机肥体积占25%左右，土壤占25%左右。也可以添加颗粒大小适中的菇渣、锯末等有机废弃物替代腐熟有机秸秆，再加少量的添加剂、保水剂和有益微生物等。人工营养土栽培通常采用沟槽式栽培，基本与无土栽培的做法类似，所不同的是将无土栽培中的基质和营养液换成人工营养土。人工营养土栽培的栽培槽设置方法有两种：一是地下挖沟，然后铺垫塑料薄膜，上填人工营养土，使人工营养土与土壤隔离；二是在地平面上垒砖槽或其他材料的栽培槽，槽内铺上塑料薄膜，上填人工营养土，使人工营养土与土壤隔离，解决连作障碍。

2. 无土栽培

无土栽培是指不用天然土壤而用营养液，或仅育苗时用基质，在定植以后用营养液进行灌溉，利用营养液供给植物的栽培方法。为使植株得以竖立，可用石英砂、蛭石、泥炭、锯屑、塑料等作为支持介质，并可保持根系的通气。由于植物对养分的要求因种类和生长发育的阶段而异，所以配方也要相应地改变。例如，氮可以促进叶片的生长，叶菜类需要较多的氮；番茄、黄瓜要开花结果，比叶菜类需要较多的磷、钾、钙，需要的氮则比叶菜类少些。生长发育时期不同，植物对营养元素的需要也不一样。例如，番茄苗期的培养液里的氮、磷、钾等元素可以少些，长大以后就要增加其供应量；夏季日照长，光强、温度都高，番茄需要的氮比秋季、初冬时多，在秋季、初冬生长的番茄要求较多的钾，以改善其果实的质量。培养同一种植物，在它的一生中也要不断地修改培养液的配方。无土栽培所用的培养液可以循环使用，配好的培养液经过植物对离子的选择性吸收，某些离子的浓度降低得比另一些离子快，各元素间比例和pH值都发生变化，逐渐不适合植物需要。所以每隔一段时间需要调节培养液的pH值，并补充浓度降低较多的元素。但这种循环使用不能无限制地继续下去，用固体惰性介质加培养液培养时，要定期排出营养液或用点灌培养液的方法，供给植物根部足够的氧。当植物蒸腾旺盛的时候，培养液的浓度增加，这时需补充水。无土栽培成功的关键在于管理好所用的培养液，使之符合最优营养状态的需要。

由于无土栽培可人工创造良好的根际环境以取代土壤环境，有效防止土壤连作病害及土壤盐分积累造成的生理障碍，充分满足作物对矿质营养、水分、气体等环境条件的需要，具有省水、省肥、省工、高产、优质等特点，是加快作物生长，提高作物产量，扩大农业生产空间及实现工厂化高效种植的一种理想栽培方式。多年的实践证明，大豆、黄豆、菜豆、豌豆、小麦、水稻、燕麦、甜菜、马铃薯、甘蓝、叶莴苣、番茄、黄瓜等作物，无土栽培的产量都比土壤栽培的高。但无土栽培一次性投资大，营养液配制难度大，要求栽培技术高，普通农民难以掌握，因此目前面积还较小。随着蔬菜土壤栽培连作障碍的发生和耕地利用的需要，无土栽培类型在未来将得到长远的发展。

（二）设施蔬菜栽培设施类型

设施蔬菜按栽培的设施分为塑料拱棚蔬菜栽培、日光温室蔬菜栽培、连栋温室蔬菜栽培、遮阳网覆盖蔬菜栽培和防虫网覆盖蔬菜栽培。

1. 塑料拱棚蔬菜栽培

塑料拱棚（图1-1）是用竹竿、竹片、钢筋、波比钢管及钢筋水泥等材料制成拱形支架，在支架上面覆盖塑料薄膜而形成一定大小空间的设施叫做塑料拱棚。塑料拱棚四面无墙体，是我国设施栽培中最重要、应用最广泛的一类生产设施。塑料拱棚又分为塑料中小拱棚、塑料大棚和塑料防雨棚等类型。

图1-1 塑料拱棚

塑料中小拱棚一般是由竹竿和水泥柱建成,寿命长达3～10年,顶部呈弧形,上面覆盖塑料膜,也叫二棚、面包棚、冷棚。适合我国南方地区以及北方春、秋季节的种植使用。拱棚相对于日光温室而言保温性能稍低,可在棚内加设二膜或三膜,以增加夜间温度。塑料拱棚蔬菜栽培是我国各地普遍采用的简易设施蔬菜栽培形式,南北各地广泛采用,主要用于春提早、秋延后栽培。塑料拱棚具有结构简单、搭建拆除方便、投资成本低、使用便利、效果明显等优点,可以根据蔬菜对温度条件的不同要求,在不同时期覆盖不同种类的蔬菜,使更多种类的蔬菜早播种、早定植、早发育、早成熟,以降低生产成本,提高栽培效益。可按照先覆盖耐低温、抗旱的蔬菜作物,后覆盖较喜温的蔬菜作物,最后覆盖耐高温、耐热的蔬菜作物的顺序进行覆盖栽培。塑料小拱棚高度一般在1.5m以下,宽13m以下,长度一般在1m以上,可就地取材,用细竹竿、竹片等作拱杆,弯成拱形,两端插入土中上面覆盖一整块薄膜,四周卷起埋入土中。这种小拱棚不需要揭膜放风,温度升高后撤棚进行露地生产。塑料中拱棚比小拱棚大,而比塑料大棚小,其跨度一般4～6m,脊高1.5～1.8m,多为竹木结构,也可利用钢筋或钢管焊成中拱棚,性能优于小拱棚,次于大棚。中拱棚内平均最低气温比小拱棚高,比大棚低。由于中拱棚较低矮,面积小,外面可用草苫覆盖,增加防寒保温性能。中棚一般早春先覆盖后定植,定植后前几天不进行放风,随着温度的升高,逐步进行放风降温。早期用棚头进行放风,逐步加大通风量。当夜间温度稳定在蔬菜作物生长下限温度之上后,撤棚转入露天种植。

塑料大棚通常是指跨度在4m以上、中间高2.6～3m的塑料薄膜覆盖的棚室。塑料大棚根据骨架用材不同可分为折叠竹木结构、折叠焊接钢结构和镀锌钢管结构。覆盖材料有普通聚乙烯薄膜、多功能长寿膜、草被、草扇、折叠聚乙烯高发泡软片、无纺布、遮阳网等。塑料大棚能充分利用太阳能，保温作用优于塑料中小拱棚，并通过卷膜能在一定范围调节棚内的温度和湿度。塑料大棚多用于瓜类、茄果类、豆类等蔬菜的春早熟和秋延后种植，也可以用于一年一大茬的长季节栽培。塑料大棚蔬菜栽培在我国各地都有分布，但东北地区需避开严寒冬季，华南地区需避开炎热夏季。塑料大棚蔬菜栽培主要是起到春提前、秋延后的保温栽培作用，一般春季可提前30～35天，秋季能延后20～25天，对解决春秋淡季蔬菜的供应有明显的效果。如在华北地区果菜类蔬菜露地栽培供应期只有4～5个月，而利用塑料大棚后供应期可延长到6～8个月。我国地域辽阔，气候复杂，利用塑料大棚进行蔬菜的设施栽培，对缓解蔬菜淡季的供求矛盾起到了特殊的重要作用。

热带、亚热带地区年均降水量达1 500～2 000mm，其中60%～70%集中在6—9月，多数蔬菜在这种多雨、潮湿、高温、强光的条件下病虫多发，土壤积水造成根系生长不良；雨水过多枝叶繁茂，生殖生长不良；水分供应不均衡，果实易产生裂果、腐烂，这种环境下露地蔬菜很难正常生长。利用塑料薄膜等覆盖材料，扣在大棚或小棚的顶部，四周不扣膜或扣防虫网，形成塑料防雨棚。塑料防雨棚可以使作物免受雨水淋洗，在南方夏季多雨季节进行蔬菜的生产，同时还可以进行夏季蔬菜和果品的避雨栽培或育苗。塑料防雨棚主要分为小拱棚型防雨棚、大棚型防雨棚和温室防雨棚三大类，小拱棚型防雨棚主要用作露地西瓜和甜瓜早熟栽培。小拱棚顶部扣膜，两侧通风，使西瓜、甜瓜开雌花部位不受雨淋，以利授粉、受精，也可以用来育苗。前期两侧膜封闭，进行保温、保湿促成早熟栽培，中后期两侧通风进行避雨栽培，是一种常见的先促成后避雨的栽培方式。大棚型防雨棚，即大棚顶上天幕不揭除，四周裙幕揭除，以利通风，四周可挂上20～22目的防虫网防虫，可用于各种蔬菜的夏季栽培。温室型防雨棚，东南沿海及华南地区多台风、暴雨，建立钢架温室状的防雨棚，顶部设天窗通风或锯齿状温室上部内侧通风，四周薄膜（玻璃）可以开启，顶部覆盖防雨，用作夏菜育苗或栽培。

2. 日光温室蔬菜栽培

日光温室又称暖房（图1-2），是我国特有的一种设施蔬菜栽培方式。日光温室指三面围墙，脊高2m以上，跨度6m以上，能透光、保温或加温，热量来源主要依靠太阳能辐射的保护栽培设施。日光温室最大的特点是不进行或基本不进行人工加温，完全或基本上依靠太阳能辐射来满足蔬菜作物对光照和温度的需要。日光温室是由两侧山墙、围护后墙体、支撑骨架及覆盖材料组成，白天依靠南屋面透光覆盖材料最大限度采光、积蓄热能，夜间依靠北面加厚的墙体、后坡和防寒沟、棉被、草毡等保温措施最小限度散热，从而最大限度的利用太阳能资源，维持室内一定的温度水平，以满足蔬菜作物生长的需要。日光温室的种类较多，依不同的屋架材料、采光材料、外形及加温条件等又可分为很多种类。日光温室能在不适宜植物生长的季节，提供温室生育期和增加产量，多用于低温季节喜温蔬菜、花卉、林木等植物栽培或育苗等。日光温室的优点是采光性能和保温性能好、取材方便、造价适中、节能效果明显，适合小型机械作业。其缺点是环境的调控能力和抵御自然灾害的能力较差，主要种植蔬菜、瓜果及花卉等。

图1-2　日光温室

3.连栋温室蔬菜栽培

连栋温室（图1-3）是指两栋以上温室连接在一起形成的一座温室，是温室的升级，实质就是一种超级大温室，用科学的手段、合理的设计、优秀的材料将原有的独立单间模式温室连起来。温室骨架多采用金属材料如镀锌钢材、铝合金等，覆盖材料有普通玻璃、钢化玻璃、丙烯酸树脂玻璃纤维板（FRA）等，覆盖材料包括玻璃、双层塑料薄膜、双层塑料充气薄膜、聚碳酸酯板材等，另外还配套外遮阳、内覆膜、水帘降温、滚动苗床、行走式洒水车、计算机管理系统、水培系统等。

20世纪80年代后期，我国先后从荷兰、美国、保加利亚、罗马尼亚、韩国、日本、以色列等国引进一批现代化大型连栋温室，在引进的基础上，我国自行设计研制开发了我国的大型连栋温室。现代化大型连栋温室自动化程度高，可采用燃煤、燃气、燃油等进行加温，采用强制通风、水帘降温等调控温度设施，环境指标可用计算机自动控制，是工厂化生产的雏形。连栋温室实现了环境控制的自动化，基本摆脱了自然环境的影响，土地利用率高，管理操作方便，适合机械化生产，可实现蔬菜的周年生产，单位面积产出效益高，但这种温室的耗能大，一次性投资高，在我国还未实现大规模发展。

图1-3 连栋温室

4. 遮阳网覆盖蔬菜栽培

遮阳网又叫遮阴网、遮光网、寒冷纱或凉纱，是以聚烯烃、聚丙烯等作原料，加入防老化剂和色料，经拉丝编织成的一种轻量化、高强度、耐老化的新型网状农用塑料覆盖材料。遮阳网棚具有质轻、耐用、体积小，管理操作省工省力等特点，能实现避强光、降高温、防暴雨等多种功能，主要用于南方夏秋季节蔬菜栽培及育苗。遮阳网覆盖能够显著减少南方夏秋季节蔬菜栽培过程中，因强光高温、暴雨及病虫害等对蔬菜生产过程中造成的危害。遮阳网覆盖蔬菜栽培已成为我国南方地区解决蔬菜夏秋淡季的一种简易、实用、低成本、高效益的蔬菜设施栽培新技术，它使设施蔬菜栽培从冬季拓展到夏季，成为我国热带、亚热带地区设施栽培的特色。

5. 防虫网覆盖蔬菜栽培

防虫网是一种采用添加防老化、抗紫外线等化学助剂的优质聚乙烯原料，经拉丝编织20～30目而成，形似窗纱，具有抗拉力强度大、抗热耐水、耐腐蚀、耐老化、无毒无味的特点。防虫网覆盖蔬菜栽培，是以防虫网构建的人工隔离屏障，采用全程覆盖、封闭栽培，将害虫拒之于网外，从而收到防虫保菜的效果。

由于防虫网覆盖栽培可以有效防止害虫对蔬菜的危害，所以在夏秋季虫害频发时期，作为无（少）农药、无公害蔬菜生产的有效措施而推广应用，尤其是南方地区叶菜类蔬菜生产上被广泛采用。防虫网覆盖栽培，可大幅度减少化学农药的使用量，是农产品无公害生产的重要措施之一，对不用或少用化学农药，减少农药污染，生产无农药残留、无污染、无公害的蔬菜具有重要意义。

第二节 设施蔬菜发展现状、问题与对策

一、设施蔬菜发展现状

（一）世界设施蔬菜发展现状

进入20世纪70年代后，世界设施蔬菜发达国家的栽培技术已发展到了高技术、高投入、高产出的阶段。目前，世界设施蔬菜发展现状和趋势有以下几个方面特点。

1. 设施蔬菜生产水平逐步提高

（1）设施结构不断向大型化和标准化方向发展。设施结构正朝着大型化、超大型化和标准化的方向发展，大型连栋温室小则$1hm^2$，大则数公顷。我国特有的日光温室也从原来的最大跨度8m发展到15m。设施结构的大型化和标准化，有利于减小室内的日温差，便于机械化操作，降低造价，适应作物生长。

（2）设施环境控制自动化程度不断提高。大型连栋温室均实现了温度、湿度、光照及CO_2浓度等环境的自动化调控。我国特有的日光温室也开始逐步实现环境的自动化控制。环境的自动化控制可以确保蔬菜处于最适宜生长发育的状态，从而实现优质高效生产。

（3）设施蔬菜生产机械化和规范化水平有所增强。目前设施蔬菜生产的机械化控制程度越来越高，有自动播种机械、嫁接机械、育苗机械、耕耘机械、覆膜机械等。这些机械的应用，大幅度提高了劳动生产效率，有利于实现设施蔬菜的规模化生产。设施蔬菜的规范化生产也越来越受重视，针对不同的设施类型及结构的蔬菜栽培技术规范不断制定。我国在这方面尚较落后，但近年来也制定了一系列设施蔬菜栽培技术规范或标准。

（4）设施蔬菜单位面积产量逐步提高。目前世界设施蔬菜单位面积产量最高的是荷兰，温室番茄产量为$70kg/m^2$。荷兰温室番茄从20世纪70年代的$40kg/m^2$，发展到80年代的$56kg/m^2$，再到90年代的$60kg/m^2$，发展到现在已经达到$70kg/m^2$，设施蔬菜单位面积产量逐步提高。

2. 节能减排成为设施蔬菜生产的研究热点

设施蔬菜生产是高能耗的农业产业。据联合国统计，全世界每年农业生产能耗费用占温室生产总费用的15%～40%，能耗量的35%用于温室加温。随着天然气和石油等不可再生资源的日益枯竭、能源价格不断攀升以及限制CO_2等温室气体排放的规定，设施蔬菜节能生产已成为全世界研究的热点问题。荷兰等发达国家通过提高覆盖材料透光率，增加温室太阳能入射量，热能的多用途利用和余热回收，温室浅层地能利用技术，保温隔热技术等方式减少热量损失，提高热能的利用率。

3. 植物工厂成为发展趋势

目前全世界最高水平的园艺设施是植物工厂。植物工厂是指利用人工可控环境和标准化生产工艺及技术进行植物周年生产的工厂化种植体系，这一体系是采用全封闭的方式，全面和有效的环境控制技术及植物工程技术，生产从播种到采收的全过程实现连续的高度自动化流水作业，完全摆脱自然环境条件限制的植物种植全年连续生产。世界上第一家植物工厂于1957年诞生于丹麦，之后，荷兰、日本、俄罗斯、美国、奥地利等国家均开展了植物工厂的研究，主要生产菠菜、莴苣、番茄等，速生叶菜秧苗移栽后2周即可收获，一年可收获20茬以上，年总产量是露地的几十倍。近年来，越来越多的国家竞相发展植物工厂，植物工厂已经成为现代农业发展的趋势。

（二）我国设施蔬菜发展现状

我国设施蔬菜经过30多年的发展，在设施面积、类型、生产方式以及技术等方面有了很大的变化和提高，设施蔬菜产业取得了巨大成就，形成了节能、低碳、低成本的独具特色的发展道路。

1. 设施蔬菜生产面积快速增加

蔬菜是我国种植业中仅次于粮食的第二大农作物，设施蔬菜的面积、产量以及产值一直都在不断扩大。据统计，2016年我国蔬菜面积为3.35亿亩（1亩≈666.7m²，全书同）左右，产量达7.69亿t；设施蔬菜面积达到5 872.1万亩，设施蔬菜产量2.52亿t，占蔬菜总产量30.5%，全国设施蔬菜产业净产值为5 700多亿元。设施蔬菜种植面积从2000年的2 749万亩增长到2016年的5 872.1万亩，平均每年增长200多万亩（图1-4）。

从全国范围来看，我国设施蔬菜产业主要集中在环渤海和黄淮海地区，约占全国总面积的60%；其次是长江中下游地区和西北地区，占比分别是20%、7%。从种植面积来看，山东省面积最大，约900万亩，与江苏、河北、辽宁、安徽、河南、陕西7省共占全国设施蔬菜面积的69%。从总产量来看，山东年产量最大，年产5 080万t，其次是河北省，年产4 229万t，山东、河北、辽宁、江苏、河南5省共生产出设施蔬菜总量的2/3。山东、河北、辽宁等区域形成蔬菜产业集中地，蔬菜产品销往国内各大市场。近些年，内陆及东北地区也在积极发展设施蔬菜产业，一是集中在大中城市周边，以满足城市在蔬菜淡季的自给率；二是集中在全国蔬菜产业规划的重点县。现阶段发展比较突出的有吉林、山西、陕西、四川、甘肃、湖北等地区。

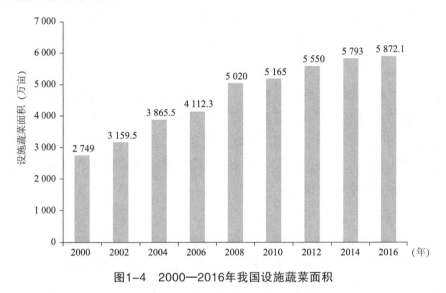

图1-4 2000—2016年我国设施蔬菜面积

在品类方面，我国设施蔬菜主要有辣椒、番茄、黄瓜、茄子等蔬菜，其中番茄设施栽培面积1 167.2万亩，占番茄总面积的57.2%，居我国设施栽培播种面积的首位；辣椒以3 209.4万亩的总播种面积位列我国主要蔬菜的首位，但设施栽培面积为852.2万亩，仅占26.6%；黄瓜总播种面积为1 821万亩，设施栽培面积为874.4万亩；茄子总播种面积为1 304.7万亩，设施栽培面积为760万亩，占比为58.3%；普通白菜以及大白菜的总播种面积分别为2 044.9万亩、2 768万亩，而设施栽培面积分别只占13.3%、4%。

2. 设施蔬菜智能化水平逐步提高

随着科技的发展，我国设施蔬菜种植智能化水平逐渐提高。在设施蔬菜生产过程中，综合运用农业物联网、信息和无线传输等技术，通过安装温度传感器、湿度传感器、pH值传感器、光照度传感器、CO_2传感器等设备，检测设施环境中的温度、相对湿度、pH值、光照强度、土壤养分、CO_2浓度等物理量参数，上传至平台系统并进行统计分析，结合实际环境对蔬菜所需要的温度、湿度、日照时间等进行自动控制，实现通风、施肥、浇水等的自动化调节和一体化控制，对设施环境自动调节，保证设施蔬菜有一个良好的、适宜的生长环境。利用计算机操作系统的现代化手段，把植物生长发育所需的各个条件、各项指标数据都输入计算机程序中，通过计算机进行自动调控，按照人们预先设定好的规范进行操作，使蔬菜从生长到收获的整个过程都在人们的掌握之中，可以实现设施蔬菜智能化、自动化种植。通过远程控制还可以实现技术人员在办公室就能对多个大棚的环境进行监测控制。采用农业物联网、信息、无线传输等先进技术，可实现精准调控设施环境，为设施蔬菜提供最适宜的生长环境，还可以节省一定的人工成本，达到增产、改善品质、调节生长周期、提高经济效益的目的。

3. 设施蔬菜产量、品质和安全性明显提高

近10年来，我国设施蔬菜单位面积产量不断提高，最高产量翻了一番。与此同时，蔬菜的品质和安全性明显提高，无公害蔬菜生产已经成为所有蔬菜生产基地需要自我约束的生产方式，绿色蔬菜、有机蔬菜的生产也逐步发展壮大。尤其是伴随我国蔬菜周年均衡生产供应问题解决和出口量的逐年增加，人们对蔬菜产品质量的要求也越来越高，极大地推动了蔬菜优质和无害化生产过程，设施蔬菜产量、品质和安全性明显提高。

4. 设施蔬菜生产形式多样

由于我国设施类型多，各地经济和环境条件差距大，因此形成了多种多样的设施蔬菜生产形式。风障和阳畦可以进行耐寒蔬菜的越冬或春提早栽培，大、中、小拱棚和日光温室可以进行蔬菜的早熟和晚延栽培，节能型日光温室以及大型连栋温室可以进行喜温蔬菜的长季节栽培。利用各种设施生产形式，加之诸多蔬菜种类和茬口的搭配，已经基本实现了蔬菜的周年生产和均衡上市。同时，利用性能好的设施生产附加值高的高档蔬菜，已成为满足市场需求和取得更大经济效益的重要生产方式之一。

5. 设施类型多样，以低成本简易设施为主

目前我国蔬菜生产设施类型比较齐全，既有简单的风障、中小拱棚、防雨遮阳棚，也有先进的现代化智能温室。但在生产中，由于我国蔬菜价位偏低，农民投资能力弱，蔬菜设施多以造价低的简易设施为主，占据主导地位的是拱棚和日光温室。北方以日光温室和大中塑料拱棚为主，代表地区有山东、河北、河南、辽宁等地；南方以大中塑料棚和防雨遮阳棚为主。而大型连栋温室主要分布在我国大城市郊区和各省市农业高新技术示范园区或农业观光园中。

在各类设施中，多数拱棚和日光温室的骨架结构以竹竿和土墙为主，如目前用于蔬菜生产的近170万hm^2塑料大中棚，竹木骨架结构约占60%；95万余公顷日光温室，竹木土墙架构约占70%。目前虽然已经发展了部分钢骨架结构日光温室，但墙体仍以土墙为主；大型连栋温室均为钢构结构，但数量较少。

6. 以多种茬口果菜栽培为主

我国设施类型多样，为节省能源，主要按设施结构性能安排适宜茬口和蔬菜种类。节能日光温室的温光性能能够满足喜温果菜安全越冬生产，多采取一年一

大茬的长季节栽培；普通日光温室的温光性能难以满足喜温果菜安全越冬生产，多采取早春和秋冬两茬栽培；夏季凉爽和冬季温暖地区多采取日光温室冬春茬和夏秋茬果菜栽培；塑料大中棚除华南和江南部分地区可通过多层内保温覆盖进行果菜长季节栽培外，其他地区多实行春提前和秋延后两茬栽培。

7. 以低碳节能生产为主

基于经济基础较弱、消费水平偏低、能源短缺等基本国情，我国设施蔬菜选择了一条低碳节能的发展道路。独创的高效节能日光温室蔬菜配套栽培模式与技术，在冬春日照百分率≥50%，最低温度-28℃以上的地区，可常年不加温生产喜温蔬菜。这种节能日光温室与传统加温温室相比，平均年节省标准煤375t/hm^{2}以上，全国95万余公顷节能日光温室每年可节省近36 000万t标准煤，相当于减少了83 000余万吨CO_2、270余万吨SO_2、230余万t氮氧化物的排放量。与现代化加温温室相比，其节能减排贡献额还要提高2~4倍。在全球携手应对气候变化挑战的今天，此项温室节能技术受到国际相关学者和业界人士的高度关注。

二、设施蔬菜存在的突出问题

目前，我国设施蔬菜产业发展中突出问题较多：设施抗灾生产性能不佳；过度施药与质量安全相悖；注重高产增收，不注重优质安全品牌创建；比较效益持续滑坡、传统生产难以为继等。这主要是因为劳动力结构劣化、价格持续上涨，以及智能化、信息化装备水平低等原因造成的。

（一）设施蔬菜生产技术方面的问题

1. 设施抗灾生产性能不佳

我国设施蔬菜虽然面积居世界第一，但设施栽培生产多采用简易型日光温室和竹木结构塑料拱棚，老旧、劣质设施比重大，设施简陋、空间小、作业不便、产出率低，缺乏有效抵御冬春低温、高湿、寡照和积雪，夏秋季高温等不利气候的措施。早期发展的温室和大棚设施，建造标准低、设施设备不配套，抗灾能力差，容易受到极端灾害天气的影响。日光温室采光、保温设计原理和应用技术的普及度不高，比如合理采光时段原理和异质复合蓄热保温体原理，连很多日光温室的设计者都不是很清楚。设施建设中，验收标准低，甚至没有标准，于是建成了很多结构性能低劣的日光温室和塑料大棚。缺少排涝工程，风、雪、暴雨等自然灾害又时有发生，导致蔬菜冷害、冻害频发，设施抗灾生产性能不佳。

2. 设施蔬菜标准化生产发展缓慢

农业标准化是现代农业的重要基础，推进农业标准化是农业和农村经济结构战略性调整的必然要求，是保障农产品质量和消费安全的基本前提，但我国设施蔬菜标准化生产水平还较低。设施标准化水平低，设施类型和结构多样，难以实现设施蔬菜的规范化和标准化生产。由于设施结构五花八门，难以用一种生产标准指导所有的设施生产，这已经成为我国设施蔬菜生产标准推行的最大障碍之一。标准的质量不高，尚未形成统一的标准化蔬菜产业体系。在已经制订的标准中，产中技术规范多，产前、产后标准少，与国际、国内标准接轨不够。同时，农民的标准化生产意识低。由于受传统种植观念的影响，推行农业标准化的重要性还没有被认识，许多农民和企业对农业标准化还不了解，按照标准化生产还没有成为广大农民的自觉行动。而在发达国家农产品，加工产值与农业产值之比是2.4：1，农产品分级包装率更是达到100%。信息、技术、流通设施等配套不够健全，服务功能不够强，标准化生产技术水平还不够高，导致蔬菜产品档次较低，品牌带动能力不够，市场开拓份额小，流通体系不健全，难以形成大基地、大市场、大流通的发展格局。蔬菜流通组织和农户没有形成紧密的利益联结机制，蔬菜产业总体上是产业基地扩展与流通发展不够均衡，生产发展速度慢，流通体系建设进展慢。

3. 设施蔬菜生产智能化、信息化水平低

设施蔬菜生产最大的任务是调控设施内环境适合蔬菜作物正常生长发育，从而实现蔬菜的周年生产，设施环境调控是设施蔬菜生产中最重要的内容。但我国大部分设施蔬菜生产过程中仍以传统经验管理为主，光、温、水、肥、气的调控依靠生产者的经验，由于经验不同，不同的生产者对施肥、喷药、灌溉等操作的判定就不同，不同的种植人员会出现不同的种植结果，人为经验容易造成过度浇水、过量施肥、过量喷药等。设施蔬菜生产过程中环境调控缺乏实时定量的"精确"把关，智能化水平有待提高。

（二）设施蔬菜生产经营方面的问题

1. 生产成本持续走高，效益滑坡

伴随着设施蔬菜种植面积不断扩大，蔬菜大棚专业化生产不断提高，在大棚设施建设标准和水平日益提高的同时，设施蔬菜生产成本也越来越高。

（1）劳动力结构劣化、劳动力成本持续上涨。由于我国设施蔬菜生产智能化和机械化程度低，环境调控需要大量的劳动力。如蔬菜大棚需要保持适宜的温度，这不仅需要塑料棚膜，而且需要早上太阳升起时拉起草毡或棉被接收太阳光加温，傍晚太阳落下时盖上草毡或棉被保温，保证大棚蔬菜白天充分接受阳光照射，夜间又能减少热量散失提高蔬菜大棚温度。在人工条件下，草毡或棉被都属于很强的体力劳动，尤其是在蔬菜种植管理与销售的繁忙季节，更增加了劳动强度。随着社会的发展，劳动力不仅结构劣化，而且成本持续上涨，这就导致设施蔬菜生产成本持续走高。据调查，大城市郊区菜农的平均年龄在60岁左右，远离大城市的农区菜农年龄以55岁居多，且多数是妇女。用工成本最便宜的地方一天

50～60元，普遍是80～140元。劳动力成本已经成为设施蔬菜经营的主要成本，在蔬菜生产企业能占到总支出的40%～60%，有的甚至更高。

（2）农资成本高。设施蔬菜生产过程中，要投入大量的农资成本。设施蔬菜农资主要是肥料、农药、种苗、塑料棚膜、水电以及其他配材等。从统计数据看，蔬菜大棚农资每亩投入约为9 800元，而小麦、玉米等粮食作物的每亩投入是1 500元，前者是后者的6.5倍。据统计数据分析，蔬菜大棚肥料的亩均投入最多，占到农资的43.84%，其次是塑料棚膜，再次是农药，最后是种苗，最后依次是其他支出（包括地膜、铁丝、遮阳网等）、水电和耕地支出。设施蔬菜单位面积的水、肥、药消耗量远高于大田作物，其利用率比大田作物更低，农资的投入也不断增加。

（3）管理粗放，土地利用率低。我国设施蔬菜生产管理粗放，仍普遍采取大水大肥的水肥管理模式，水肥投入过量，设施温室化肥投入量（纯量）超5 000kg/hm²，氮肥利用率不足15%。由于设施栽培化肥的不合理使用以及多年连作，加之土壤管理措施不当，导致土壤次生盐渍化、土传病害严重、土壤板结及酸化等一系列土壤健康问题，影响设施蔬菜产量的提高，降低农产品品质，阻碍设施蔬菜可持续发展。

2. 产品质量安全隐患难以消除

我国蔬菜生产仍以散户为主，生产者蔬菜安全意识薄弱，对蔬菜的安全认识不足、重视不够，农药超剂量使用现象较为普遍。生产者为了保障品质和产量，长期使用农药使得各种虫类对农药产生了明显的抗药性。一些不法药商钻空子，违禁添加剧毒、高毒农药，欺瞒农民；也有一些农民只顾眼前利益，只要能赚钱，就不管农残高低，也没有把握好安全用药间隔和安全采收间隔期。虽然不少蔬菜产品都贴有可追溯二维码，但是真正用手机一扫，发现基本没内容，做样子的居多。在蔬菜流通环节，发达国家都是专用的蔬菜冷藏车运输，我国则是多用简易车辆运输，这就导致国内蔬菜在运输过程中难以保鲜。为了最大限度保鲜，一些不法商贩会用违禁药剂保鲜，比如近年来报道的大白菜用甲醛、大葱用硫酸铜防腐等，这些非法添加剂给食品安全带来很大隐患，更使市民提心吊胆，对农产品缺乏信任。

3. 蔬菜产业组织发展进程严重滞后

蔬菜产业组织发展进程严重滞后主要体现在：首先，设施蔬菜生产仍以散户为主，农事托管型社会化服务缺失。比如大田作物，不仅有专门负责植保、耕种、收获的公司，而且有从种到收全程托管的社会化服务，但是蔬菜作物托管服务就非常缺失。其次，蔬菜专业合作社组织化程度不够。国内有很多合作社，但是真正进行统一规划、统一农资采购、统一种苗培育、统一病虫防治、统一产品等级标准、统一品牌销售的仍占少数。而国外的专业合作社，所有入社社员会共同出资注册一个公司专门经营合作社的产品，统一为社员采购农资产品；社员的蔬菜采收后，都严格按照规定的等级标准进行商品化处理，然后交由公司统一销售，公司将产品卖掉后凭电子结算单与社员进行结算，在此之前公司无须向社员支付产品收购资金，年底公司还会按照股份进行利润分红，利益联结机制非常紧密。但是国内很多合作社都没有利益联结机制。最后，销售服务主力军仍是经纪人、个体营销户，缺乏现代经营销售服务组织，整个蔬菜产业组织化程度仍相当低。

三、设施蔬菜发展对策

（一）提升设施抗灾性能

鼓励引导大型、老旧、劣质园艺设施的升级改造，提升其结构性能，增强抗御至少5~10年一遇的严寒、风雪、雾霾等气象灾害的性能，同时兼顾适应机械化作业。各级政府可以通过财政补贴政策措施，引导蔬菜园艺设施升级改造，并严格按照相应标准进行验收。

大力加强设施蔬菜园区的排涝工程建设，保证在大暴雨量级下雨水不倒灌、园区不出现大面积积水。在设施建设过程中，坚持新建设施蔬菜园区务必科学规划设计和权威专家论证先行，确保新建的大型蔬菜园艺设施设计科学合理，建材选用正确、施工质量优良。目前各地对灌溉都很重视，但是对排涝重视不够。比如2012年7月的京津冀特大暴雨，造成下挖式日光温室大面积垮塌，损失巨大。近年来北方夏季突降暴雨的频率呈上升之势，必须更加重视园区排涝。

加快发展国内高标准现代化温室制造业，研制、示范、推广超低能耗的现代化温室及其配套装备与技术，大幅提升设施产能。要研发满足国内生产需求的超低能耗的现代温室，力求将能耗花费从现在的每平方米100~300元下降到30元。科学利用地下冷热资源为温室冬季加温、夏季降温，即采用高效热交换技术，冬季获取中深层地下热能为温室加温，夏季获取浅层地下冷能量为温室降温，实现绿色、环保、无排放。温室蔬菜生长不良、早衰大都是根际温度不合适造成的，冬季土壤温度过低，夏季土壤温度过高。为此，可通过采用地下冷热能直接调控蔬菜根际温度，使蔬菜不早衰，从而有效延长温室蔬菜生产的采收期，提高产量。

（二）推进蔬菜标准化生产

建立和完善蔬菜标准化技术体系。结合设施蔬菜生产的实际特点，制定和完善相应的产地环境、生产技术、质量安全等设施蔬菜标准，指导设施蔬菜由经验种植向标准化种植转变。完善标准化信息网络，确保标准信息的畅通。

加大设施蔬菜标准化技术推广力度。围绕设施蔬菜产前、产中、产后等环节，抓好蔬菜种子标准的制定实施，按照"统一供种，统一供肥，统一供药，统一管理技术，统一收购产品"的要求，重点抓好产地环境的标准化建设，建设一批有规模的无公害、绿色、有机蔬菜标准化生产基地。

通过推行蔬菜生产设施建设标准，提升蔬菜生产标准化水平，有效抵御自然灾害能力。通过引进、推广优良品种，推广实施蔬菜规模化育苗技术规程，建设标准化棚膜蔬菜育苗点等措施，提高标准化优质种苗供应能力。

（三）加快推进设施蔬菜生产信息化和智能化

大力发展"互联网+"智慧农业，通过现场环境监测设备和物联网平台软件的开发，实现设施内光、温、水、肥、气等环境要素的远程或自动控制，通过科学的方法为蔬菜创造最适宜的生长环境，提高蔬菜产量和质量。

设施蔬菜生产智能化发展过程可分为两个阶段：一是初级智能化阶段，就是基于对传统设施蔬菜优质高产典型经验的解剖研究，将其数字化，实现病虫害和植物营养远程诊断、农事作业远程控制和灾害预警等智能管理。二是高级智能化阶段，就是一方面研制具有自学习能力的开放型智能管理软件，创建设施蔬菜生产自动化智能控制系统；另一方面是研究不同蔬菜作物的生长发育规律，构建计算机可以识别的不同设施蔬菜生长模型，作为开放型智能管理软件自动化智能控制的原始模型，在自动化智能控制的运行管理过程中，通过大数据优化不断完善设施蔬菜生长模型，实现设施蔬菜生产自动化智能控制系统的持续自动优化升级。要完成上述从传统设施蔬菜生产向初级智能农业阶段再到高级智能农业阶段的过渡，亟待强化精准可靠、经济实用的农用传感器，设施环境精准调控设备以及蔬菜生长发育模型等方面的研发。

基于现代信息技术全力推进智能化作业，是发展设施蔬菜标准化生产、大幅度降低劳动成本、提高生产效率的有效途径。目前，国产的播种育苗机械相对成熟，穴盘轻基质育苗精量播种流水线已经进入应用普及阶段，但方体育苗基质制作与精量播种流水线尚未用于生产。据了解，此种育苗方式因其移栽效率是穴盘育苗的3倍，在欧洲很盛行。按照全程自动化的要求，还要大力推进耕整、施肥、作畦（起垄）、覆膜、田间管理、采收、田园清洁、秸秆处理等方面的智能化装备研发与应用，以及采后处理流通的自动化、冷链化等。流通环节需要加强冷链系统建设，特别要普及负压预冷概念，大力发展田间地头预冷设施设备，要让"预冷"走出常压冷凉保鲜库冷却的"误区"，明确要求必须在负压，最好是在真空条件下预冷。与常压冷凉保鲜库相比，负压预冷库的建造并不需要增加太多成本。据了解，将80m³的常压冷凉保鲜库改建成负压预冷库只需增加2万～4万元。在蔬菜产区应当建设预冷、冷藏保鲜服务中心，并为客商提供组织货源和预冷、包装等商务服务。

（四）大力推广病虫害绿色防控技术

推广病虫害绿色防控技术，是提高设施蔬菜质量的根本途径，是设施蔬菜产业发展之本。所谓绿色防控，一是按照不同标准蔬菜对产地环境的要求进行生产基地的评估优选；二是应该定期对蔬菜产地环境进行复查，因为在蔬菜生产过程中很可能因过量有毒、有害物质严重超标的鸡粪、猪粪，而导致土壤遭受砷、镉等有害元素、抗生素的污染，一旦发现蔬菜基地的环境受到污染，必须严格坚持先停止蔬菜生产，治理修复后再恢复蔬菜生产；三是依法划定不适宜蔬菜生产的区域，比如对已经被城市垃圾、污水污染的地区，以及重金属超标的地区，应规划为不适宜蔬菜生产区。同时，由于蔬菜的流通消费链非常短，从采收到上餐桌大都不足一周的时间，不允许带有农残，严禁使用剧毒、高毒、长残效期的农药，并严格落实安全间隔期采收制度和产地准出制度，确保蔬菜安全卫生。为此，应当综合应用农业、物理、生物防治措施，合理使用化学防治措施。

1. 合理使用化学防治措施

发现和使用化学农药，是人类社会和科技进步的重要标志之一。化学农药不是"洪水猛兽"，农药残留污染是一些人滥用化学农药所致，而非使用化学农药的必然结果。大量科学研究和生产实践都证明，合理使用化学农药原本就是造福人类的重大创举。合理使用化学农药，首先要优选农药，包括选用高效低毒低残留农药，优先选用粉尘剂和烟雾剂（设施内），尽可能少用水剂，禁止使用高毒、高残留农药。其次是要优选药械，选用雾化度高或分散性能优越的药械，提高防治效果，减少用药量，要特别注意选用高质量药械，杜绝跑、冒、滴、漏；再次是要适时对症用药，应在做好病虫害预测预报和正确诊断的基础上，适时对症用药防治；最后是要严格安全间隔期管理，应严格按照农药使用说明要求的安全使用间隔期用药和采收产品。这些合理使用化学农药的方法说起来很简单，关键是要有一套标准化的生产技术规程，让农民照着做。对于已经实行统一选购、集中保管、严格配发使用管理的设施蔬菜生产合作社和企业，基本上不存在农残问题，需要加强管理的是面广、量大的零散的设施蔬菜生产农户。

2. 综合应用农业防治措施

一是品种选择上，要针对当地主要病害，选用定向免疫、高抗、多抗良种。二是耕作改制上，要尽可能实行远缘轮作，有条件的地区应实行水旱轮作。三是优化农田生态上，调整播种期，避开病虫为害高峰；嫁接换根，培育适龄壮苗；深沟高畦，严防积水；地面全覆盖、微灌或暗灌，设施微环境调控；合理配置株行距，优化群体结构；水、肥、气、热协调促控等，促进蔬菜健壮生长，最大限度减少蔬菜病虫害的发生与蔓延，减少农药用量。

3. 综合应用物理防治措施

一是设施防护，采用薄膜避雨棚、遮阳网棚室、防虫网棚室进行蔬菜生产。二是诱杀、驱避，利用黄板、蓝板、频振杀虫灯、黑光灯、高压汞灯、双波灯、糖醋酒诱杀，覆盖银灰膜、银灰网避蚜等。三是物理消毒，温汤浸种、高温闷棚、高温消毒、高频消毒、土壤连作障碍电化学处理等。还有一些新技术如高频消毒、微波消毒等，还处于研发阶段。

4. 积极采用生物防治措施

利用生物物种间的相互关系，以一种或一类生物抑制另一种或另一类生物。它的最大优点是不污染环境，是农药等非生物防治病虫害方法所不能比的。生物防治大致可以分为以虫治虫，利用天敌昆虫防治害虫，其中包括益螨的利用，是生物防治应用最广、最多的方法。用其他有益动物防治害虫，除捕食性和寄生性天敌昆虫外，还有鸟类、蛙类及其他动物，对控制害虫数量的发展有很大作用。以菌治虫，利用害虫的病原微生物（真菌、细菌、病毒等）防治害虫，其中以细菌和真菌应用最广。以菌治虫具有繁殖快、用量少、无残留、无公害，与少量化学农药混合使用可以增效等优点，近年来使用量日益增多。

（五）加快发展设施蔬菜无土栽培技术

设施蔬菜连作障碍越来越重，连续进行3年以上蔬菜生产的温室、大棚，大都不同程度地存在连作障碍问题，无土栽培无疑是消除连作障碍的治本之策和有效途径。消费者对蔬菜品质和食品安全的要求越来越高，无土栽培是标准化生产体系，没有连作障碍问题，可以实现少用农药甚至不用药。无土栽培技术也越来越成熟，栽培方式也越来越多，包括营养液栽培、潮汐灌溉、雾培、绵岩栽培、椰糠栽培等，因地制宜地选择和优化适宜的无土栽培方式是设施蔬菜发展的重要方向。

第三节　农业物联网概述

一、农业物联网概念

（一）物联网

1995年，比尔·盖茨在《未来之路》一书中提到了物联网，在第十章《不出户 知天下》曾经这样写道："我的房子也是由硅片和软件建成的。硅片处理器和内存条的安装以及使它们起作用的软件，使这些房子接近于信息高速公路在几年内将会带入数百万家庭的那些特征"，"凭你戴的电子饰针，房子会知道你是谁，你在哪儿，房子将用这一信息尽量满足甚至预见你的需求"，但是迫于当时网络终端技术的局限，这一构想无法真正落地。

1999年，麻省理工学院自动化识别系统中心（MIT Auto-ID Center）的创始人之一Kevin Ashton教授在研究射频识别技术（RFID）时首次提出了物联网（Internet of Things，IOT）的概念：物联网是基于射频识别（RFID）、产品电子代码（EPC）等技术，在互联网的基础上构造的一个实现全球物品信息实时共享的实物互联网。

2003年，SUN公司发表的文章《Toward a Global Internet of Things》介绍了物联网的基本工作流程并提出了解决方案。2005年11月17日，国际电信联盟（ITU）在非洲突尼斯举行的信息社会世界峰会（WSIS）上发布了《ITU互联网报告2005：物联网》，正式提出了物联网的概念。

国际电信联盟（ITU）认为，物联网是通过智能传感器、射频识别（RFID）、激光扫描仪、全球定位系统（GPS）、遥感等信息传感设备及系统和其他基于物—物通信模式（M2M）的短距无线自组织网络，按照约定的协议，把任何物品与互联网连接起来，进行信息交换和通信，以实现智能化识别、定位、跟踪、监控和管理的一种巨大智能网络，这也是目前公认的物联网定义。

2008年11月，奥巴马就任美国总统后，与美国工商业领袖举行了一次圆桌会议，作为仅有的两名代表之一，IBM总裁兼首席执行官彭明盛（Samuel J. Palmisano）首次提出了"智慧地球"的概念，建议新政府投资新一代的智慧型基础设施，其中物联网不可或缺。奥巴马总统在就职演讲后对"智慧地球"的构想积极回应："经济刺激资金将会投入到宽带等新兴技术中去，毫无疑问，这就是美国在21世纪保持和夺回竞争优势的方式。"IBM构想上升为美国国家战略，物联网概念由此炙手可热，一跃成为各国关注的焦点。

在我国，物联网也成为近年来信息产业创新与发展的关键词。2009年8月7日，温家宝总理在无锡调研时指出，"在传感网络发展中，要早一点谋划未来，早一点攻破核心技术"，提出了尽快建立"感知中国"的理念。2009年9月14日，中国移动总裁王建宙在北京举行的中国通信业发展高层论坛上阐述了对于物联网的理解，他指出："物联网蕴藏巨大商机，中国移动将与各方开放合作。"2009年11月3日上午，温家宝总理在人民大会堂向首都科技界发表了题为《让科技引领中国可持续发展》的讲话，强调要着力突破传感网、物联网关键技术，及早部署后IP时代相关技术研发，使信息网络产业成为推动产业升级、迈向信息社会的"发动机"。此后，物联网在国内引起了高度重视，成为继计算机、互联网、移动通信之后新一轮信息产业浪潮的核心领域，迅速风靡全世界，成为了全球瞩目的关键词。国内外多个国家和地区（如美国、日本、欧洲等）纷纷对物联网的规划布局展开了相关研究工作，并且很多国家把发展物联网技术列为国家重点战略，将物联网看成是振兴经济发展，确立国家科技优势地位的核心研究领域。

2011年，我国工业和信息化部电信研究院在发布的《物联网白皮书（2011年）》中阐述了物联网的概念：物联网是通信网和互联网的拓展应用和网络延伸，它利用感知技术与智能装置对物理世界进行感知识别，通过网络传输互联，进行计算、处理和知识挖掘，实现人与物、物与物信息交互和无缝连接，达到对物理世界实时控制、精确管理和科学决策的目的。

2017年5月12日发布的国家标准GB/T 33745—2017《物联网 术语》中也提出了物联网的概念：通过感知设备，按照约定协议，连接物、人、系统和信息资源，实现对物理和虚拟世界的信息进行处理并作出反应的智能服务系统。

由此可见，不同单位和组织对物联网的定义存在文字上的差异，但本质上没有区别，物联网需要利用感知技术对物理世界进行感知和识别，通过网络互联，进行传输、计算、处理和知识挖掘，实现对物理世界实时控制、精确管理和科学决策，包含感知、传输、处理和应用4个层次。

目前，物联网概念及其相关技术已成为全世界研究的焦点和热点，物联网相关产业年平均增长率能够维持在25%左右，并将一直保持在稳定增长态势。因此，许多国家、企业都把物联网当作未来发展战略之一，投入大量的人力、物力、财力，以培育新的经济增长点。物联网被视为未来技术改革创新和促进经济发展的最重要、最有希望的基础设施。

（二）农业物联网

在传统农业中，主要是通过人工的方式获取信息，需要大量的人力，且效率较低。随着现代农业的发展，对传感技术、移动互联网、嵌入式系统、大数据、云计算等为代表的新型信息技术的需求越来越迫切，物联网技术正在越来越紧密地渗入农业应用领域，进而推动了农业物联网的迅速发展。目前，农业物联网的研究和应用已经非常广泛，涉及农业智能化生产、管理和控制、农产品质量安全、农业病虫害防治、农产品物流等多个方面。通过农业物联网技术的综合应用，可实现对农业要素的"全面感知、可靠传输、综合处理、反馈控制"。发展农业物联网，以物联网技术助力"传统农业"向"现代农业"转变，对建设现代农业、提升农业综合生产经营能力、保障农产品有效供给、建立农产品质量追溯体系等都具有十分重要的意义。

目前，国内外还没有关于农业物联网概念的统一定论，不同领域的研究者从不同的侧重点出发分别提出了农业物联网的概念。

中国农业大学李道亮教授（2012）在《农业物联网导论》中指出：农业物联网是物联网技术在农业生产、经营、管理和服务中的具体应用，是运用各类传感器、RFID、视频采集终端等感知设备，广泛地采集大田种植、设施园艺、畜禽养殖、水产养殖、农产品物流等领域的现场信息；通过建立数据传输和格式转换方法，充分利用无线传感器网络、电信网和互联网等多种现代信息传输通道，实现农业信息的多尺度的可靠传输；最后将获取的海量农业信息进行融合、处理，并通过智能化操作终端实现农业的自动化生产、最优化控制、智能化管理、系统化物流、电子化交易，进而实现农业集约、高产、优质、高效、生态和安全等目标。

农业部副部长余欣荣（2013）从狭义和广义两个角度阐述了农业物联网的概念。狭义的农业物联网从技术角度看，是指应用射频识别、传感、网络通信等技术，对农业生产经营过程涉及的内外部信号进行感知并与互联网连接，实现农业信息的智能识别和农业生产的高效管理。在这里，物联网主要有3层含义：第一，一种技术手段，它既是互联网技术的拓展，又是现代信息技术的创新；第二，依托自动识别与通信新技术，实现物与物的相连；第三，各类传感器感知的信号，主要是种植业、畜牧业、水产业中所涉及的土壤、环境、气象等自然类信息，其处理与管理的数据也主要是农业生产系统内部的自然要素信息。简单地说，狭义农业物联网是指农业生产相关的物与物连接的一种新技术。广义的农业物联网是指在农业大系统中，通过射频识别、传感器网络、信息采集器等各类信息感知设备与技术系统，根据协议授权，任何人、任何物在任何时间、任何地点均可实时信息互联互通，以实现智能化生产、生活和管理的社会综合体。它是信息社会中农业领域发展的更高形态。在农业物联网中，存在各类信息感知识别、多类型数据融合、超级计算等核心技术问题。概括地说，广义农业物联网是农业大系统中人、机、物一体化的互联网络。

北京农业信息技术研究中心李瑾等（2015）从技术和管理角度阐述了农业物联网的概念。从技术角度看，农业物联网是指应用射频识别、传感、网络通信等技术设备，按照约定协议，把农业系统中动植物生命体、环境要素、生产工具等物理部件和各种虚拟"物件"与互联网连接起来，进行信息交换和通信，以实现对农业对象和过程智能化识别、定位、跟踪、监控和管理的一种网络。从管理角度看，物联网是互联网技术的拓展，通过农业信息感知设备，根据协议授权，使得"人—机—物"信息互联互通，帮助人类以更加精细和动态的方式认知、管理和控制农业中各要素、各过程和各系统，提升人类对农业动植物生命本质的认知能力、农业复杂系统的调控能力和农业突发事件的处理能力。

中国农业科学院农业信息研究所李灯华等（2017）在《先进国家农业物联网的最新进展及对我国的启示》中指出：农业物联网是指物联网技术在农业领域的综合应用，是通过应用各类传感器设备和感知技术，采集农业生产、农产品流通及农作物本体的相关信息，通过无线传感器网络、移动通信物联网和互联网传输信息，将获取的海量农业信息进行数据清洗、加工、融合、处理，最后通过智能化操作终端，实现农业产前、产中、产后的过程监控、科学决策和实时服务。

虽然不同学者对于农业物联网的概念进行了不同语义的描述，但是从整体上看，农业物联网具有共同的特征。农业物联网通过信息感知、传输和处理，把现代信息技术和农业技术集成应用。集约化、规模化、专业化、社会化是它的本质属性，与现代农业经营体系的规模化、集约化天然一致。因此，与物联网在其他领域的应用相比，农业物联网既具有重大挑战，更具有重大机遇，关键是要把握它的特征，顺势而为。

1. 人、机、物一体化特征

农业物联网把农业生产内部过程所需的自然、经济等要素以人、机、物的形态有机联系起来，也把农业生产、经营、管理全过程中所涉及的人、机、物有机联系起来，将传统的人、机双方交互，转型为人、机、物三方交互。这种人、机、物三者相互融合的本质是为农业、农村和农民提供更透明、更智能、更泛在、更安全的一体化服务，实现人、机、物的相互协调与和谐发展。其中，人是核心，机是手段，物是对象，三者相互依赖，相互作用，缺一不可。

实现农业各子系统互联、互通，仅仅是农业物联网的初步阶段。基于开放农业物联网应用系统的透明化、自动化、智能化、协同化实时管理，才是农业物联网的真正目标。农业物联网不仅将农业系统中的人与物联系在一起，使之随时随地都可以发生联系，更重要的是实现了以智能决策和全面自动化为目标的数据处理与远程控制。

农业物联网更加注重人、机、物一体化，机作为增强人和物联系的纽带，提高了人感知物、控制物的能力和手段。人、机、物一体化的特点决定了发展农业物联网不能只见物不见人，或只见人不见物。要使农业物联网健康持续推进，必须综合考虑人、机、物的综合配置与协调，实现人、机、物一体化发展，才能真正发挥农业物联网的作用。

2. 生命体数字化特征

农业物联网的作用对象大多是生命体，需要感知和监测的生命体信息从作物生长信息如水分含量、苗情长势，到动物的生命信息如生理参数、营养状态等，这些信息与周围环境相互作用，随时随地发生着改变。如果要将这些实时变化的数据记录下来，其数据量将是海量的。

要掌握农业生命体生长、发育、活动的规律，并在此基础上实现其各类环境的智能控制，必须在采集到的大量实时数据的基础上，构建复杂的数学模型或组织模型，进行动态分析与模拟，在大量科学计算的基础上，基于模型再现整个生命体在生命周期中的活动，揭示生命体与周围环境之间的相互作用机理，以真正发现农业领域生命体的共性及个性特征，并将之用于农业环境的控制和改善，达到提高农业生产效率的目的。

对于农业物联网的应用来说，感知层的各类传感器或传感网络为信息的全面获取提供了手段，传输层的各种类型的网络为信息的可靠传输提供了媒介，而信息获取和传输则为农业物联网的核心环节—信息智能处理提供了支撑。只有从农业对象的生命机理角度出发，花大力气去研究、模拟农业生命体诸因素之间的关系，揭示其生长、发育和变化规律，并作出相应的决策、实施控制，才能实现物联网对传统农业的改造升级，才能极大提升农业生产水平。

3. 应用体系社会化特征

物联网所构造的人、机、物世界包括信息空间、客观世界和人类社会，它们相互作用融合为一个动态、开放的网络社会。农业物联网面对的是纷繁复杂、变化万千的客观世界，它与作用对象所在的环境紧密关联，因而决定了农业物联网的大规模和复杂性。同时农业物联网应用体系的混杂性、环境变化的多样性以及控制任务的不确定性，也决定了农业物联网需要社会化分工与协同。

农业系统是一个复杂的系统，它具有要素和环境的复杂性、风险的不确定性等特征。农业问题涉及食物安全问题、农产品消费问题、城乡协同发展问题、农民生活问题等。在用物联网技术去感知农业、管理农业、服务农业、提升农业的过程中，将会不可避免地涉及社会层面的问题，甚至社会问题对物联网的影响会远远大于技术本身的应用。因此，在农业物联网的应用过程中，必须充分考虑其社会化特征，充分考虑技术层面之外的问题。在开展农业物联网工作时，必须完善相应的标准体系、应用体系、治理结构、法律法规、配套政策，及时采取有关措施，才能在改善、优化、推动社会层面问题的解决上发挥物联网的巨大作用。

4. 发展理念三全化特征

农业系统是一个包含自然、社会、经济和人类活动的复杂巨系统。因此农业物联网必须遵循"全要素""全过程"和"全系统"的三全化发展理念，才能保证其发展的科学性和有效性。"全要素"是指包含农业生产资料、劳动力、农业技术和管理等全部要素，如水、种、肥、药、光、温、湿等环境与本体要求；劳动力、生产工具、能源动力、运输等要素；农业销售、农产品物流、成本控制等要素。"全系统"是指农业大系统正常运转所涉及的自然、社会、生产、人力资源等全部系统，如生产、经营、市场、电子政务、防伪溯源、控制决策等环节的系统。"全过程"是指覆盖农业产前、产中、产后的全部过程，如农业生产、加工、仓储、物流、交易、消费产业链条的各环节及监管、政策制定与执行、治理与激励等多流程。

农业物联网的研究应用如果仅从一个或几个方面出发，其功能和效益将会减弱，难以实现资源配置与利用的最大化。发展农业物联网，要充分体现"全要素、全过程、全系统"的系统论观点，从全生育期、全产业链、全关联因素考虑。感知控制的要素越多、系统性越强，物联网系统处理的信息就越全面，作用效果也就越精确、越有效。

二、农业物联网体系架构

（一）划分原则

1. 先进性原则

农业物联网体系结构作为农业物联网应用系统设计与实现的依据应该具有先进性原则，一方面体现在对所建立的应用系统的各层所设计的功能的先进性，在数据感知方面，应采用国际上先进、成熟的农业感知技术，建立不同时空尺度的多源数据信息获取体系，保证获取数据的可靠性及精确度；在数据传输方面，应提供从个域网、局域网到广域网的不同传输体系，方便用户在不同的条件下能够自主的选择需要的传输速度和传输方式；在数据处理方面，将云计算技术引入农业物联网，实现数据的分布式存储和共享，有利于更多科研及系统开发人员参与农业物联网应用创新。另一方面表现在整个系统所采用技术指标的先进性方面，由于电子信息技术及相关软硬件技术发展迅速，系统集成时所采用的技术指标应适当超前，以使构建的系统能够最大限度地适应企业业务发展变化及兼容未来技术的发展变革。

2. 可扩展性原则

扩展性是指农业物联网系统能够扩展自身并未包含的功能。随着各种异构智能终端设备接入、退出系统，或在物联网中的位置移动，都会引起网络拓扑结构发生变化，这就要求系统需要采用模块化和结构化设计，能够自适应的根据网络变化情况对网络运行环境配置。如当底层感知网络中有新节点加入或有节点失效时，根据农业物联网体系结构建立的系统应该具有足够的灵活性，能够方便、快速的调整网络拓扑结构，使得新加入或失效的感知节点不影响整个系统的运行，这就要求依据农业物联网体系结构建立的农业物联网系统应具有良好的可扩展性。

3. 可复用性原则

复用性是指采集层提供的各种数据资源能够重复应用在多个工程当中。农业物联网是个复杂的系统工程，不同的农业物联网应用，使用的智能设备不尽相同，不同智能设备需要的采集程序也不一样，因此需要对采集层获取的数据资源进行清洗、转换等操作，以服务的形式实现资源的高度聚合与共享，提高农业物联网数据及各项功能模块的复用性，这样能够大大缩短工程的开发周期和减少开发成本。

4. 可靠性和安全性原则

安全和可靠是对系统的基本要求，从感知、传输到处理应用，数据的可靠性是正确指导农业生产各方面的主要依据，也是农业物联网体系结构设计所要遵循的主要原则之一。由于农业生产环境复杂多变，并且被监测对象具有遮挡、移动等特点，容易造成信息感知和传输环节的不稳定，因此农业物联网体系结构设计时应充分考虑系统的可靠性，一方面要选用稳定、可靠、集成度高、封装性好的感知和传输设备；另一方面需要从体系结构上增加事件管理、任务调度、权限管理等方式，进一步保障系统的可靠性和安全性。

5. 实用性原则

实用性是指能最大程度地满足工作中的实际需求，是农业物联网应用系统能够得到推广应用的基本要求，是对于农业物联网用户的最基本承诺，也是任何信息系统在组建过程中必须考虑的基本指标。例如，农产品全过程质量安全溯源系统主要目的是对零售的农产品实现来源可追溯、去向可追踪，必须能够满足消费者对所购农产品的用药、施肥情况、收获时间、产地等信息的需求，同时能够进一步帮助农业生产者对各生产过程的动态掌握，还要能够满足政府管理部门对问题农产品及整个市场全局决策支持的需要。针对不同用户，所有人机操作系统的设计都应当满足其实际需求，应充分考虑到视觉特征及人体结构特征优化设计界面及用户接口，操作尽量简单、实用，便于农民学习使用。

（二）体系架构

对于农业物联网体系架构的划分，根据划分依据的差异，主要存在3种不同的体系架构，即三层体系架构、四层体系架构和五层体系架构。

1. 三层体系架构

根据物联网体系架构的划分方式，该领域的大部分学者通常将农业物联网划分为三层体系架构（图1-5）：感知层、网络层和应用层。感知层由具有识别、感知能力的设备构成，这些设备通过传感技术、RFID等识别技术，实现对"物"的感知识别。网络层用以传递感知层获取的信息，该层综合使用GPRS、WiFi、蓝牙等通信技术，实现个域网、局域网、广域网等各类网络之间的无缝连接。应用层主要负责对物联网资源的处理，是物联网面向普通用户的接口层。随着技术进步和农业物联网应用范围的拓展，三层体系结构已经无法满足现实发展的需要，亟需建立一个分布式、开放的、资源服务可共享的全球体系架构，以实现各种异构系统的互联互通和分布式资源的共建共享。

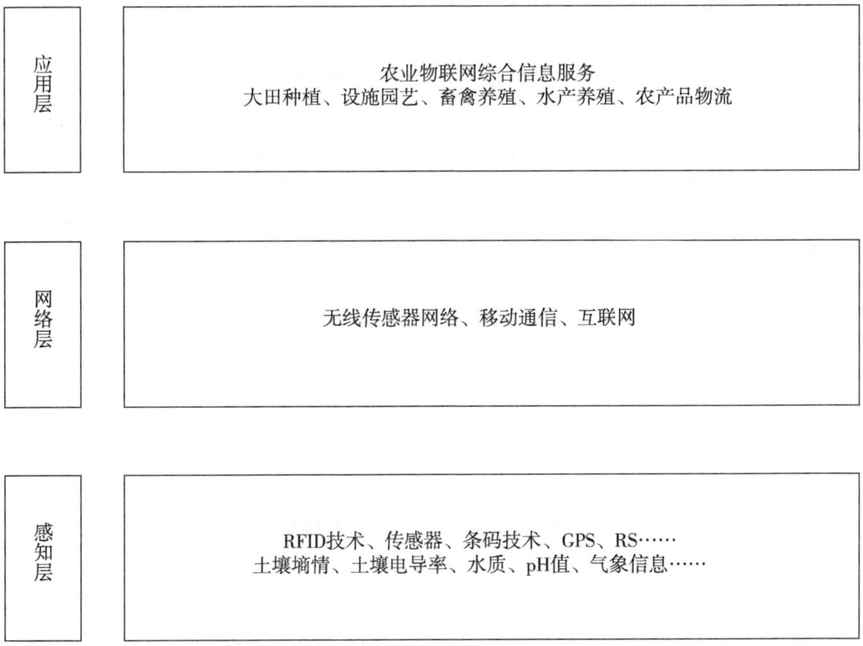

应用层	农业物联网综合信息服务 大田种植、设施园艺、畜禽养殖、水产养殖、农产品物流
网络层	无线传感器网络、移动通信、互联网
感知层	RFID技术、传感器、条码技术、GPS、RS…… 土壤墒情、土壤电导率、水质、pH值、气象信息……

图1-5 农业物联网三层体系架构

2. 四层体系架构

李道亮（2012）在《农业物联网导论》一书中，根据信息生成、传输、处理和应用的原则，将农业物联网的体系架构分为四层（图1-6）：感知层、传输层、处理层和应用层。感知层通过传感器、RFID、GPS、遥感技术、条码技术等，采集物理世界中发生的事件和数据，包括各类物理量、身份标识、情境信息、音频、视频等数据，实现"物"的识别。传输层借助现有的广域网技术（如2G/3G/4G移动通信网络、互联网等）与感知层的传感网技术相融合，把感知到的农业生产信息无障碍、快速、高安全、高可靠地传送到所需的地方，使物品在全球范围内能够实现远距离、大范围的通信。处理层通过云计算、数据挖掘、模式识别、预测预警、决策分析等智能信息处理平台，最终实现信息技术与农业行业的深度融合，完成信息的汇总、共享、互通、分析、预测、决策、控制等功能。应用层是农业物联网体系结构的最高层，是面向终端用户的，可以根据用户需求搭建不同的操作平台。

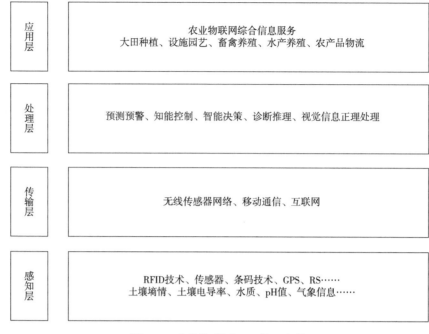

图1-6　农业物联网四层体系架构

3. 五层体系结构

山东省农业科学院农业物联网团队遵循国际电信联盟（ITU）建议的研究方法，根据农业物联网体系架构划分原则和农业产业的实际需求，结合工程实践经验，提出了五层体系架构（图1-7）：感知层、接入层、传输层、数据层和应用层。感知层主要利用RFID、条形码、遥感技术及各类传感器终端在任何时间与任何地点对农业领域物体进行信息采集和获取，并通过GPRS、WiFi、ZigBee等通信协议将采集的实时数据发送至接入层。接入层将对数据采集设备进行一个标准化的描述和统一的资源访问管理，主要由硬件网关接口、接口驱动及嵌入式中间件等构成。传输层将涉农设备接入到传输网络中，并借助无线或者有线通信网络，能够随时随地进行可靠的信息交换与共享。数据层位于传输层和应用层之间，它是整个农业物联网系统的数据中心，也是所有应用层程序获取数据的数据中心，也是提供数据访问服务的服务中心。数据层利用Web Service设计通信接口，以XML作为数据交换的中间载体，最终建立基于服务架构（Service Oriented Architecture，SOA）的数据共享体系，降低上层农业物联网应用系统集成的难度，满足各系统对访问速度和数据共享的要求。应用层通过HTTP、FTP等协议从数据共享层获取数据并构建相应的农业物联网系统。

图1-7　农业物联网五层体系架构

　　山东省农业科学院农业物联网团队经过多年来的研究和积累，目前已经针对农业物联网的五层体系架构研发了各种类型的软件和硬件设备（图1-8），形成了一套完整的农业物联网体系。感知层的设备主要包括各类农业专用传感器，主要包括"智农云宝"环采装备，例如，单参数采集节点（空气温湿度无线传感节点、土壤水分无线传感节点、土壤温度无线传感节点、CO_2浓度无线传感节点、光照强度无线传感节点、土壤pH值无线传感节点）、"智农云宝"系列多参数无线传感节点、"智农云宝"气象信息采集站、"智农云宝"土壤信息采集站、"智农云宝"采传一体节点等智能化信息装备，实现了农业生产环境信息的实时感知。接入层的设备主要包括物联网通信中间件，可以完成感知层硬件设备与应用系统之间进行数据传输、解析和数据格式转换等功能，通信中间件实现了应用层与前端农业感知设备、控制设备的信息交互和管理，同时保证了与之相连接的系统即使接口不同也仍然可以互联互通。传输层的设备主要包括"智农云宝"无线网关节点，可实时采集各类无线传感节点的数据，实现数据汇集，并自动连接至设施蔬菜物联网云平台，将采集的数据实时上传至云平台，并接收云平台下传指令，实现反馈控制。数据层主要通过各类数据库进行农业物联网采集数据的存储、检索等操作，同时对海量农业感知数据进行过滤和分析处理，有效缓解应用层系统计算处理量增加的问题，实现了各应用系统间的数据共享。应用层主要包括设施蔬菜物联网云平台、智农e联手机App、智农e管手机App、菜保姆系统等软件，向农业生产领域提供一个开放或半开放的服务平台，农业生产者或企业用户可以非常轻松的把自己的物联网项目连接到互联网上，借助智能手机、平板电脑、电脑等终端实现农业生产现场数据实时监测、智能分析、远程控制等功能。

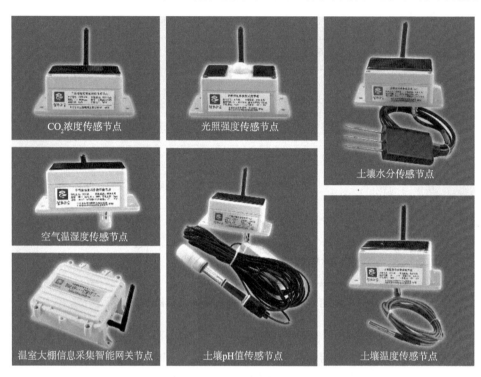

CO₂浓度传感节点　　光照强度传感节点　　土壤水分传感节点

空气温湿度传感节点

温室大棚信息采集智能网关节点　　土壤pH值传感节点　　土壤温度传感节点

图1-8　部分硬件设备示意图

通过对三类体系架构的分析得出，农业物联网五层体系架构是三层、四层物联网体系架构的细化和完善，增加的农业物联网接入层针对泛在环境中多数物体的资源和计算能力受限问题，着重强调了异构感知网络与网络层的无缝连接，可以有效地屏蔽底层异构感知网络的复杂性，并提供统一的抽象管理接口，为农业物联网硬件感知系统的快速搭建提供便利。增加的农业物联网数据层，主要针对当前农业物联网系统存在垂直化、封闭化导致不同系统之间农业数据资源无法共享，农业生产、经营、管理、服务历史数据无法得到充分利用，形成信息孤岛问题，通过面向服务的数据资源共享架构，实现数据的共享性和可重用性，同时数据资源利用者可以将所构建的模型或方法发布为服务，为农业科研人员、农业物联网系统开发人员等数据和服务需求者提供更多便利，降低农业物联网上层应用构建的门槛。

三、农业物联网的重要作用

随着农业物联网的技术进步和推广应用，农业物联网技术在农业精准化生产、农产品电子商务、农村社会管理、农业信息服务以及推动农业规模化发展等方面起到非常重要的作用。

（一）引领农业生产向智能化转变

传统农业生产是相互独立、分散、割裂的一家一户模式，小农经济的意识与行为占据主导地位。物联网将以其特有的技术优势、经济特征及社会网络属性，引领传统农业在产业布局、技术装备、管理措施等方面向智能化转变。一是有利于促进农业结构优化。农业物联网通过感知农产品数量、质量、品种的供给与需求，自动寻求农业生产与市场流通的匹配度，从而促进农业生产要素的合理流动，推动农业产业结构的优化升级，实现农业资源的有效配置，提高农业生产效率。二是有利于提升农业生产工具的专业化、智能化，有利于大型农业机械装备发挥效能。农业环境的复杂性、农事操作的多样性、动植物需求的精准性，都需要专业的、具有感知和控制功能的智能设备支持，这方面农业物联网具有得天独厚的优势。三是有利于推进各种农事管理的精细化、农事措施的合理化，比如水肥管理、植保管理等的数字化和精准化等。

（二）引领农业生产经营向网络化转变

农产品市场流通和产销衔接一直是农业生产经营面临的难题。通过农业物联网技术的应用，将显著提高生产、流通、消费过程中的信息获取和信息应用能力，推动市场交易的网络化，促进农产品产销结合的智能化。通过物联网检测分析，市场管理者与消费者就能够随时了解各种农产品的产地、产量、品质、上市时间等信息，实现远程网络交易，并通过物流系统随时掌握商品所处的位置和环境信息。同时，农民通过物联网系统提供的信息，可以知道哪里的销量好、价格高，并通过网络进行交易。

（三）引领农业管理向高效透明转变

农业领域的管理一直是社会管理的重点和难点。农村资源、资金、资产的使用和管理、农村社会管理、农产品质量安全都关系农村切身利益，社会广泛关注，长期以来一直难以做到高效透明。通过物联网技术的应用，将显著增强信息的实时获取和处理能力，有效提高信息发布的透明度、社会管理的高效性和质量安全监管的精准性。

（四）引领农业服务向便捷灵活转变

依托农业物联网在配置信息资源、提供服务手段等多方面的技术优势，可建立高效、智能、个性化的农业服务体系，引领农业服务向便捷灵活转变。在服务方式层面，农业物联网可以打破传统信息服务所要求的服务提供者和服务享受者"同时同地"的条件限制，节省人力、时间和协调成本；同时，也可通过完善信息服务载体，提供面向不同应用需求和不同应用环境的个性化智能决策服务，变被动响应为主动控制。通过全面提升这两类服务的水平，最终实现实时服务、定制服务、交互服务和智能服务，推动农业现代化进程。

第四节　农业物联网国内外研究、应用现状与趋势

一、国内外研究现状

（一）国外研究现状

信息感知技术方面，Hamrita（2005）运用RFID技术对土壤湿度、温度等影响作物生长的关键参数进行实时监测，研制出了土壤分析监测系统，为后续研究设施作物的生长状况提供了可靠的数据来源。Ampatzidis Y G（2009）将RFID技术应用于监测设施作物的信息，从而分析作物的生长状况。Lin等（2015）提出了一种利用可再生的、低成本的土壤能量进行自给的无线环境监控系统，使用该项技术进行远程农田环境监控可以降低人工和传感器电池更换的成本。

信息传输技术方面，由于农业生产不同于工业生产，其环境和条件比较复杂，无线传输技术在农业生产中得到了广泛应用，Srbinovska等（2015）提出了针对蔬菜温室的无线传感器网络架构，通过分析温室环境特点，设计了基于无线传感器网络技术的低成本、实用的温室环境监控系统，结合专家系统指导，采取远程控制滴灌等措施，实现了科学栽培和降低管理成本。

信息处理技术方面，欧美等科研机构研制的设施作物生长模型、预测预警模型等信息处理模型和数据处理手段都比较成熟完善，建立了一批实用的应用软件，能够对设施农业生产过程中遇到的问题进行实时诊断和指导。

（二）国内研究现状

目前，我国的物联网技术研发水平已经排在世界前列，物联网产业化水平也处于国际领先地位，但我国的物联网技术主要应用于工业领域，在农业领域中的应用起步较晚。2011年，国家发改委联合相关部委，首批推进十个物联网示范工程。2011年12月，《物联网"十二五"规划》印发，该《规划》指出，增加发展物联网资金规模，鼓励外资、民资进入物联网领域，加大物联网的投资比重。根据《国务院推进物联网健康发展指导意见》，农业部选择上海、天津等开展农业物联网理论应用研究，启动物联网农业区域工程试验工作，探索物联网农业应用方向、发展模式及重点领域。2015年国务院相继发布《中国制造2025》和《"互联网+"指导意见》，这些都为物联网在我国农业方面的发展应用创造了良好的政策环境。

信息感知技术方面，传感器被广泛用于目标监测区域内的空气温度、空气

湿度、CO_2浓度、光照强度、土壤温湿度及土壤pH值等农业环境信息的实时采集（卜天然等，2009），为及时、精准调控农业生产作业方案提供了有力的数据支撑，为更加有效地提高农作物产量奠定基础。中国农业科学院、国家农业信息化工程技术研究中心、中国农业大学等科研单位和高等院校针对我国不同的温室类型，设计研制了温室环境数据采集的解决方案，较好完成了温室环境因子信息的自动采集。作物生理信息监测方面，出现了包括光谱、多光谱图像、冠层光照、冠层温度及作物遥感图像等多传感信息探测技术（张晓东等，2009）。典型的无线传感器网络环境监控系统包括3部分：上位机、终端节点、协调器，其中终端节点也称为传感器网络节点，是无线传感器网络的基本组成单元，主要收集和处理本地信息的数据，同时发送自身采集的数据给相邻的节点，或者把相邻节点发送过来的数据进行存储、管理和融合，并转发给路由节点。另外，无线传感器网络的节点通常由处理器模块、传感器模块、电源模块以及无线通信模块4部分构成（章伟聪等，2011）。目前国内研究无线传感器网络多以2.4GHz和433MHz频段为主，工作在2.4GHz频段的主要通信技术包括ZigBee、WiFi、蓝牙等。屈利华等（2012）分析了温室数据采集系统的发展现状，详细论述了ZigBee技术在温室数据及多媒体信息采集系统的具体应用。章伟聪等（2011）基于CC2530及ZigBee协议栈设计了无线网络传感器节点。李小敏等（2013）以兰花大棚无线环境监控为研究对象，使用433MHz载波频率，建立了发射功率、接收信号强度及通信距离三者之间关系的模型，为设施大棚等无线环境监控的感知节点布局提供了理论依据。何勇等（2013）从植物养分信息监测技术、植物生理生态信息动态监测技术、植物病害及农药等非生物胁迫信息检测技术、植物虫害信息检测技术等方面总结了光谱技术在农业信息感知中的应用及核磁共振成像技术在农业信息感知中的应用。倪军等（2013）根据作物生长指标的光谱监测机理，研制了一种四波长作物生长信息获取多光谱传感器，较好地实现作物冠层反射光谱的实时在线检测。陈晓栋等（2015）指出农业生产环境监控物联网主要指利用传感器技术采集和获取农业生产环境各要素信息，如种植业中的光照、温湿度、CO_2浓度、土壤肥力、土壤含水量等参数，通过对采集信息的分析决策来指导农业生产环境的调控，实现设施作物的高产高效。

农业信息传输技术方面，何龙等（2011）以紫葡萄栽培基地为例，应用无线传感网络系统和智能化管理控制系统，实现了对设施农业中植物—环境—土壤等影响因子的实时动态监控，同时结合葡萄优质高产生长模型进行自动灌溉控制，收获了良好的效果。杨婷等（2010）设计了基于CC2430的自动控制滴灌系统，对环境温度、光照的变化和植物土壤湿度等参数实时监测，通过无线网络将传感器信号反馈对滴灌动作作出精确判断。王彦集等（2008）采用无线传感器网络节点建立了多跳、自组织的农田环境信息采集网络，并通过GPRS将实时数据发送到远程数据库，为农业领域中远距离、多要素数据的采集提供了解决方案。陈华凌等（2011）利用网关实现无线传感器网络到远程服务器的数据传输，首先将ZigBee网络采集的环境数据通过串口发送至网关，网关通过WiFi将农业生产的信息传送至远端服务器。相比2.4GHz频段，433MHz工作频率低，具有更强的绕射和穿透能力，传输时耗损小，在传输距离上明显优于ZigBee。张传帅等（2014）针对温室环境监测范围大、遮挡物多等问题，采用433MHz射频进行感知数据的传输，建立了基于WSN的温室环境远程监测系统，实现了温室环境信息的实时、稳定采集。

农业信息处理方面，我国高校和科研院所研究的作物模型、栽培模型、农业决策模型等信息处理共享度差、智能化程度低，缺乏有效的信息载体和集成应用技术，大部分还只是停留在试验和小范围应用阶段，尚未形成能大面积推广的产业化应用软件和可共享平台（李道亮，2012）。邓雪峰（2016）分别从理论、技术和应用3个方面与设施蔬菜实际种植场景相结合，针对农业物联网的模型构建进行了研究。理论层面主要对农业物联网的整体架构进行了分析，结合农业物联网的应用实际，构建了符合实际应用的农业物联网体系结构模型，并利用时间自动机对建立的系统进行抽象分析，验证了系统设计的正确性；技术层面主要集中在农业物联网数据传输协议的分析，并研发了农业物联网网关设备，并以时间博弈理论为基础对其进行建模分析；应用层面主要集中在对农业物联网组合服务而形成的复杂系统模型进行分析及验证，扩展了时间自动机模型。该研究对农业物联网的推广应用提供了理论保障和指导。对植物信息采集的研究主要包括表观可视信息的获取和内在信息的获取，表观信息如作物苗情长势、病虫害、果实膨大状况、生物量、茎秆直径、叶面积等信息，内在信息包括叶绿素含量、作物氮素、光合速率、种子活力、叶片温湿度等，主要监测手段为光谱技术及图像分析等；对动物生命信息的监测主要包括动物的体温、体重、行为、运动量、取食量、疾病信息等，通过相关监测，了解动物自身的生理状况和营养状况以及对外界环境条件的适应能力，确保动物个体健康生长，主要监测手段包括动物本体监测传感器、视频分析等。

综上所述，我国农业物联网的发展正处于初级阶段，农业物联网技术、产品和商业化运营模式还不成熟，农业物联网的发展仍然处于探索和经验积累过程中，已开展的绝大多数物联网应用项目仍处于试验、示范性应用环节。

二、国内外应用现状

（一）国外应用现状

21世纪以来，欧美等一些国家相继开展了设施蔬菜领域的物联网应用示范研究，在设施环境信息监测、蔬菜生产精细管理等领域取得了一系列的成果，同时推动了相关新兴产业及其标准化的发展。

设施蔬菜生长环境信息监测方面，欧洲和美国的一些国家利用卫星对土地湿度、温度、利用面积等情况进行监测，然后将检测信息发送到信号接收基站，数据分析后纳入信息融合与决策系统，实现农业的统筹和规划。2002年，英特尔公司率先在俄勒冈州建立了第一个无线葡萄园，将传感节点分布在葡萄园的每个角落，每隔1min监测一次土壤温度、湿度或该区域的有害物的数量，以确保葡萄健康生长。美国加州大学洛杉矶分校建立了设施蔬菜环境监测网络，通过对加州地区的设施蔬菜生长环境进行实时监测，为生产部门提供实时的生长环境信息。除美国外，法国、日本等国家在该领域的发展也比较快，综合运用各种现代信息技术构建了设施蔬菜生长环境监测网络，利用感知技术、信息融合传输技术和互联网技术建立覆盖范围广泛的农业信息化平台，实现对设施蔬菜生长环境的有效监测。目前，美国已经形成了集环境信息采集、信息传输、处理和决策控制于一体的设施作物物联网系统。法国利用通信卫星技术对灾害性天气进行预报，对病虫害进行预报。

设施作物生产精细管理方面，美国、澳大利亚、法国、加拿大、以色列、荷兰等国家在设施蔬菜种植精准作业、设施蔬菜灌溉和施肥控制、农产品采摘等方面的应用已经非常广泛。2008年，法国建立了较为完备的设施农业区域监测网络，通过物联网技术自动监测和控制，实现自动化施肥、喷药、采摘等农业生产过程。目前很多先进国家的水肥一体化设备采用物联网技术、EC/pH值综合控制、气候控制系统、循环加热降温系统、自动排水反冲洗系统、喷雾控制系统等，达到全自动混配肥，精准、智能化灌溉施肥管控一体化的产品已成规模化生产。以色列Eldarshany公司提供Frtimix、Fertigal、Fertijet自动灌溉施肥器等产品，在先进的Galileo/Elgal系列计算机控制系统，结合灵活多变的组态化操作界面能够为用户提供专家级灌溉施肥服务。荷兰Priva公司的NuterFit、Nutriflex和Nutrijet 3种系列灌溉施肥机全部实现了水肥一体化工作的精确性、作物一对一管理，无须水泵，标准模块组件，多种科学水肥配比方案。此外，发达国家农产品分拣技术起步较早、投资大、发展快，这些国家农业规模化、多样化、精确化的快速发展，有效地促进了农产品产后分拣技术的发展。自20世纪80年代开始，发达国家根据本国实际，纷纷开始农产品分拣机器人的研发，并相继研制出了适用于不同设施蔬菜等多种农产品质量品质分级分拣装备。日本对农产品分拣机器人研究最早，同时也是市场发育最为成熟的国家之一。目前，日本在果蔬分拣系统及果蔬拣选机器人的研究开发和使用方面居世界领先地位。英国研制的分拣机器人，采用光电图像识别和提升分拣机械组合装置，把大的西红柿和小的樱桃加以区别，然后分拣装运；也能把土豆进行分类，且不擦伤外皮。意大利UNITEC

公司开发出一系列用于水果及蔬菜采摘后进行体积、尺寸和颜色识别的专用分拣机，能使径向尺寸小于40mm的水果分拣速度达到18个/s，大于40mm的水果达12个/s。1995年美国研制成功的Merling高速主频计算机视觉水果分级系统，生产率约为40t/h，已广泛用于各类水果和蔬菜的分级。目前，国外基于计算机视觉技术的农产品外观品质分拣技术与装备研究已经较为成熟，公司主要有澳大利亚的GP graders、法国Maf/Roda集团、荷兰Aweta集团、新西兰Compac公司、意大利尤尼泰克Unitecgroup、荷兰Greef、美国FMC和意大利Sammo等。2002年瑞典哈尔穆斯塔德大学的Aastrand等研制了一种基于机器视觉的锄草机器人移动平台，导航误差为±2cm。2003年英国克兰菲尔德大学Home研制了一种摆动株间锄草系统，平均株距为300mm，前进速度在4km/h以下时锄草效果良好，8km/h情况下有17%的作物根区域被锄刀入侵。2014年西班牙塞维利亚大学设计了一款协作株间锄草机器人，1.2km/h为最佳的工作速度，8h连续作业伤苗率为0.5%。

（二）国内应用现状

目前，我国农业物联网技术已经开始在很多省市的农业信息化示范基地开始应用，但大部分技术和产品仍停留在中试阶段，产品在稳定性、可靠性、低功耗等性能参数方面和国外的产品和技术相比还存在着很大差距，离产业化程度还有一定的距离。

设施作物生长环境信息监测方面，我国也实现了采用传感器、RFID等信息感知设备采集土壤温度、湿度、pH值、降水量、空气温湿度和气压、光照强度、CO_2浓度等作物生长参数，为设施作物精准调控提供科学依据。中国农业大学、中国农业科学院、国家农业信息化工程技术研究中心、华南农业大学、山东省农业科学院等各类研究机构都纷纷针对我国不同设施种类研制了适用于我国设施环境的数据采集解决方案，可以实现设施环境状态的自动信息采集。

设施作物生产精细管理方面，我国设施蔬菜栽培已超过33万亩，年商品种苗需求量达4 000多亿株，市场需求空间巨大。设施育苗连年种植产生的连作障碍和病虫害问题日趋加剧，已严重影响生产。人工嫁接效率低、嫁接苗质量难以保证，加之人口老龄化和务农人员严重缺乏，人工嫁接无法满足于工厂化育苗的生产需求。因此，自动化嫁接育苗已成为解决我国当前蔬菜种苗周年供应和育苗产业可持续发展的重要方式。目前，嫁接育苗技术逐渐获得重视，在山东寿光、北京郊区、海南三亚及东北地区已开始采用嫁接技术，并获得了较高的经济效益。20世纪末我国开展茄果类蔬菜嫁接机器人研究以来，尽管在样机作业对象、工作效率和精度方面紧跟国际先进水平，但是在系统整体构型设计和样机试验应用方面，仍然以跟踪模仿为主，与我国当前农艺管理条件缺乏充分结合。国家农业智能装备工程技术研究中心、华南农业大学、浙江大学、西北农林科技大学等对茄果类嫁接方法进行研究，突破了一系列关键技术，但尚未实现商品化应用。

设施作物采摘方面，20世纪末我国开展果蔬收获机器人研究以来，取得了一定的成就，以番茄采摘机器人为例，系统主要由移动底盘、升降平台、视觉单元、机械臂、采摘手爪、控制系统以及其他辅助单元等构成。作为一种采摘机器人通用平台，可用于高架立体栽培模式下不同高度、层次的果实采收，提高了智能采收机器人的实用性。但系统整体构型设计和样机试验应用方面，仍然以跟踪模仿为主，与我国当前农艺管理条件结合度不高。此外，我国在解决复杂农业环境下目标识别方法研究还没有形成可行的技术方案。

作物信息获取方面，中国农业大学张春龙等提出基于机器视觉的最小耗时最大包容准确度的作物信息获取方法，试验表明该方法检测平均误差 ± 5mm，平均耗时小于20ms。中国农业机械化科学研究院的毛文华等人采用基于多特征的田间杂草识别方法，识别率为89% ~ 98%，耗时为157 ~ 252ms。20世纪90年代中期，我国开始研发水果分拣机器人技术，由于起步晚，与发达国家相比差距明显，农产品分选机器人的应用和发展还面临观念和技术两方面的挑战。但随着中国科技和经济的快速发展，尤其是国家对农产品产后质量的重视和不断加大农业机械化发展扶持力度，为农产品分拣机器人提供了良好发展机遇。国内的研究单位主要有浙江大学、江苏大学、中国农业大学、国家农业智能装备技术研究中心等，已取得了良好的研究进展，并开发出相应的产品，尤其是以浙江大学应义斌团队和江苏大学赵杰文团队为代表率先研发出我国拥有自主知识产权的农产品分拣机器人，其项目"基于计算机视觉的水果品质智能化实时检测分级技术与装备"和"食品、农产品品质无损检测新技术和融合技术的开发"均获得国家发明二等奖。除此之外，目前国内也出现了一些农产品分拣机器人制造企业比如江西绿盟、北京福润美农、江苏福尔喜、合肥美亚光电等。但是，这些厂家或机构所开发的农产品分拣机器人其分拣对象通常都是水果，指标主要是外观品质。除外部品质分拣机器人外，目前国内关于农产品内部品质在线检测方面的研究起步较晚，但经过国内相关研究单位的不懈努力，也已取得了一定的成果，研究单位主要包括浙江大学应义斌团队、中国农业大学韩东海团队、江苏大学赵杰文团队、华东交通大学刘燕德团队、国家农业智能装备技术研究中心黄文倩团队等，但是目前对农产品内在品质在线检测分拣机器人的市场应用还未见报道。近年来，我国作物决策支持系统研究大有后来居上之势。北京市农林科学院赵春江等、中国科学院合肥智能机械研究所熊范纶等在20世纪80—90年代建立了多个农业专家系统，为作物生长施肥、病虫害管理等提供了智能化决策支持。20世纪90年代，江苏省农业科学院高亮等研制的水稻计算机模拟优化决策系统及江西农业大学戚昌瀚等开发的基于水稻生长日历模拟模型的调控决策支持系统，为水稻生长管理的预测与管理提供了依据。21世纪以来，南京农业大学曹卫星等利用先进作物建模理论与决策支持技术，开发了基于生长模型和基于知识模型的稻、麦、棉、油决策支持系统，实现了4个作物的生长发育与产量预测、产前管理方案的设计与产中管理调控，系统界面更友好，结果更准确，适用性更强。

综上所述，作为新的技术浪潮和战略新兴产业，农业物联网技术得到了我国各级政府的高度重视，迎来了前所未有的发展机会，在农业生产、管理、服务各领域得到广泛应用，但同时我国农业物联网的发展仍然属于初级阶段，已经开展的试验、示范项目还处于探索和积累经验的过程中，农业物联网体系结构、关键技术及产品等各方面还存在很多挑战性的问题，阻碍了农业物联网的进一步发展和应用。

1. 体系架构不完善

物联网体系架构一般被分成感知层、传输层和应用层3部分。感知层主要由具有识别、感知能力的设备构成，这些设备通过传感技术、RFID等识别技术，实现对"物"的感知识别；传输层也可被称为网络层，主要用以传递感知层获取的信息，该层综合使用GPRS、WiFi、蓝牙等通信技术，实现个域网、广域网等各类网络之间的无缝连接；应用层主要负责对物联网资源的处理，是物联网面向普通用户的接口层。一方面当前研究主要集中在三层中的某个层面具体技术方面及对具体的物联网系统的建立方面，对整个物联网体系结构的研究和讨论相对较弱；另一方面随着技术进步和物联网概念的拓展，三层体系结构无法满足现实发展的需要，所以亟需建立一个分布式、开放的、资源服务可共享的全球体系架构，实现各种异构系统的互联互通和分布式资源的共建共享。

2. 底层感知系统搭建门槛高

随着物联网技术在各个领域的应用和推广，出现了底层感知设备种类繁多，通信接口各异，通信协议互不兼容问题，使得用户构建上层物联网应用时不得不掌握大量软硬件知识来解决异构终端适配问题；另外当前缺少一个通用的上层控制软件能够灵活、方便地对底层的硬件设备进行简易地配置和控制，这些都抬高了农业物联网底层感知系统搭建的门槛，增加了运营商系统维护的成本。因此，研究支持多种接入方式、统一数据采集接口、多协议转换的通用网关软硬件，对于实现底层异构感知设备和网络的统一接入具有重要意义。

3. 物联网资源碎片化，共享性差

虽然各地都在积极推进农业物联网应用实施和产业发展，但是目前跨行业、跨地区、已成熟的商业模式并且能够推广示范的农业物联网应用还非常少。物联网的终极目标是将物物相连、事事相关，构成无所不在的泛在业务。然而目前的物联网发展仍然以垂直行业为主，无论是从全行业水平角度还是从单个行业的垂直维度来看，其内容都是复杂的、松散的、个性的，这使整体的物联网资源呈现碎片化状态。正是由于各物联网设备和业务平台的碎片化、垂直化和异构化的特点，使企业之间及企业新旧系统之间的数据共享和服务协同变得非常困难，影响了有创新性的农业物联网应用的出现。如何将农业生产中产生的这些数据进行处理，为用户提供数据的查询、数据导航、数据下载、数据应用等共享服务，提升基本数据服务的复用性是当前农业物联网研究亟需解决的问题之一。

4.关键技术尚不成熟

目前我国农业物联网产业还处于起步阶段，从感知层、传输层到模型应用的处理层等各层所涉及的关键技术都还很不成熟。由于农业环境的复杂性，农业生产环境的严酷性以及农业生产以生物为主体等特征，使得农用信息感知设备的稳定性和精确性受到了极大的挑战，因此亟需研究针对农业生产各环节特点的信息感知、传输等关键技术，突破农业物联网关键技术主要依靠国外进口的困难局面。

三、主要发展趋势

农业物联网技术与产品的发展需要经过一个培育、发展和成熟的过程，其中培育期需要2～3年，发展期需要2～3年，成熟期需要5年。总体来看，我国农业物联网的发展呈现出技术和设备集成化、产品国产化、机制市场化、成本低廉化和运维产业化的发展趋势。从宏观来讲，农业物联网技术将朝着规模化、协同化和智能化方向发展，同时以物联网应用带动物联网产业将是全球各国物联网的主要发展趋势，农业物联网的发展也将遵循这一技术发展趋势。随着世界各国对农业物联网关键技术、标准和应用研究的不断推进和相互吸收借鉴，大批有实力的企业进入农业物联网领域，对农业物联网关键技术的研发重视程度将不断提高，核心技术和关键技术突破将会取得积极进展，农业物联网技术的应用规模将不断扩大。随着农业物联网产业和标准的不断完善，农业物联网将朝协同化方向发展，形成不同设施作物种类、不同企业间乃至不同地区或国家间的农业物联网信息的互联互通互操作，应用模式从闭环走向开源，最终形成可服务于不同应用领域的农业物联网应用体系。随着云计算和云服务技术的发展，农业物联网感知信息将在真实世界和虚拟空间之间智能化流动，相关农业感知信息服务将会随时接入、随时获得。从微观来讲，农业物联网关键技术涵盖了身份识别技术、物联网架构技术、通信技术、传感器技术、搜索引擎技术、信息安全技术、信号处理技术和电源与能量存储技术等关键技术。总体来讲，农业物联网技术将朝着更透彻的感知、更全面的互联互通、更深入的智慧服务和更优化的集成趋势发展。未来农业物联网技术的研究重点将主要集中于以下几方面。

（一）信息感知技术研究

随着电子信息技术、通信技术和微控制器技术的发展，智能传感器正朝着更透彻的感知方向发展，其表现形式是智能传感器发展的集成化、网络化、系统化、高精度、多功能、高可靠性与安全性趋势。新技术不断被采用来提高传感器的智能化程度，微电子技术和计算机技术的进步，预示着智能传感器研制水平的新突破。通过多传感器信息融合，可以通过一个复杂的智能传感器系统集成在一个芯片上实现更高层的集成化。智能传感器的总线技术正逐步实现标准化、规范化。

（二）应用体系结构研究

针对传统的物联网三层结构无法满足农业物联网对可伸缩性、可扩展性、模块化和互操作性的发展需求，根据农业物联网体系结构构建原则，进一步划分农业物联网的基本结构，确定通用框架和功能结构模型，建立基于分层及协议配套的农业物联网体系结构，并通过对农业物联网应用领域的应用现状分析，验证体系结构的可行性。

（三）异构网络环境监测统一接入研究

由于现阶段农业物联网尚处在起步阶段，市场上有着多种不同通信协议的农业物联网系统。不同厂家生产的设备种类繁多，通信接口各异，通信协议互不兼容，导致底层感知设备接入上层农业物联网应用系统困难重重。在以后的发展过程中，研究支持多种接入方式、支持多标识、多协议转换的通用网关，实现底层异构感知设备和网络的统一接入，可以有效解决以上问题。

（四）数据共享技术研究

当前农业物联网应用平台都是异构化、垂直化和碎片化的，使得企业之间的数据共享和服务协同变得非常困难，形成了诸多"信息孤岛"。如何将农业生产中产生的重要数据进行处理，为用户提供数据的查询、数据导航、数据下载、数据应用等共享服务，提升基本数据服务的复用性，降低农业物联网上层应用的构建门槛，是农业物联网数据共享设计的根本目标。

（五）系统集成技术研究

农业物联网在推广应用的过程中涉及的设备种类众多，软硬件系统存在异构性、感知数据的海量性决定了系统集成的效率，是农业物联网应用和用户服务体验的关键。随着农业物联网标准的制定和不断完善，农业物联网感知层各感知和控制设备之间、传输层各网络设备之间、应用层各软件中间件和服务中间件之间将更加紧密耦合。同时随着SOA、云计算以及SaaS、EAI、M2M等集成技术的不断发展，农业物联网感知层、传输层和应用层三层之间也将实现更加优化的集成，从而提高从感知、传输到服务的一体化水平，提高感知信息服务的质量。

第二章　设施蔬菜物联网软件平台

第一节　设施蔬菜物联网云平台总体设计

一、设施蔬菜物联网云平台的研发背景

随着农业科技的不断发展，以农民家庭为单位从事农业生产的传统农业局限性表现得越来越明显。农业生产从业者大都文化水平低，主要依靠生产经验从事农业生产，产前无计划，产中管理随意性大，生产效率低下。

在靠天种地的生产过程中，生产人员无法及时掌握作物生长环境、作物生理数据变化情况，如作物种植地块水肥是否充足或过剩？作物种植环境是否适宜作物生长？因而无法做到及时改变种植管理方向。在规模化种植中，没有种植计划，没有完整的种植标准去指导农业生产，完全依靠人的种植经验去判断，人判断的差异最终影响了农产品的产量和质量。完全依靠人力，农业生产需要投入大量的人工，随着人工费用的不断升高，导致农产品成本不断提高。农资使用上，传统农业生产缺乏环保意识，大量使用化肥、农药，不仅造成农资浪费，还会造成水体污染。农业从业者消息闭塞，对市场供需信息不了解，盲目种植导致市场供需不对称，极易出现卖菜难的问题。

同时，能够进行农业生产指导的技术人员在进行农业生产时，缺乏现代化的生产工具，仅能够通过手写笔记的方式去收集、记录蔬菜种植信息，落后的方式导致信息的间断、缺失。现有的研究表明，作物生长受生长环境因素影响较大，专业的农业环境信息精准监测设备缺乏，导致无法针对环境作出快速准确的调整。即便数据通过手写笔记记录完成，缺乏专业的工具对其进行分析处理，在没有信息化科技力量的支持下，致使采集数据对实际农业生产指导意义不大。

传统农业逐渐露出的弊端严重阻碍了现代农业的快速发展，在当今地少人多的情况下，势必需要一个公共的先进技术平台来改变现状，引导传统农业与现代科技结合，使得农业生产的产出更高、质量更好。

二、设施蔬菜物联网云平台的重要意义

随着信息技术的应用和迅猛发展，数字化、网络化为特征的信息化产业逐渐深入到社会的各个领域，移动互联网、物联网、云计算、大数据等为代表的新一代信息技术正在加快推广和应用。农业的信息化是依托部署在农业生产现场的各种传感节点和无线通信网络实现农业生产环境的智能感知、智能预警、智能决策、智能分析、专家在线指导，为农业生产提供精准化种植、可视化管理、智能化决策。改造和应用信息技术促进了农业的产业升级，成为国际农业发展的热点之一。

设施蔬菜物联网云服务平台是利用现代农业信息技术推动农业产业链的改造升级。农业产业链贯通供求市场，是由农业产前、产中、产后不同职责单元组成。传统农业产业链存在信息不对称、协调机制不健全的问题，增加了农业生产风险，阻碍了农业竞争力、可持续发展能力的提升。在生产领域，借助物联网、云计算等新兴信息技术，通过布设安装各类传感器，及时获取农业土壤、水体、小气候等环境信息和农业动植物个体、生理、状态及位置等信息；通过安装智能控制设备实现设施蔬菜生产现场设备远程可控；通过构建农产品溯源系统，将蔬菜生产、加工等过程的各种相关信息进行记录并存储，并以条码识别技术进行产品溯源。设施蔬菜物联网云服务平台的构建，在蔬菜生产环节摆脱人力的依赖，实现"环境可测、生产可控、质量可溯"。在蔬菜产品经营领域，实现多元化的营销方式。物联网、云计算等技术的应用，打破农业市场的时空地理限制，农资采购和农产品流通等数据将会得到实时监测和传递，有效解决信息不对称问题。通过主流或自建电商平台拓展农产品的销售渠道，自成规模的龙头企业可通过自营基地、自建平台、自主配送实现全方位、一体化的经营体系，也可根据市场和消费者的特定需求，打造定制农业。

设施蔬菜物联网云服务平台的构建可实现农业的精细、高效、绿色健康发展。传统蔬菜生产不考虑差异、空间变异，田间作业均按照均一的方式进行，不但造成资源浪费，同时也因为过量使用农药、肥料而引起环境的污染。设施蔬菜物联网云服务平台可通过构建知识模型对生产现场采集数据进行分析并根据不同生产对象的具体需求作出精确化的决策，让农业经营者准确判断蔬菜作物是否该施肥、浇水或打药，在满足作物生长需要的同时，节约资源又避免环境污染。云计算、大数据等技术的发展为生产者提供精确化决策的同时，通过发送指令可控制现场设备进行生产作业，避免了因自然因素造成的产量下降，提高了农业生产对自然环境风险的应对能力。智能化、机械化的农业作业实现了由人工到智能的跨越，降低了劳动成本，提高了劳动生产效率。通过蔬菜精细化生产，实施测土配方施肥、农药精准科学施用、农业节水灌溉，合理的利用了农业资源，减少了

污染，提高了蔬菜产业可持续发展的水平，做到农业生产生态化。借助条码识别技术，构建全程可追溯系统，健全从大棚到餐桌的蔬菜产品质量全程监管体系，做到农产品质量安全化。

设施蔬菜物联网云服务平台是物联网技术在设施蔬菜生产、经营、管理、科研和服务中的具体应用，是实现蔬菜信息化的重要手段，是保障蔬菜产业跨越式发展的重要技术支撑，在现代农业建设过程中具有重要的战略地位。

三、设施蔬菜物联网云平台的总体架构

设施蔬菜物联网云平台致力于向设施蔬菜生产领域提供一个开放或半开放的物联网云服务平台。通过这个平台，农业生产者或企业用户可以非常轻松地把自己的物联网项目连接到互联网上，用户可借助智能手机、平板电脑、电脑等终端实现农业生产现场数据实时监测、智能分析、远程控制，并通过视频等设备实时监控农业生产现场情况。设施蔬菜物联网云平台系统架构由数据层、处理层、应用层、终端层组成。数据层负责农业生产现场采集数据及生产过程数据的存储；处理层通过云计算、数据挖掘等智能处理技术，实现信息技术与行业应用融合；应用层面向用户，根据用户的不同需求搭载不同的内容。

系统总体体系架构如图2-1所示。

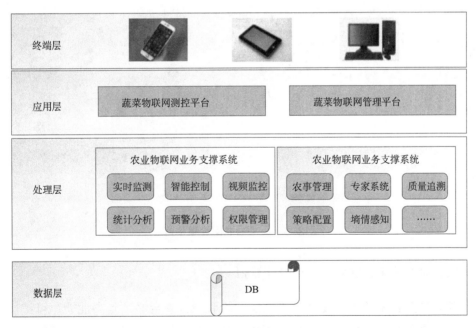

图2-1　云平台总体架构

在应用层，按照用户需求及系统规模的不同，将设施蔬菜物联网云平台分为

测控平台（图2-2）和管理平台（图2-3）两种类型。

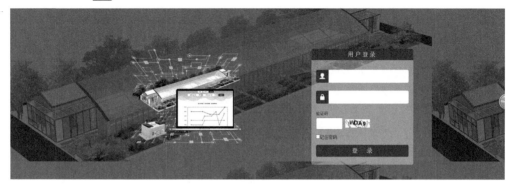

图2-2　蔬菜物联网测控平台

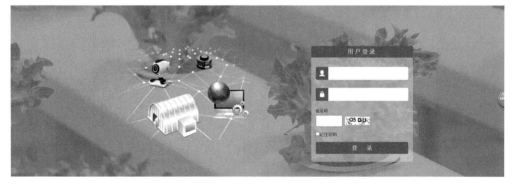

图2-3　蔬菜物联网管理平台

四、设施蔬菜物联网云平台设计原则

随着信息技术的飞速发展，设施蔬菜物联网云平台必须是高性能、可扩展的物联网体系结构，以便满足今后不断更新和升级的需要。根据设施蔬菜物联网云平台建设标准及业务需求，总体框架以高内聚、低耦合为指导思想，以前瞻性原则、实用性原则、安全性原则、扩展性和开放性为设计原则，保证平台系统的先进性、伸缩性。

（一）技术先进性

设计过程中，在关注技术框架的同时，更加注重平台业务的提炼。系统功能设计不仅要满足现在已知的业务需求，而且要考虑其可持续性，即横向和纵向的扩展。横向是指平台后续可扩展其他目前未涉及的传感控制设备、平台功能，纵向是指平台可满足不同业务需求的用户。系统采用当今先进的技术和设备，在建成后具有强大的发展潜力，能保障系统的技术寿命及后期升级的可延续性。

（二）高可靠性

系统可靠性是系统长期稳定运行的基石，只有可靠的系统，才能发挥有效的作用。平台方案从系统设计理念到系统架构的设计，都必须持续秉承系统可靠性原则，均采用成熟的技术，具备较高的可靠性、较强的容错能力、良好的恢复能力及抗干扰能力。

（三）高安全性

综合考虑设备安全、网络安全和数据安全。在前端采用完善的安全措施以保障前端设备的物理安全和应用安全，在前端与平台管理中心之间必须保障通信安全，采取可靠手段杜绝对前端设备的非法访问、入侵或攻击行为。数据采取前端分布存储、平台管理中心集中存储管理相结合的方式，对数据的访问采用严格的用户权限控制，并做好异常快速应急响应和日志记录。

（四）高可用性

平台系统提供基于PC电脑的纯Web客户端及智能手机的Android、ISO原生移动客户端，具有良好的交互性、易用性，契合农业生产的时效性，简单易懂，方便农业生产人员使用，且操作简便。通过系统的报表功能，方便研究人员提取、分析数据，为增收改良提供有力的数据依据。具有高效的软硬件使用效率，关键设备均达到硬件配置最高的使用率，同时采用优化的流程设计确保系统的高效率。

（五）扩展性

平台系统应充分考虑扩展性，采用标准化设计，严格遵循相关技术的国际、国内和行业标准，确保系统之间的透明性和互通互联，并充分考虑与其他系统的连接。在设计和设备选型时，科学预测未来扩容需求，进行余量设计，设备采用模块化结构，便于系统扩容、升级。系统加入新建设备时，只需配置前端系统设备、建立和平台管理中心的连接，在管理平台做相应配置即可，软硬件无须做大的改动。

（六）易管理性、易维护性

平台系统采用全中文、图形化软件实现整个监控系统管理与维护，人机对话界面清晰、简洁、友好，操控简便、灵活，便于监控和配置。采用稳定易用的硬件和软件，完全不需借助任何专用维护工具，既降低了对管理人员进行专业知识培训的费用，又节省了日常频繁的维护费用。

五、设施蔬菜物联网云平台的技术特点

设施蔬菜物联网云平台吸收了农业专家及农业科研机构多年的生产经验和科研成果，逐步建立起覆盖多种蔬菜作物标准化生产的农业专家知识库，为农业生产提供专家意见。这弥补了农业一线生产人员技术参差不齐的不足，为稳定产品品质、扩大生产规模、产业化生产奠定了良好的基础。

设施蔬菜物联网云平台与农业标准化生产、物联网智能终端设备深度融合在一起。利用物联网智能终端设备实时、精准的获取蔬菜生产过程中包括土壤温湿度、空气温湿度、CO_2浓度等完备的数据。通过平台中智能分析系统将物联网终端设备获取的数据、标准化生产管理系统所维护农业生产经验进行处理与整合，最终反馈到农业生产环节指导现代农业的生产，以提高现代农业的生产效率，实现对农业生产过程的科学化、精准化、自动化、标准化管理。

通过设施蔬菜物联网云平台，用户可获得以农业标准化生产管理经验为依据，以作物定植时间以及物联网智能终端获取数据为条件的及时的生产管理意见。生产管理意见可通过平台下发至企业员工，企业人员通过多种终端访问设施蔬菜物联网云平台，可及时了解当前生产现场的种植情况以及农业生产任务，实现现代农业生产、管理的高度统一。

设施蔬菜物联网云平台对各个生产环节的异构信息数据和生产任务等信息进行处理，建立了基于蔬菜生产全产业链的质量溯源系统，有助于生产园区（企业）实现品牌化经营，进一步提高产品附加值，全面提升单位面积土地产值。

设施蔬菜物联网云平台采用云技术设计，通过虚拟化技术，为海量数据的多路存储与并发查询提供基础设施服务，能够大幅度减少前期硬件投入，同时有效降低后期系统运维难度、能源消耗与人力成本。

总而言之，基于移动互联网、物联网、云计算、大数据等为代表的新一代信息技术研发的设施蔬菜物联网云平台，具有以下特点和优势。

（一）精准化

利用无线传感网络、GPS、RFID等物联网感知技术，精确获取蔬菜生产中生态环境、作物生理、市场需求等海量数据。

（二）标准化

整合农业一线生产专家、农业科研机构的生产经验、科研成果，推广农业生产过程中最佳生产经验，指导蔬菜标准化生产，提高集约经营水平；降低传统生产过程的随意性与盲目性，提升农产品的品质与安全。

（三）个性化

利用智能分析与定向推送技术，整合海量数据，为目标客户提供个性化信息定制服务；帮助政府管理部门及时了解蔬菜生产情况和农产品供求动态，帮助农民及时得到农技指导与政策指引。

（四）智能化

利用智能控制技术，大幅度减少现场手工操作，减少劳动力使用，提高劳动生产率，降低劳动力成本。

（五）易用化

利用移动互联网技术，提供电脑、手机、平板等多终端使用体验，生产第一线的农民群众只需要通过手机就可以完成全部操作，方便易用。

（六）便捷化

利用云计算技术，进行海量数据的集中统一处理；大幅度降低设备采购与维护成本；同时结合按需付费模式，让用户使用系统就像使用水电一样方便。

第二节　设施蔬菜物联网测控平台

一、功能概述

设施蔬菜物联网测控平台借助"物联网、云计算"技术，实现对蔬菜产业生产现场环境、作物生理信息的实时监测、视频监控，并对生产现场光、温、水、肥、气等参数进行远程调控。蔬菜物联网测控平台拥有"地图模式、场景模式、分析模式、综合模式"4种不同模式实现以下功能。

（一）数据监控

通过部署在农业生产现场的物联网传感设备，可实时监测采集生产现场的重要环境、生理数据，并上传至云端服务器。设施蔬菜物联网测控平台提供数据监控功能，用户通过手机或者电脑登录云平台即可查看园区的气象数据、土壤数据、作物生理数据、设备状态。

（二）视频监控

在蔬菜种植现场安装360°视频监控设备以及高清摄像机，可实现对种植现场实时监控。设施蔬菜物联网测控平台嵌有视频监控功能，用户只需要通过手机或者电脑就能对作物生长情况进行远程查看，同时可进行视频录像、视频回放、截屏等操作。

（三）远程控制

蔬菜种植现场装有远程调控设备，通过设施蔬菜物联网测控平台可实现生产现场光、温、水、肥、气参数的远程控制；设定监控条件后，也可实现定时计划控制，传感联动自动控制，无须人工参与。

（四）报表服务

通过设施蔬菜物联网测控平台，可查看园区内所有设备数据情况，可按日、周、月或自定义时间段查看数据报表，支持Excel表格导出、图片导出、报表打印功能，方便企业的人员管理。

通过蔬菜物联网测控平台可帮助农业生产者随时随地的掌握蔬菜作物的生长状况及环境信息变化趋势，为用户提供高效、便捷的蔬菜生产服务。

二、地图模式

用户登录蔬菜物联网测控平台时，系统默认进入地图模式，地图模式展示园区所有生产单元布局，可从总体上了解生产园区基本情况。在地图模式中可查看园区概况，用户可自行布局生产单元所处的位置。右侧Tab页面展示三部分内容：公司简介、最新数据、控制状态信息。公司简介模块是对生产园区情况的简要描述；最新数据模块展示各个生产单元最新的监测数据；控制模块中可对生产单元中所对应的控制设备及进行远程控制。

用户若想了解某一个生产单元的数据情况，或对某一个生产单元设备进行远程控制，可点击界面中展示的生产单元名称，也可在左上位置选择相应的生产单元，左侧Tab页面中最新数据及控制状态便显示选择生产单元相应的设备数据及状态。该模式下Tab页面中最新数据处所展示的数据右侧的上下箭头表示当前数据与作物生长适宜数据相比是偏高还是偏低，红色向上箭头代表高于适宜值，蓝色向下箭头代表低于适宜值；在该模式下可对可控设备进行远程控制，用户可直接点击Tab页控制设备模块中控制按钮控制现场可控设备。若指令发送成功，平台会显示指令发送成功字样告知用户命令已发送完成，现场设备完成相应的动作后平台中该设备的状态同时发生变化。需要注意的是在进行设备远程控制中需有设备控制权限，若登录用户没有设备控制权限则在对设备进行远程控制时需输入控制口令，地图模式，如图2-4所示。

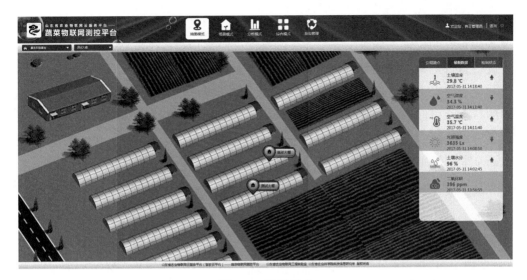

图2-4　地图模式

三、场景模式

场景模式有别于地图模式，该模式用于展示具体生产单元的相关信息。在场景模式中，用户可查看生产单元中部署设备类型及位置；查看采集设备实时数据及历史曲线；查看部署在生产现场监控设备视频画面；对可控设备进行远程控制。用户可点击平台界面顶部"场景模式"按钮进入该模式，如图2-5所示。

图2-5　场景模式

在场景模式中可查询某一个具体的生产单元布设的所有节点，包括控制设备、采集设备、监控设备（包括语音设备、大屏显示设备等）。系统默认显示该生产单元布设的所有设备，用户也可根据自己的需求点击左侧菜单中相应的设备类型（采集设备、监控设备、控制设备）予以展示。用户可自定义设备布局，即系统中所展示的设备图标可根据用户的需要自行拖动摆放，以区分和形象的展示设备所布设的位置。场景模式中设备图标的颜色对应设备不同状态：深绿色表示该设备运行正常（采集设备表示数据处于适宜区间）；黄色表示采集设备数据超过阈值（高于上限、低于下限）；红色表示设备离线。设备通过不同颜色表征不同的状态，可向用户直观的展示设备状态，方便用户识别异常设备，进而对异常设备重点关注。

（一）采集设备

场景模式中可查看现场采集设备数据及报警信息。用户点击要查看的采集设备图标，即可弹出如图2-6所示显示框。在采集数据显示框内显示数据采集设备名称、实时数据及数据采集时间、历史记录、预警信息、数据走势图等内容。如图2-6所示空气温度监测数据，图中标红显示数据为实时数据，数据采集时间紧跟其后；图中仅展示过去的两条记录数据，让用户了解短时间内的数据变化情况，若用户想了解该参数的历史曲线情况，可点击采集数据界面右上角"数据走势图"选项进行查看。

图2-6　实时数据查看

点击"数据走势图"选项系统会弹出如图2-7所示监测数据历史曲线查看界面。在该界面中用户可查看当天、近7天、近30天的数据曲线变化情况，也可根据需求自定义时间段查看历史数据。

在数据走势查看界面中，除了显示监测数据的历史曲线外，用户也可查看该参数不同时间段最高阈值、最低阈值。点击界面中"最高阈值""最低阈值"选项可查看和隐藏相应的曲线。通过最高阈值、最低阈值及历史数据三者对比，环境参数是否适宜作物的生长一目了然的展现在用户面前，为用户进行更好的生产管理提供有利帮助。

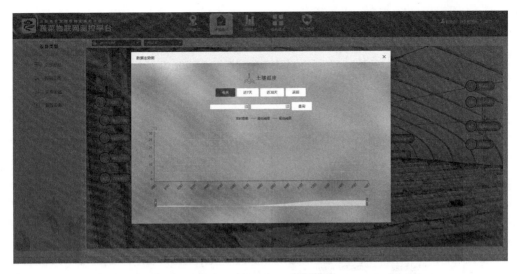

图2-7 监测数据历史曲线

数据异常（数据高于上限或低于下限）在场景模式中以黄色图标展示，采集数据显示界面（图2-6）中详细展示了预警内容：在哪个时间点哪个设备监测数据具体值是多少，高于或低于预警设定值，请及时处理。在图2-6数据监测界面中仅展示最近两条预警数据，若用户想了解更多历史预警情况可点击"更多信息"进行查看。

（二）控制设备

场景模式中也可查询控制设备的运行状态，并对远程设备进行控制。点击场景模式界面中"控制设备"图标，平台即可显示设备控制窗口，如图2-8所示。在该窗口中用户可查看控制设备当前状态（如图示降温设备停止，则停止按钮为灰色显示）；也可点击相应的控制按钮对设备进行远程控制。

图2-8 控制设备状态查看及远程控制

需要注意的是，对控制设备进行操控时需要相应的控制权限，若登录用户无可控权限则系统会弹出输入密码对话框，无权限用户需输入设备控制密码方可对可控设备进行控制。另外，控制设备在离线状态下不能进行远程控制。

（三）视频设备

场景模式中可查看现场视频信息，并可对球（半球）机进行远程控制。点击场景模式界面中"视频设备"图标，在打开的视频界面中点击"播放视频"，平台即可展示实时视频（图2-9）。在该窗口中用户不仅可查看生产现场的实时视频，若生产现场安装摄像头可控（球机、半球摄像头）则在该界面中也可进行远程控制（移动镜头方向、调整焦距等）。

图2-9　实时视频查看

用户进入视频展示窗口后，点击"播放视频"按钮方可进行视频查看，点击"关闭视频"则停止视频播放；若摄像头可控，则点击该窗口中控制按钮摄像头会有相应的动作。视频设备与控制设备相同，查看视频需要有控制权限，无权限用户也可通过输入控制密码进行查看。

四、分析模式

分析模式用于对采集数据的简要分析，是对具体生产单元中采集参数的走势及汇总信息进行分析展示。用户可点击平台界面顶部"分析模式"选项进入该模式，如图2-10所示。

分析模式界面展示分为参数选择、数据展示两部分内容。用户进入分析模式后，可选择要查询的某一个具体的生产单元，左侧监测列表中会显示该生产单元中所有的数据采集设备列表，点击向上、向下箭头可滑动展示。与地图模式中相同，监测数据后向上、向下箭头表示数据高于或低于阈值。点击要查看的采集设备名称，右侧显示当天的数据变化情况，也可根据需要查看最近7天、近30天的数据变化趋势，当然用户也可根据需求自行设定要查看的时间段并进行数据查询。在该模式下，用户也可查看该参数不同时间段"最高阈值""最低阈值"。点击界面中"最高阈值""最低阈值"选项可查看和隐藏相应的曲线。

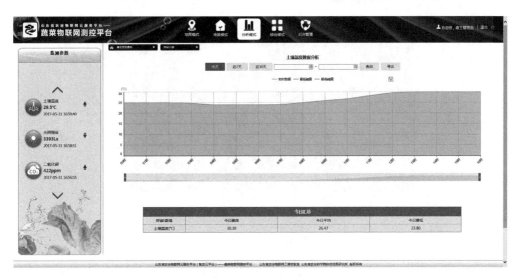

图2-10 分析模式

除了查询数据历史曲线外，分析模式中设有报表服务功能，可导出历史数据及历史数据走势图。用户设定好要查询的时间段并进行数据查询后，若需导出数据走势图片可点击"保存"按钮即可保存图片，点击"导出"按钮即可导出Excel数据。

分析模式界面下部区域展示对该监测参数的汇总信息，今日汇总部分展示该节点今日最高、今日平均、今日最低数据。

五、综合模式

综合模式是对生产单元中监测设备、视频设备、控制设备的综合展示与设备控制。用户可点击页面顶部综合模式按钮进入该模式，如图2-11所示。

综合模式中左侧区域展示监测数据，中间区域展示现场视频，右侧区域用于对现场设备进行远程控制。用户进入综合模式后选择要查询的生产单元，界面即展示该生产单元所有的设备信息。该模式下左侧监测参数与地图模式相同，均显示最新数据，数据右侧的上下箭头表示当前数据与作物生长适宜数据相比是偏高还是偏低，红色向上箭头代表高于适宜值，蓝色向下箭头代表低于适宜值。现场视频展示需点击右侧Tab页面中播放视频按钮即可播放，双击视频展示界面可全屏显示。远程视频设备若可控（球机、半球机），用户可先选中要控制的视频界面，点击右侧Tab页面中控制按钮即可对视频设备进行控制，下方变焦等按钮可实现对球机镜头的控制；点击"开始录像"可实现录像功能，点"击停止录像"则录像停止，视频存储于本地；点击"关闭视频"可停止对现场视频的预览。

图2-11　综合模式

　　在该模式下也可对生产现场控制设备进行远程控制，Tab页设备控制选项卡中展示可控设备列表（图2-12）。与地图模式相同，用户可直接点击Tab页控制设备模块中控制按钮对设备进行控制，若指令发送成功平台会显示指令发送成功告知用户命令已发送完成，现场设备完成相应的动作后平台中该设备的状态同时发生变化。该模式下对控制设备进行操控同样需要相应的控制权限，若登录用户无可控权限则系统会弹出输入密码对话框，无权限用户需输入设备控制密码方可对可控设备进行控制，另外，控制设备在离线状态下不能进行远程控制。

图2-12　综合模式——设备控制

六、系统管理

系统管理在用户使用平台过程中发挥着重要作用，平台丰富的功能与后台管理是分不开的。设备终端维护、用户管理、企业信息管理、用户权限管理等均要通过后台管理部分实现。蔬菜测控平台后台管理部分包括公司管理、用户管理、角色管理、我的设备、生产档案、通信日志查询等7部分内容，如图2-13所示。

图2-13　后台管理

（一）公司管理

公司管理模块是对企业基本信息的维护，包括企业信息、产品信息、生产单元、模型维护、企业员工等信息，点击"系统管理"→"公司管理"可进入公司管理界面，如图2-14所示。

图2-14　公司管理界面

1. 企业信息

点击"公司管理"→"企业信息"可进入企业信息维护界面。企业信息维护界面用于维护企业基本信息，包括公司名称、产业类型、行政区划、联系人、联系电话、经纬度、360°展示、视频设备信息。"企业信息"界面默认显示已经维护好的信息，对企业信息修改包括3部分内容：全景图片、滚动图片及内容编辑。全景图片为地图模式中展示的背景图，修改全景图片时注意提交图片的像素大小及比例；滚动图片用于手机客户端，是手机客户端登录后首页展示的图片，可提交多幅图片；编辑按钮用于完善、修改公司的基本信息（图2-15）。企业信息中企业名称、企业法人、注册时间等信息可用于农产品质量追溯，视频云服务器IP、视频云服务器端口号以及视频云服务器账号与密码用于蔬菜测控平台视频监控功能，该信息维护好后一般无须修改。企业信息编辑完成点击确定即可保存，点击返回则返回企业信息界面。

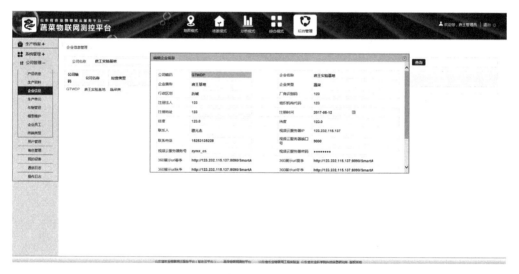

图2-15　企业信息维护

2. 企业员工

企业员工界面用于维护企业员工相关的信息，维护好的企业员工信息用于蔬菜测控平台中用户添加、生产单元管理人员分配。点击"公司管理"→"企业员工"进入企业员工信息维护界面，如图2-16所示。

"企业员工"界面默认显示已添加的企业员工列表，在该界面中可添加新的员工信息，也可查询、编辑、删除已添加的企业员工信息。

（1）员工信息添加。企业员工界面顶端有添加按钮，用户可点击该按钮以添加新的员工信息。完善相应的信息，并注意企业员工编码确保其唯一性，点击"确定"信息即添加完成。添加过程中若想放弃本次信息添加点击"返回"即可。

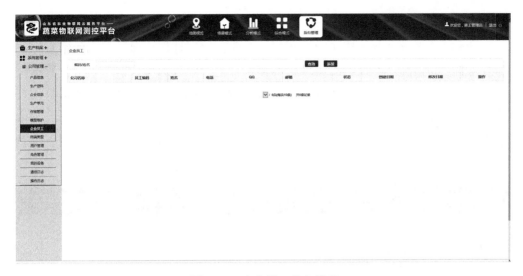

图2-16 企业员工信息管理

（2）员工信息查询。为方便企业管理人员查询企业员工的相关信息，蔬菜测控平台提供了员工信息查询功能，可通过企业员工编码或者员工姓名进行查询。在该界面顶部编码/姓名输入框内输入员工编码或姓名，点击查询即可查找对应员工的信息。

（3）员工信息修改。在企业员工信息列表末尾处"操作"栏中，点击编辑按钮可维护更新已添加的企业员工信息（图2-17）。企业信息编辑功能可对员工姓名及联系方式进行修改，员工编码一旦添加便不可修改。操作完成后点击确定保存修改信息，点击返回可返回至企业员工信息列表界面。

图2-17 企业员工信息编辑

（4）删除员工信息。企业管理者若想删除已添加的员工信息，则点击该员工信息对应的"操作"栏"删除"按钮即可，需要注意信息一旦删除便不可找回。

3. 产品信息

产品信息是对企业种植作物的罗列，企业种植一种作物即可在产品信息中添加相应的产品信息。产品信息中维护的作物种植段中数据参数信息为平台数据阈值信息，平台通过查询定植作物品种、定植时间及种植段内维护的阈值信息来判断监测数据是否处于适宜范围。点击"公司管理"—→"产品信息"进入产品信息维护界面，如图2-18所示。产品信息部分可实现产品信息的添加、查询、编辑等功能。

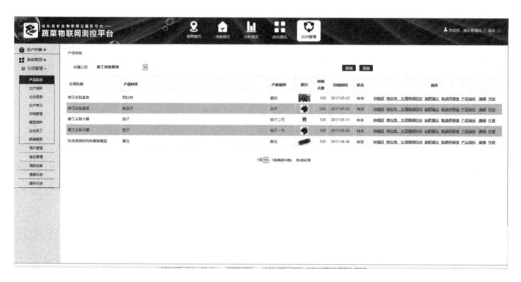

图2-18　产品信息维护

（1）产品信息添加。通过产品信息界面顶端添加按钮，用户可添加新的产品信息。对于产品的具体信息（如产品生长周期、生育段及监测参数上下阈值等信息），系统已默认添加完成，用户只需选择相应的产品种类，输入产品品种名称即可。用户也可在此处根据自己的实际种植情况对已添加的信息进行修改。点击确定后产品信息即添加完成，点击返回则放弃本次信息添加并返回产品列表界面。

（2）产品信息查询。为方便用户查询已添加产品的相关信息，蔬菜测控平台提供了产品信息查询功能，可通过产品名称进行查询。在该界面顶部搜索输入框内输入产品名称，点击"查询"即可查找对应产品的信息。

（3）产品信息维护。操作栏中编辑选项可对已添加的产品信息进行修改，可修改内容包括品种名称、生长周期、需肥特性及产品简介、产品图片等。对于平台中使用的阈值信息可在操作栏种植段选项中进行修改。种植段选项中可修改的内容包括产品的种植段、种植段开始及结束时间、每个种植段中环境参数的阈值范围。种植段意为作物不同生育段，开始时间及结束时间是确定种植段（生育段）持续的时间，"环境参数"是对不同生育段中关键参数适宜值的维护，确定作物在不同时期不同参数的上下阈值。用户对产品信息修改完成后，点击"确定"则修改的产品信息即被保存，点击"返回"则放弃本次信息修改并返回产品列表界面，如图2-19所示。

图2-19　产品信息编辑

（4）产品信息删除。用户若不再需要已添加的产品，可将已添加产品作废。点击作废后，已添加的产品将不再有效，若需重新启用已作废的产品，只需点击启用即可。

4. 模型维护

模型维护模块中所维护模型为生产单元的展示背景，是添加生产单元时所必需的信息，维护的背景图片在场景模式中进行展示，维护好的模型可用于多个生产单元。点击"公司管理"──→"模型维护"进入模型维护界面（图2-20），在该界面内可实现模型的添加、编辑、删除、查询等功能。

图2-20　模型维护

（1）模型信息添加。通过模型维护界面顶端添加模型选项，用户可添加新的模型。添加模型时，按要求提交相应的信息，点击"确定"信息即添加完成，添加过程中若想放弃本次信息添加点击"返回"即可。添加模型时，要注意模型名称不可重复。

（2）模型信息查询。为方便用户查询已添加模型的相关信息，蔬菜测控平台提供了模型信息查询功能，可通过模型名称进行查询。在该界面顶部搜索输入框内输入模型名称，点击"查询"即可查找对应模型信息。

（3）模型信息维护。在模型信息列表末尾处"操作"栏中，点击"编辑"选项可维护更新已添加的模型信息。操作完成后点击"保存"即可，点击"返回"则放弃修改并返回至模型信息列表界面。

（4）模型信息删除。用户若不再需要已添加的模型，可将已添加模型删除。用户可点击操作栏中对应的"删除"选项即可删除模型，模型确认删除后，已删除的模型将不可找回。

5. 生产单元

生产单元部分用于维护该公司拥有的生产单元信息。生产单元是蔬菜测控平台的重要组成部分，平台中所有终端设备均要部署在一个具体的生产单元下。点击"公司管理"→"生产单元"进入生产单元管理界面（图2-21），在该界面内可实现生产单元的添加、编辑、删除、查询等功能。

图2-21　生产单元管理

（1）添加生产单元。通过生产单元管理界面顶端添加选项，用户可添加新的生产单元。添加生产单元时，需输入生产单元名称、生产单元面积等信息，选择已经维护好的管理人员、上级管理人员及背景模型，点击"确定"信息即添加完成，添加过程中若想放弃本次信息添加点击"返回"即可（图2-22）。在生产单元添加时需注意，生产单元编码在同一企业下要确保其唯一性；管理人员及上级管理人员同时具有该生产单元下控制设备、视频监控设备的所有权限。

图2-22 添加生产单元

（2）生产单元信息查询。为方便用户查询已添加生产单元相关信息，蔬菜测控平台提供了生产单元信息查询功能，可通过生产单元名称进行查询。在该界面顶部搜索输入框内输入生产单元名称，点击"查询"即可查找对应生产单元信息。

（3）生产单元信息维护。通过生产单元信息列表中"操作"栏编辑选项可对已添加的生产单元信息进行维护（图2-23）。操作完成后点击"保存"即可，点击"返回"则放弃修改并返回至生产单元信息列表界面。

图2-23 生产单元信息维护

（4）删除生产单元。用户若不再需要已添加的生产单元，可将其删除。用户可点击操作栏中对应的"删除"选项即可删除该生产单元，确认删除后，已删除的生产单元将不可找回。

（二）角色管理

角色管理主要是针对平台用户的角色资源进行管理，概括来说主要包括两部分内容：角色组和角色的设置及角色的授权，通过角色管理可对系统中用户的操作权限进行有效的控制。点击"公司管理"—→"角色管理"进入角色管理界面（图2-24）。通过角色管理界面，可实现角色的添加、编辑、查找、删除等功能。

图2-24　角色管理界面

1. 角色添加

通过角色管理界面顶端添加选项，用户可添加新的角色。添加角色信息时，选择平台类型及产业类型，点击"确定"信息即添加完成，点击"返回"则放弃新角色添加并返回角色信息展示界面，如图2-25所示。

图2-25　角色添加

2. 角色赋权

角色添加完成后，需对新添加角色进行赋权。在蔬菜测控平台中涉及两种权限：菜单权限、控制权限。菜单权限是指用户是否为具有查看某个菜单的权限；

控制权限是指用户是否具有控制设备、查看视频监控的权限。在角色赋权界面中可实现菜单权限的赋权，控制权限是在生产单元添加页面进行设置。用户可通过操作栏菜单权限选项对角色赋予相应的权限。点击"菜单权限"，在展开的菜单列表中勾选菜单项表示拥有该项权利，用户可根据角色的不同赋予不同的权限（图2-26）。赋权完成后点击"确定"保存更改，点击"返回"则放弃更改并返回上一页面。

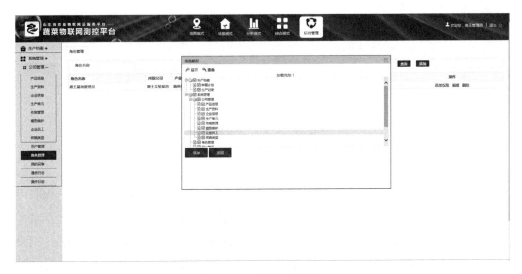

图2-26　菜单权限赋权

3. 角色信息查询

为方便用户查询已添加角色信息，蔬菜测控平台提供了角色信息查询功能，可通过角色名称进行查询。在该界面顶部搜索输入框内输入角色名称，点击"查询"即可查找对应角色信息。

4. 角色信息编辑

通过角色列表中"操作"栏编辑选项可对已添加的角色名称、产业名称、平台类别进行修改；点击操作栏菜单权限也可对菜单权限进行修改。修改完成后点击"保存"即可，点击"返回"则放弃修改并返回至角色列表界面。

5. 删除角色

用户需删除某一项已添加角色时，可点击操作栏中对应的"删除"选项即可删除角色，确认删除后，已删除的角色将不可找回。

（三）用户管理

用户管理单元用于创建和修改登录平台的用户信息，点击"公司管理"→"用户管理"进入用户管理界面（图2-27）。用户管理界面可实现用户创建、查找、编辑、删除等功能。

图2-27　用户管理界面

1. 用户添加

通过用户管理界面顶端添加选项，可添加新的用户。添加用户时，要选取用户所对应的角色（即用户拥有的权利），设置用户编码（用户编码为用户登录平台时的用户名，用户编码一旦设定便无法修改）并完善相应的信息，点击"确定"新用户即创建完成，点击"返回"则放弃新用户添加并返回用户信息展示界面（图2-28）。在用户添加界面，未涉及用户登录密码的录入，系统默认用户密码为guest。

图2-28　用户添加

2. 账号及密码修改

点击平台右上角用户名处，可对个人账号信息及密码进行修改。个人信息处可修改用户名称及联系方式等信息；用户密码处可修改用户的登录密码，在"旧密码"栏填写当前登录密码，在"新密码"栏填写新密码，在"再次输入新密码"栏输入与"新密码"栏中相同的密码，点击保存，即可完成密码修改，如图2-29所示。

图2-29　账号及密码修改

3. 用户查询

为方便企业管理人员查询已添加用户信息，蔬菜测控平台提供了用户信息查询功能，可通过用户编码或名称进行查询。在该界面顶部搜索输入框内输入用户编码或者名称，点击查询即可查找对应用户信息。

4. 删除用户

企业管理者需删除某个已添加用户时，可点击操作栏中对应的删除选项即可删除用户，确认删除后，已删除的用户将不可找回。

（四）我的设备

我的设备单元实现对所有物联网设备的管理，设备分为网关设备、终端设备两种。网关设备是连接平台与终端设备的桥梁，实现数据双向通信功能；终端设备包括采集设备、控制设备、视频设备、水肥设备等类型，实现对生产单元内进行全方位的环境、视频监测及环境信息调控。我的设备界面添加新的设备，也可查看已添加的设备列表，并对已添加的设备编辑、删除操作。点击"系统管理"→"我的设备"进入我的设备管理界面，如图2-30所示。

图2-30　我的设备界面

1. 设备添加

测控平台设备分为网关设备及终端设备两种，终端设备隶属于网关设备，因此用户添加设备时需先添加网关设备，后添加终端设备。

网关设备可通过我的设备界面顶端添加选项进行添加。添加网关设备时需完善设备编码、所属生产单元、上传方式以及其他基本信息。网关设备上传方式分为两种：轮询、主动上报。轮询是指网关设备主动查询终端设备以获取数据；主动上报方式中网关被动接收数据，采集终端定时主动上报数据至网关设备。添加网关设备时数据上传方式可根据终端设备进行选择。终端设备需添加到网关节点下，确认要添加的网关节点，点击网关节点对应操作栏中测控终端管理选项即可进入测控终端管理界面，在该界面中可进行终端设备的添加、删除、编辑等功能。

终端设备添加时需选择终端设备类型并输入终端编号等信息。终端设备类型分为：采集设备、控制设备、视频设备、水肥设备等类型，分别实现不同的功能。控制设备添加完成后需在设备所对应的操作栏指令维护选项中维护相应的控制指令，即平台发送什么指令设备以完成什么样的动作，控制设备还需修改控制口令，控制口令是无该设备控制权限用户控制该设备所需的控制字，控制口令的修改位于操作栏中控制口令中。视频设备添加时除了维护编号外还需维护设备号，此设备号是指用于视频存储、传输的数字硬盘录像机在视频服务器中的编号。添加终端时需注意必须保证每个设备中终端UID的唯一性，并且终端UID一旦确认用户便无法修改。

2. 设备编辑

同设备添加相同，设备编辑也分为网关设备信息编辑及终端设备信息编辑两部分。网关设备信息编辑可通过我的设备列表中操作选项编辑选项进行信息的维护和更新；终端设备编辑需通过我的设备列表中终端设备管理选项进入终端设备列表界面，点击操作栏"编辑"选项对终端设备信息进行修改。网关及终端设备信息修改完成后点击"保存"即可，点击"返回"则放弃修改并返回至我的设备/终端列表界面，如图2-31所示。

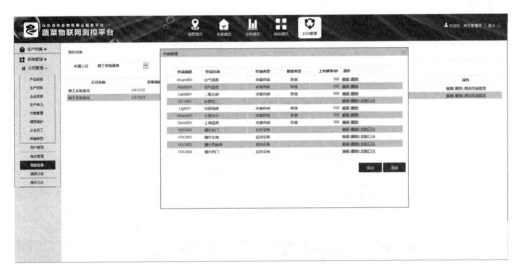

图2-31　测控终端管理

3. 设备删除

用户需删除某一项已添加设备时，可点击操作栏中对应的"删除"选项即可删除角色，确认删除后，已删除的设备将不可找回。

（五）日志管理

蔬菜测控平台中，日志管理分为通信日志与操作日志两部分内容。通信日志是用于查询网关设备与平台间通信数据信息；操作日志用于查询用户在平台中进行的操作内容。

1. 通信日志

点击"系统管理"→"通信日志"可进入通信日志查询界面（图2-32）。该界面中可查看最近1min、最近1h、最近3h、最近1天、最近1周、最近1月的通信数据，也可根据用户的需要自定义时间段进行查询。用户在进行通信日志查询时，首先选择要查询的时间段，点击"查询"即可。用户也可点击"导出"将查询的数据导出到本地，以供数据分析使用。

图2-32 通信日志查询

2. 操作日志

点击"系统管理"→"操作日志"进入操作日志查询界面（图2-33）。该界面中可查看某一时间段的操作日志信息。用户在查询操作日志时，首先选择要查询的时间段，点击"查询"即可。用户也可点击导出将查询的数据导出到本地。

图2-33 操作日志查询

（六）生产档案

生产档案包括种植计划与生产记录两部分内容，种植计划用于制订下一个种植季的计划，是对农业生产活动的预先设想、安排和规划；生产记录将种植计划付诸实施，是园区生产单元中定植作物时的信息记录。

1. 种植计划

种植计划是对企业园区中每一个生产单元制订一个下一季种植的计划。通过种植计划一方面可以了解作物种植面积，看是否符合市场需求；另一方面可通过种植计划计算下一个种植季投入成本。种植计划的制订是承上启下，确保生产工作正常进行的基础，可有效的提高管理效率。点击"生产档案"→"种植计划"进入生产档案维护界面（图2-34），该界面中可查看、添加、删除种植计划信息。

图2-34 种植计划界面

（1）添加种植计划。通过种植计划界面顶端添加选项，可添加新的种植计划。添加计划时，要填写计划名称、种植产品类型、计划种植时间、预收日期、结束日期并为生产计划选取要种植的生产单元，生产单元项可多选，即一次可为多个生产单元制订种植计划。信息填写完整，点击"确定"新的种植计划便创建完成，点击"返回"则放弃新计划添加并返回生产计划展示界面（图2-35）。在添加种植计划时需确保种植计划中计划定植时间，避免新一茬计划种植时间与上一茬预收时间重叠，另外种植计划在生产记录中使用后即变为无效，不可重复选择。

图2-35 添加种植计划

（2）种植计划信息查询。为方便用户查询已添加种植计划信息，蔬菜测控平台提供了种植计划信息查询功能，可通过生产单元或种植时间进行查询。通过生产单元查询可了解下一个种植季中要在该种植单元种植哪种产品，通过种植时间可查询该种植时间哪些生产单元已经做过种植计划，当然两个条件也可同时选择进行计划查询。在该界面顶部选择生产单元或计划种植时间，点击"查询"即可查找对应种植计划信息。

（3）种植计划信息编辑。通过种植计划列表中"操作"栏编辑选项可对已添加的计划名称、种植产品、计划种植时间、预收时间、结束时间以及生产单元等信息进行修改。修改完成后点击"保存"即可，点击"返回"则放弃修改并返回至种植计划列表界面。

（4）删除种植计划。用户需删除某一项已添加的种植计划时，可点击操作栏中对应的"删除"选项即可删除计划，确认删除后，已删除的计划将不可找回。

2. 生产记录

点击"生产档案"—→"生产记录"进入生产记录维护界面（图2-36），该界面中可查看、添加、删除生产记录信息。

图2-36　生产记录界面

（1）添加生产记录。通过生产记录界面顶端添加选项，可添加新的生产记录。添加生产记录时，选择生产单元则平台会自动获取该生产单元添加种植计划，用户仅需选择该种植计划其余信息会自动补充完整。信息填写完整，点击"确定"新的种植计划便创建完成，点击"返回"则放弃新记录添加并返回生产记录展示界面（图2-37）。在添加生产记录时，种植计划使用一次后即作废。

图2-37 添加生产记录

（2）生产记录信息查询。为方便用户查询已添加生产记录信息，蔬菜测控平台提供了生产记录信息查询功能，可通过生产单元或定植时间进行查询。通过生产单元查询可了解该种植单元目前种植哪种作物，通过定植时间可查询该定植时间定植有哪些作物，当然两个条件也可同时选择进行查询。在该界面顶部选择生产单元或定植时间，点击"查询"即可查找对应生产记录信息。

（3）生产记录信息编辑。通过生产记录列表中"操作"栏编辑选项可对已添加的生产记录进行修改，仅可对定值日期、预收日期、结束日期进行修改。修改完成后点击"保存"即可，点击"返回"则放弃修改并返回至生产记录列表界面。

（4）删除生产记录。用户需删除某一项已添加生产记录时，可点击操作栏中对应的"删除"选项即可删除记录，确认删除后，已删除的记录将不可找回。

第三节 设施蔬菜物联网管理平台

一、功能概述

设施蔬菜物联网管理平台基于设施蔬菜物联网测控平台搭建，扩充蔬菜种植生产管理功能及数据分析功能，切实将数据与蔬菜生产联系在一起。设施蔬菜物联网管理平台通过对数据的分析、评价，为管理者提供更好的管理支持。

设施蔬菜物联网管理平台不仅拥有设施蔬菜物联网测控平台中数据测控、视频监控、远程控制、报表服务功能，还拥有以下功能。

（一）生产管理

生产管理单元是为蔬菜种植用户提供生产指导，给出种植环节中注意问题及操作规范，实现标准化种植，以提高作物产量和质量。

（二）生产档案

生产档案用于记录作物生产过程信息，通过生产档案管理可实现作物从定植到发货销售全过程信息的录入。通过生产档案部分，实现了作物从定植开始到发货销售整个种植环节关键信息的记录，方便生产管理者对生产环节的信息管理，同时也为农产品信息追溯完善了数据。

（三）综合评价

综合评价部分是根据特定生产单元中环境信息对定植作物的影响而得出的评价，并给出综合适宜度评价指数。该部分是根据关键参数的实时数据与适宜值以及该参数所占的比重经过计算模型计算而得出的分值。通过综合评价，可了解该生产单元环境的综合情况，让生产管理者了解哪个生产单元需特别关注。

（四）测土施肥

测土施肥用于展示生产单元土壤肥力（N、P、K含量）情况以及作物需肥特性。对土壤进行采样并分别分析N、P、K的含量，通过统计分析工具对采样数据利用克里金插值进行分析，绘制土壤肥力情况分布图并进行展示。通过对土壤肥力状况的分析给出的土壤大量元素含量情况，与种植作物需肥特性进行比较，给出施肥建议。

二、全景漫游

俗话说"百闻不如一见"，以图形的方式观察和认识客观事物，是人类最便捷的认知方式。人们所感受的外界信息80%以上来自于视觉，图形技术的重要影响由此可见一斑。

虚拟漫游是一种现代高科技图形图像技术，让体验者在一个虚拟的环境中，感受到接近真实效果的视觉、听觉体验。虚拟现实技术可以与农业生产基地等进行完美的结合，充分发挥虚拟现实技术的种种优势，传统的声、光、电展览已经很难吸引观众的兴趣，而利用虚拟现实技术把枯燥的数据变为鲜活的图形，引发观众浓厚的兴趣。

虚拟全景漫游系统以地理环境为依托，透过视觉效果，直观地反映空间信息所代表的规律知识；虚拟现实技术与物联网系统结合是现阶段实现"智慧基地、数字园区"的好方法。通过虚拟基地展现，让浏览者通过电脑或移动终端就能身临其境感受到优美的基地风光、良好的种植环境。虚拟全景漫游系统是基于图像的虚拟现实技术，所有场景都是真实空间中存在的场景，真实感强。虚拟全景漫游系统可以成为基地的网上展馆，采用360°全景技术更全面的展示基地的试验环境、田间道路、办公建筑、作物长势以及建设成果等，还可以使用虚拟漫游功能，标示出每个地块、道路或建筑物的功能、状况等，方便了解更多的试验基地信息，扩大基地知名度，提高社会影响力。虚拟全景漫游系统可以放大缩小，任意角度观看，可以让观赏者更真切感受试验基地全貌或者基地内展示的内容。

点击"园区全景"，进入园区全景虚拟漫游浏览模式（图2-38）。园区全景部分维护四个季节内容，可根据系统时间自主选择展示。点击"关于我们"可了解使用园区的基本信息；点击"联系我们"可获取园区（企业）的联系方式；点击"缩略图"即可进入缩略图模式，然后根据具体的需求点击相应缩略图，切换到想要参观地点的全景界面。

在全景模式中，可点击最下方控制图标控制园区全景展示。"箭头"图标分别向上、下、左、右方向转换视野，也可以点击"＋""－"按钮进行视野的放大或缩小。还可以通过直接单击并拖拽鼠标，进行位置的拖拉与变换。

图2-38　地图模式

三、实时监控

由于农业环境的复杂性、严酷性以及以农业生物为生产主体等特征，农业生产信息的获取和分析尤为重要。在传统农业中，获取农业信息的方式非常有限，主要是通过人工测量，效率低下且消耗大量人力。而通过应用农业物联网技术，能够实现农业生产管理过程中对动植物、土壤、环境从宏观到微观的实时监测，定期获取动植物生长发育生理及生态环境的实时信息，并通过对农业生产过程的动态模拟和对生长环境因子的科学调控，达到合理使用农业资源、降低生产成本、改善生态环境、提高农产品产量和品质的目的。

实时监控单元主要实现数据监测、视频查看、设备控制功能，点击平台界面左侧主菜单中"实时监控",用户可进入设施蔬菜物联网管理平台实时监控单元,如图2-39所示。

图2-39 实时监测

实时监测部分主界面显示公司(园区)所有的生产单元,每个生产单元中展示生产单元名称、种植作物、环境适宜度评价指数以及安装的监测设备种类及最新的数据。监测设备采集数据会根据阈值大小显示不同的颜色,数据在合理区间会以白色显示。点击设备图片上下箭头可实现设备的查询,点击生产单元右上角三条横线可查看该生产单元的基本情况,如图2-40所示。

图2-40 生产单元基本信息

点击生产单元名称可进入生产单元详细信息展示界面,如图2-41所示。

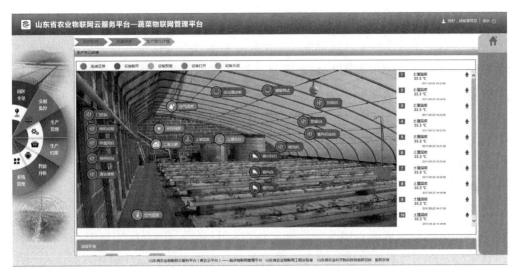

图2-41　生产单元具体信息查看

在图2-41所示的生产单元详情界面中，中心区域中展示该生产单元布设所有设备，包括监测设备、视频设备及控制设备。系统中所展示的设备图标可根据用户的需要自行设定展示位置，用于区分和形象地展示设备所布设的位置。设备图标的颜色对应设备不同状态：深绿色表示设备运行正常（采集设备表示数据处于适宜区间）；黄色表示采集设备数据超过阈值；红色表示设备离线。界面右侧列表中展示该生产单元监测设备报警数据，数据从上到下按照时间先后进行排列，用户可由此查看该生产单元中哪些参数需重点关注；界面下侧为该生产单元种植作物关键参数的适宜值分布，用户可参照系统给出的数据对比当前生产单元的环境情况，如图2-42所示。

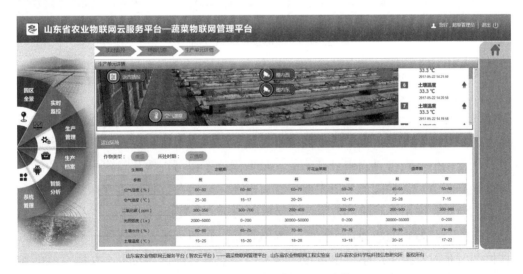

图2-42　作物关键参数适宜度值

（一）采集设备

生产单元详情界面中可查看现场采集设备数据及报警信息。用户点击要查看的采集设备图标即可弹出如图2-43所示显示框，在显示框内可查看采集设备名称、实时数据及数据采集时间、历史记录、预警信息、数据走势图。如图2-43所示空气湿度监测数据，图中标红显示数据为实时数据，采集时间紧跟其后；图中仅展示过去的两条记录数据，让用户了解短时间内的数据变化情况，若用户想了解该参数的历史曲线情况，可点击该界面右上角数据走势图按钮进行查看。生产单元详情界面数据预警信息（高于上限或低于下限）在界面中以黄色展示，进入图2-43数据显示框中详细展示了预警内容：在哪个时间点哪个设备监测数据实际数值是多少，高于或低于预警设定值，请及时处理。在图2-43数据监测界面中仅展示最近两条预警数据，若用户想了解更多历史预警情况可点击更多信息进行查看。

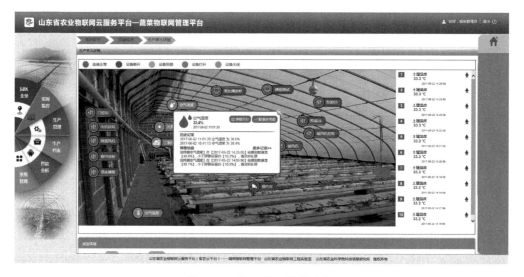

图2-43 监测设备数据查询

在图2-43数据监测界面中点击"数据走势图"按钮，系统会弹出如图2-44所示数据历史曲线查看界面，在该界面中用户可查看当天、近7天、近30天的数据曲线变化情况，也可根据需求自定义时间段进行数据查看。在数据走势查看界面中，除了显示监测数据的历史曲线外，用户也可查看该参数不同时间段最高阈值、最低阈值。点击界面中最高阈值、最低阈值按钮可查看和隐藏相应的曲线。通过最高阈值、最低阈值及历史数据三者对比，环境参数是否适宜作物的生长一目了然地展现在用户面前，为用户进行更好的生产管理提供便利。

在图2-43数据监测界面中点击"参数评价"按钮可进入参数评价界面，参数评价部分是对特定生产单元中定植作物关键参数进行评价，对于不在适宜值的参数给予一定的温馨提示，具体内容将在智能分析部分进行介绍。

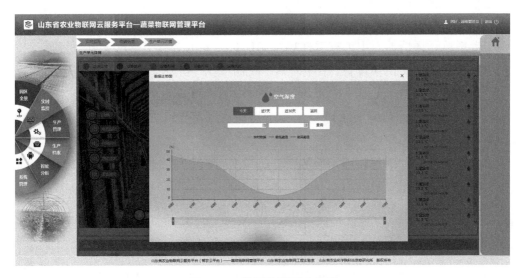

图2-44　监测数据历史曲线

（二）设备控制

生产单元详情界面中也可查询控制设备的运行状态，并对远程设备进行控制。点击界面中"控制设备"图标，平台即可显示设备控制窗口（图2-45）。在该窗口中用户可查看控制设备当前状态，也可点击相应的按钮对设备进行远程控制。需要注意的是，对控制设备进行操控时需要相应的控制权限，若登录用户无可控权限则系统会弹出输入密码对话框，无权限用户需输入设备控制密码方可对可控设备进行控制。以降温风机为例，平台显示降温风机现所处的状态（灰色状态为当前控制状态），点击"打开"可打开降温风机，同时降温风机的状态会随之更新；点击"关闭"可关闭降温风机，状态也随之发生变化。

图2-45　控制设备状态查看及远程控制

（三）视频设备

生产单元详情界面中可查看现场视频信息，并可对球（半球）机进行远程控制。点击界面中"视频设备"图标，平台即可显示视频窗口，点击"播放视频"即可显示视频状况（图2-46）。在该窗口中用户可查看生产现场的实时视频，若生产现场安装的摄像头（球机、半球摄像头）可控，在该界面也可进行远程控制。用户进入视频展示窗口后，需点击"播放视频"按钮方可进行视频查看，点击"关闭视频"则停止视频播放；若摄像头可控，则点击该窗口中"控制"按钮，摄像头会有相应的动作。视频设备与控制设备相同，查看视频需要有控制权限，无权限用户也可通过输入控制密码进行查看。

图2-46　实时视频查看

四、生产管理

农业生产管理是指针对一系列的农业生产活动进行管理。在农业生产过程中农事操作、水肥施用、病虫害防控均为重要环节，生产管理模块即对这些内容给予意见和建议，并进行管理和控制，以提高农业生产效率。点击平台左侧主菜单栏"生产管理"即可进入。

（一）农事操作

农事是指施肥、播种、田间管理、收获等农业生产活动，是农业生产过程中重要的组成部分，直接影响着农产品的产量和质量。农村年轻劳动力不断涌入城市从事非农业生产活动，致使农业劳动力老龄化现象严重，农业劳动力年龄断层、老龄化问题导致农业生产技术缺失，粗放经营、生产效率低下。农事操作单元结合以往的生产经验，对蔬菜种植过程中施肥、播种、田间管理等农事生产活动给予农事操作建议，促使蔬菜种植过程按照标准化种植流程进行。

进入"生产管理"界面，点击右侧菜单栏第一项即可进入"农事操作"界面（图2-47）。农事操作部分主要针对所属生产单元定植作物所处的时期，给予作物该时期应注意的农事操作信息，为生产者提供生产建议以指导农业生产。在本单元中，用户只需选择要查看农事操作建议的生产单元即可，系统可根据所选生产单元自动获取该单元定植作物以及作物所处的生育期并给出农事操作建议。

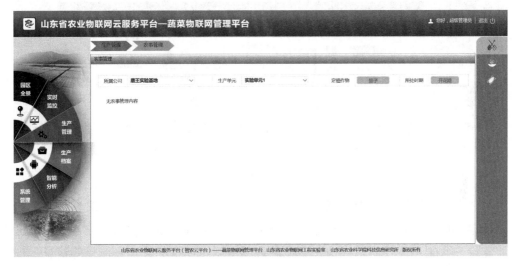

图2-47 农事操作

（二）水肥一体

水肥一体化是利用管道灌溉系统，将肥料溶于水中，水肥同时施用，适时、适量浇水施肥，满足农作物对水分和肥料的需求，实现水肥的高效利用。在水肥使用方面，传统蔬菜生产存在资源浪费、环境污染问题，农业灌溉多数还是粗放式模式，传统的漫灌、畦灌、沟灌等地面灌溉方式还随处可见，灌溉水有效利用率较低，与现代节水农业要求差距较大。我国化肥使用量大，但利用率低，仅为发达国家化肥利用率的一半左右。粗放的水肥利用方式导致生态环境破坏，土壤板结、酸化、设施菜地土壤退化和次生盐渍化等问题。水肥一体化技术以作物全生长过程水肥解决方案为突破口，研究作物产量品质与需水量、施肥量之间的定量关系，综合考虑土壤水分、土壤养分、肥料利用率、最高产量及经济效益等指标，明确作物需水、需肥动态特征，建立主要作物需水、需肥模型，为水肥精准施用提供科学依据。将物联网、大数据和云计算等信息化技术融入水肥一体化技术当中，提升其自动化、精准化和智能化程度。

进入"生产管理"界面，点击右侧菜单栏第二项即可进入"水肥一体"界面（图2-48）。"水肥一体"单元结合作物需肥特性及种植单元肥力情况给出施肥建议并对特定生产单元水肥一体设备远程控制，以达到水肥的精准、精量施用。

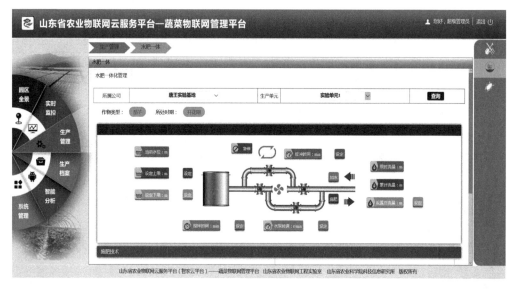

图2-48 水肥一体

"水肥一体"界面中施肥技术部分通过所种植作物类型及所处时期结合智能分析单元中测土施肥模块给出作物需肥特性、当前种植单元肥力情况，并给出施肥建议。水肥一体控制单元中，可控制现场水肥一体机的流速、流量等信息，也可查询水肥机的水（肥）桶水位情况及施用水肥量信息。

（三）病虫害防控

蔬菜病虫害防治已经成为蔬菜生产中不可缺少的一环，它是影响作物生产率的重要因素之一。温室大棚种植作物病虫害发生率高，同时具有繁衍周期性短、传播迅速、为害性严重等特征。因此，温室大棚内病虫害防控工作是否有效直接影响着作物生产，甚至颗粒无收，病虫害防控工作对于农业生产者尤为重要。

病虫害防控是以预防为主，该单元可根据种植蔬菜作物生育期提供易发病虫害种类及防护措施，将病虫害在源头消除；同时提供各病虫害的治理方法，使得发生病虫害时能得到有效的治理。用户进入该单元即可查看该生产单元下种植作物所处时期相应的病虫害信息，也可通过给出的病虫害特征对作物状态进行判别。

用户进入"生产管理"界面，点击右侧菜单栏第三项即可进入"病虫害防控"界面，如图2-49所示。

用户进入"病虫害防控"界面，选择要查看的生产单元后，系统会自动根据所选生产单元，查询所种植作物及所处的生育期，并根据作物及生育期数据获取并展示该时期下易发的病害、虫害、生理障碍信息。用户可通过病害（虫害、生理障碍）展示窗口左右箭头左右滑动来查看病虫害的类别。

图2-49　病虫害防控

五、生产档案

生产档案又称农事记录，是农业日常生产过程中的一项重要工作，它所记录的投入品使用情况、农事进展情况等有助于计算成本投入，出现问题时查找原因，制订下一步农事计划，同时也可用于农产品质量追溯。传统农业生产中，农事操作以手写笔记为主，不仅效率低、易出错，而且数据难以及时汇集处理，导致生产统计严重滞后。蔬菜管理平台为解决所面临的问题提供了生产档案模块，主要用于农业生产过程中利用信息化的手段记录农事信息。生产档案模块主要包括种植计划、生产记录、过程影像、肥料记录、农药记录、农事操作、采收入库、农残检测、发货销售、订单管理、条码管理11部分内容，囊括了农业生产的全过程。用户可通过蔬菜管理平台左侧主菜单"生产档案"进入该模块。

（一）种植计划

种植计划是对企业园区中每一个生产单元制订一个下一季种植的计划。通过种植计划一方面可以了解作物种植面积，看是否符合市场需求；另一方面可通过种植计划计算下一个种植季投入成本。种植计划的制订是承上启下，确保生产工作正常进行的基础，可有效地提高管理效率。用户进入"生产档案"界面，点击右侧菜单栏第一项即可进入"种植计划"界面（图2-50）。在"种植计划"界面中，可实现种植计划的查询、添加、编辑、删除等功能。

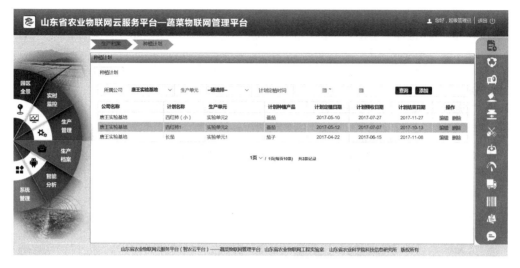

图2-50　种植计划

1. 添加种植计划

通过"种植计划"界面顶端添加选项，可添加新的种植计划。添加计划时，要填写计划名称、种植产品类型、计划种植时间、预收日期、结束日期并为生产计划选取要种植的生产单元，生产单元项可多选，即一次可为多个生产单元制订种植计划。信息填写完整，点击确定新的种植计划便创建完成，点击返回则放弃新计划添加并返回"生产计划展示"界面（图2-51）。在添加种植计划时需确保种植计划中计划定植时间，避免新一茬计划种植时间与上一茬结束时间重叠，另外，种植计划在生产记录中使用后即变为无效，不可重复选择。

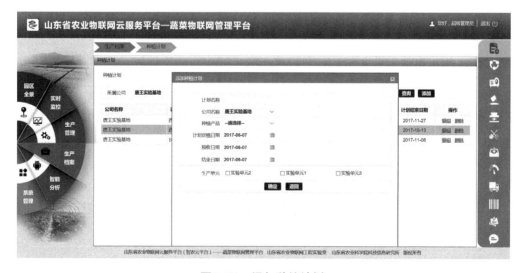

图2-51　添加种植计划

2. 种植计划信息查询

为方便用户查询已添加种植计划信息，蔬菜管理平台提供了种植计划信息查询功能，可通过生产单元或种植时间进行查询。通过生产单元查询可了解下一个种植季中要在该种植单元种植哪种产品，通过种植时间可查询该种植时间哪些生产单元已经做过种植计划，当然两个条件也可同时选择进行计划查询。在该界面顶部选择生产单元或计划种植时间，点击查询即可查找对应种植计划信息。

3. 种植计划信息编辑

通过种植计划列表中"操作"栏编辑选项可对已添加的计划名称、种植产品、计划种植时间、预收时间、结束时间以及生产单元等信息进行修改。修改完成后点击"保存"即可，点击"返回"则放弃修改并返回至种植计划列表界面。

4. 删除种植计划

用户需删除某一项已添加的种植计划时，可点击操作栏中对应的"删除"选项即可删除计划，确认删除后，已删除的计划将不可找回。

（二）生产记录

生产记录单元是作物定植的开始，是园区生产单元中定植作物的信息记录。用户进入"生产档案"界面后，点击右侧菜单栏第二项即可进入"生产记录"界面（图2-52）。在该界面中可实现生产记录的查询、添加、编辑、删除等功能。

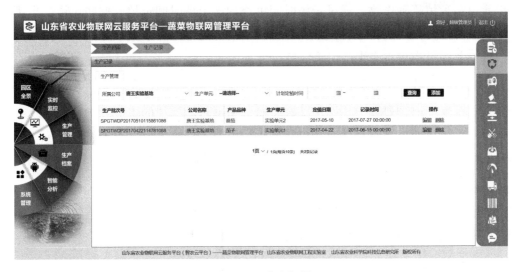

图2-52　生产记录

1. 添加生产记录

通过生产记录界面顶端添加选项，可添加新的生产记录。添加生产记录时，选择生产单元则平台会自动获取该生产单元添加种植计划，用户仅需选择该种植计划，其余信息会自动补充完整。信息填写完整，点击"确定"新的生产记录便创建完成，点击"返回"则放弃新记录添加并返回生产记录展示界面（图2-53）。在添加生产记录时，种植计划使用一次后即作废。

图2-53 添加生产记录

2. 生产记录信息查询

为方便用户查询已添加生产记录信息，蔬菜管理平台提供了生产记录信息查询功能，可通过生产单元或定植时间进行查询。通过生产单元查询可了解该种植单元目前种植哪种作物，通过定植时间可查询该定植时间定植有哪些作物，当然两个条件也可同时选择进行查询。在该界面顶部选择生产单元或定植时间，点击"查询"即可查找对应生产记录信息。

3. 生产记录信息编辑

通过生产记录列表中"操作"栏编辑选项可对已添加的生产记录进行修改，仅可对定植日期、预收日期、结束日期进行修改。修改完成后点击"保存"即可完成修改，点击"返回"则放弃修改并返回至生产记录列表界面。

4. 删除生产记录

用户需删除某一项已添加生产记录时，可点击操作栏中对应的"删除"选项即可删除记录，确认删除后，已删除的记录将不可找回。

（三）过程影像

过程影像是指作物生长过程中关键时期的影像数据，可为图片、视频。过程影像信息可用于管理者比对不同生产季中作物的生长差异，也可用于产品追溯中展示农产品的生长过程。用户进入"生产档案"界面，点击右侧菜单栏第三项即可进入"过程影像"界面（图2-54）。过程影像界面中，可实现过程影像的查询、添加、编辑、删除等功能。

图2-54 过程影像

1.添加过程影像

进入过程影像界面，系统默认展示已添加的过程影像列表信息，通过界面顶端"添加"选项，可添加新的影像记录（图2-55）。添加影像信息时，需提前拍摄影像资料（图片或视频），进入添加界面完善相应的信息（影像名称、拍摄地点及日期），并将事先拍好的影像资料提交即可。信息填写完整，点击"确定"新的过程影像便创建完成，点击"返回"则放弃新记录添加并返回过程影像列表界面，如图2-54所示。

图2-55 添加过程影像信息

2.过程影像信息查询

为方便用户查询已添加过程影像信息，蔬菜管理平台提供了过程影像信息查询功能，可通过生产单元或拍摄日期进行查询。通过生产单元查询可了解该种植单元提交的所有过程影像信息，也可选择生产单元后设定要查询的时间段，查询该时间段内提交有哪些影像数据。在该界面顶部选择生产单元、设定拍摄时间段（可选），点击"查询"即可查找对应过程影像信息。

3. 过程影像信息编辑

已添加的过程影像信息中若添加数据有误，可通过过程影像列表中操作栏"编辑"选项对已添加的影像信息进行修改。修改完成后点击"保存"即可，点击"返回"则放弃修改并返回至过程影像列表界面。

4. 删除过程影像

用户需删除某一项已添加过程影像时，可点击操作栏中对应的"删除"选项即可删除该条记录，确认删除后，已删除的记录将不可找回。

（四）肥料记录

为记录作物生长过程中肥料施用情况，平台设有肥料记录功能。通过肥料施用情况的记录，可方便管理者对比分析不同施肥情况对作物产量的影响，也可以历年的肥料施用量为依据，制订下一年的施肥量计划，同时肥料记录数据还可用于产品质量追溯。用户进入"生产档案"界面后，点击右侧菜单栏第四项即可进入"肥料记录"界面（图2-56）。该界面中，可实现肥料记录的查询、添加、编辑、删除等功能。

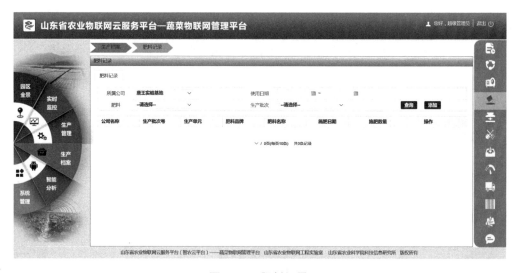

图2-56 肥料记录

1. 添加肥料记录

进入肥料记录界面，系统默认展示已添加的肥料记录列表信息，通过界面顶端"添加"选项，可添加新的肥料记录（图2-57）。生产资料（肥料、农药）品种已在公司管理模块添加完成，添加新的肥料记录时只需选择肥料名称并填写使用数量、日期及施用生产单元，点击"确定"即可创建完成，点击"返回"则放弃新记录添加并返回肥料记录列表界面。

图2-57　添加肥料记录

2.肥料记录信息查询

为方便用户查询已添加肥料记录信息，蔬菜管理平台提供了肥料记录信息查询功能，可通过使用日期、肥料名称或生产批次号进行查询。通过使用日期可查询该时间段内使用的所有肥料记录；通过肥料名称可查询该肥料使用在哪个生产单元；通过生产批次号（生产批次号在作物定植时自动生成，代表生产单元种植作物）可了解该生产单元施用过哪些肥料。用户可通过3个选项单独查询，也可多个选项自由组合进行查询。用户使用肥料记录查询功能时，可在该界面顶部根据自身需求选择相应选项，点击"查询"即可查找对应肥料记录信息。

3.肥料记录信息编辑

若已添加的肥料记录信息中添加数据有误，可通过肥料记录列表中操作栏"编辑"选项对已添加的肥料记录进行修改。修改完成后点击"保存"即可完成记录修改，点击"返回"则放弃修改并返回至肥料记录列表界面。

4.删除肥料记录

用户需删除某一项已添加肥料记录时，可点击操作栏中对应的"删除"选项即可删除该条记录，确认删除后，已删除的记录将不可找回。

（五）农药记录

为记录作物生长过程中农药施用情况，平台设有农药记录功能。通过农药施用情况的记录，可方便管理者对比分析不同施药情况对作物产量的影响，也可以历年的农药施用量为依据，制订下一年的施药量计划，同时农药记录数据还可用于产品质量追溯及监管人员监管查询。用户进入"生产档案"界面后，点击右侧菜单栏第五项即可进入"农药记录"界面（图2-58）。该界面中，可实现农药记录的查询、添加、编辑、删除等功能。

图2-58　农药记录

1. 添加农药记录

进入农药记录界面，系统默认展示已添加的农药记录列表信息，通过界面顶端"添加"选项，可添加新的农药记录（图2-59）。同肥料记录相同，生产资料（肥料、农药）品种已在公司管理模块添加完成，添加新的农药记录时只需选择农药名称并填写使用数量、日期及施用生产单元，点击"确定"新农药记录即可创建完成，点击"返回"则放弃新记录添加并返回农药记录列表界面。

图2-59　农药记录添加

2.农药记录信息查询

为方便用户查询已添加农药记录信息,蔬菜管理平台提供了农药记录信息查询功能,可通过使用日期、农药名称或生产批次号进行查询。通过使用日期可查询该时间段内使用的所有农药记录;通过农药名称可查询该农药施用在哪个生产单元;通过生产批次号(见肥料记录信息查询)可了解该生产单元施用过哪些农药。用户可通过3个选项单独查询,也可多个选项自由组合进行查询。在该界面顶部根据用户需求选择相应选项,点击"查询"即可查找对应农药记录信息。

3.农药记录信息编辑

已添加的农药记录中若添加数据有误,可通过农药记录列表中操作栏"编辑"选项对已添加的农药记录进行修改。修改完成后点击"保存"即可完成修改,点击"返回"则放弃修改并返回至农药记录列表界面。

4.删除农药记录

用户需删除某一项已添加农药记录时,可点击操作栏中对应的"删除"选项即可删除该条记录,确认删除后,已删除的记录将不可找回。

(六)农事操作

农事操作是对除草、松土、打岔、吊蔓等除了肥料、农药施用的其他农事操作的信息记录,进入"生产档案"界面,点击右侧菜单栏第六项即可进入"农事操作"界面(图2-60),该界面中可查看、添加、删除农事操作信息。

图2-60　农事操作

1.农事操作信息添加

进入农事操作记录界面,通过界面顶端"添加"选项,可添加新的农事记录信息(图2-61)。添加新的农事记录时选择相应的生产单元、操作人,填写操作类型（除草、松土、打岔、吊蔓等）、操作日期及操作内容，点击"确定"新记录即创建完成，点击"返回"则放弃新记录添加并返回农事操作记录列表界面。

图2-61　添加农事操作

2. 农事操作信息查询

为方便用户查询已添加农事操作信息，蔬菜管理平台提供了农事操作记录查询功能，可通过生产单元、操作日期、操作人选项进行查询。通过生产单元可查询在该生产单元所进行的农事操作信息；通过操作日期可查询该时间段内所有农事操作记录；通过操作人可查询该人员实施的所有农事操作信息。用户可通过3个选项单独查询，也可多个选项自由组合进行查询。在该界面顶部根据用户需求选择相应选项，点击"查询"即可查找对应记录信息。

3. 农事操作信息编辑

如需完善已添加的农药记录信息，可通过农事操作列表中操作栏"编辑"选项对已添加的农事操作信息进行修改。修改完成后点击"保存"即可完成修改，点击"返回"则放弃修改并返回至农事操作列表界面。

4. 删除农事操作记录

用户需删除某一项已添加农事操作记录时，可点击操作栏中对应的"删除"选项即可删除该条记录，确认删除后，已删除的记录将不可找回。

（七）采收入库

采收入库是对园区中产品采收信息的记录，用户进入"生产档案"界面，点击右侧菜单栏第七项即可进入"采收入库"界面（图2-62）。该界面中可查看、添加、删除采收入库信息。

图2-62　采收入库

1. 采收入库信息添加

进入"采收入库"界面，系统默认展示已添加的采收入库信息列表，通过界面顶端"添加"选项，可添加新的采收入库记录（图2-63）。添加新的采收入库记录时只需添加产品名称、采收日期、采收数量、规格等级并选择采收于哪一个生产单元，点击"确定"即可创建完成，点击"返回"则放弃新记录添加并返回采收入库记录列表界面。

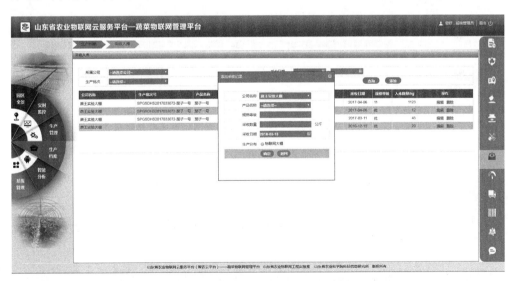

图2-63　添加采收入库记录

2. 采收入库记录查询

为方便用户查询已添加采收入库记录，蔬菜管理平台提供了采收入库记录查询功能，可通过采收日期、生产批次号进行查询。通过采收日期可查询该时间段内采收过哪些产品；通过生产批次号（见肥料记录信息查询）可查询该生产单元所有采收的记录信息。用户可通过两个选项单独查询，也可两个选项一并进行查询。在该界面顶部根据用户需求选择相应选项，点击"查询"即可查找对应记录信息。

3. 采收入库记录编辑

若用户需对已添加的采收入库记录修改完善，可通过采收入库记录列表中操作栏"编辑"选项对已添加的记录进行修改。修改完成后点击"保存"即可完成修改，点击"返回"则放弃修改并返回至采收入库记录列表界面。

4. 删除采收入库记录

用户需删除某一项已添加采收入库记录时，可点击操作栏中对应的"删除"选项即可删除该条记录，确认删除后，已删除的记录将不可找回。

（八）农残检测

农残检测是对农产品农药残留的监测，农药残留影响消费者的食用安全，严重时会造成消费者致病，甚至中毒身亡。农残检测单元是对采收农产品抽样并进行检测后记录的检测结果。用户进入"生产档案"界面，点击右侧菜单栏第八项即可进入"农残检测"界面（图2-64），在该界面中仅可添加农残信息。

图2-64　农残检测

用户若要添加新的农残信息，可选择采收批次号或产品名称，点击"查询"以查询指定主题的采收入库记录。在要添加的采收记录操作栏中点击"农残检测录入"，即可录入农残抑制率。录入完成后，勾选要提交的农残信息，点击界面顶端"批量提交"或"全部提交"即可完成农残信息的提交。

（九）订单管理

订单管理是对企业销售订单的管理和维护。用户进入"生产档案"界面，点击右侧菜单栏第九项即可进入"订单管理"界面（图2-65），在该界面可查看、添加、删除订单信息。

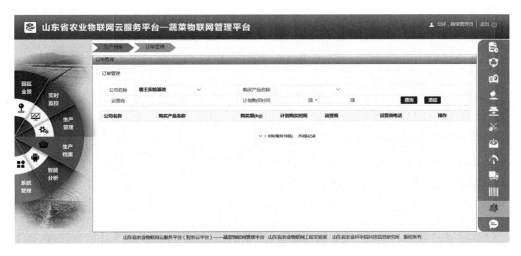

图2-65 订单管理

1. 订单信息添加

进入订单管理界面，通过界面顶端"添加"选项，可添加新的订单（图2-66）。添加新的订单时只需填写计划购买产品名称、数量、计划购买时间、购买厂商联系方式，点击"确定"即可创建完成，点击"返回"则放弃新订单添加并返回订单记录列表界面。

图2-66 添加订单

2.订单记录信息查询

为方便用户查询已添加订单记录信息，蔬菜管理平台提供了订单记录信息查询功能，可通过计划购买日期、产品名称或购买商名称进行查询。通过购买日期可查询该时间段内具体要交付的产品的品种和重量；通过产品名称可查询该产品哪些商家已提交购买计划；通过购买商名称可查询该商家计划购买的产品列表。用户可通过3个选项单独查询，也可多个选项自由组合进行查询。用户在使用订单查询功能时，在该界面顶部根据自身需求选择相应选项，点击"查询"即可查找对应订单信息。

3.订单记录信息编辑

若已添加的订单记录发生变化，可通过订单记录列表中操作栏"编辑"选项对已添加的订单进行修改。修改完成后点击"保存"即可完成修改，点击"返回"则放弃修改并返回至订单列表界面。

4.删除订单记录

用户需删除某一项已添加订单时，可点击操作栏中对应的"删除"选项即可删除该条记录，确认删除后，已删除的记录将不可找回。

（十）发货销售

发货销售是对企业（园区）中已发货销售的农产品的信息记录。用户进入"生产档案"界面，点击右侧菜单栏第九项即可进入"发货销售"界面（图2-67），在该界面可查看、添加、删除发货销售信息。

图2-67　发货销售

1.发货销售记录添加

进入发货销售界面，系统默认展示已添加的发货销售记录列表信息，通过界面顶端"添加"选项，可添加新的发货销售记录（图2-68）。用户添加新的发货销售记录时需填写具体销售信息，如产品名称、重量、单价、发货日期、收货方等信息，也可选择前述订单管理中已添加的订单，点击"确定"即可创建完成，点击"返回"则放弃新记录添加并返回发货销售记录列表界面。

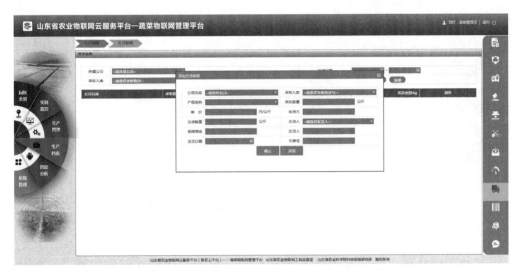

图2-68　添加发货销售记录

2. 发货销售信息查询

为方便用户查询已添加发货销售记录信息，蔬菜管理平台提供了发货销售记录信息查询功能，可通过发货日期、产品名称或采收批次号进行查询。通过发货日期可查询该时间段内的所有发货记录信息；通过产品名称可查询该产品的发货销售信息；通过采收批次号（见条码管理）可查询批次采收产品的销售信息。用户可通过3个选项单独查询，也可多个选项一并进行查询。在该界面顶部根据用户需求选择相应选项，点击"查询"即可查找对应记录信息。

3. 发货销售信息编辑

已添加的发货销售记录中若添加数据有误，可通过发货销售记录列表中操作栏"编辑"选项对已添加的发货销售记录进行修改。修改完成后点击"保存"即可完成修改，点击"返回"则放弃修改并返回至发货销售记录列表界面。

4. 删除发货销售记录

用户需删除某一项已添加发货销售记录时，可点击操作栏中对应的"删除"选项即可删除该条记录，确认删除后，已删除的记录将不可找回。

（十一）条码管理

作物从定植开始到采收、销售整个环节信息通过条码连接在一起，包括生产批次号、采收批次号、销售批次号、溯源码5种条码。条码管理单元用于对不同条码的查询和打印，用户进入"生产档案"界面，点击右侧菜单栏第十项即可进入"条码管理"界面，如图2-69所示。

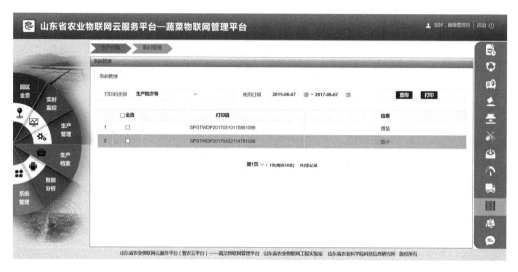

图2-69　条码管理

5种条码自动生成，无须人员手动添加：生产批次号在作物定植时自动生成，用于记录从定植到采收的相关信息；采收批次号在添加产品采收入库信息时自动生成，记录从采收到销售之间的信息；销售批次号在添加发货销售记录时自动生成，主要记录发货销售信息；溯源码在发货销售完成后自动生成，用于连接从定植到销售整个生产过程的全部信息。

在条码管理界面可查询不同的条码并进行打印，点击"打印码类型"选择要打印的条码类型，选择要打印条码所在的时间段，点击"查询"查看已生成条码信息，勾选要打印的条码，点击"打印"即可打印条码。

六、智能分析

传统的农业生产主要是依靠人类自身的经验来进行决策，但是人类的经验具有一定的局限性，并不能够对农业生产的所有影响因素进行准确的预测，比如天气、环境等不可控的因素。通过物联网传感器可获取到形式多样的传感数据，数据本身意义并不是很大，无法给管理者直接提供生产经验。智能分析的作用是结合作物的特性，为管理者提供有效的建议，为生产管理者管理农业生产提供数据支撑，让冰冷的数据变得有意义。

智能分析单元包括综合评价、参数评价、测土施肥、报警分析、统计分析、对比分析与行情分析7部分内容，点击左侧菜单栏"智能分析"，用户可进入设施蔬菜物联网管理平台智能分析模块，如图2-70所示。

图2-70　智能分析

（一）参数评价

参数评价是结合作物生理习性对种植环境监测数据给出单参数适宜度评价，所谓单参数适宜度评价即某一参数是否适宜作物生长。它将采集的具体数据以适宜度的形式展示给用户，让数据更加直观、形象。点击如图2-70所示的"参数评价"，用户可进入参数评价展示界面，如图2-71所示。

参数评价部分以一个生产单元为单位，对该生产单元中种植作物的4种关键参数进行评价，给出关键参数的实时数据并根据作物生理习性给出适宜度评价（偏高、适宜、偏低）。参数评价部分还会根据评价结果给出温馨提示，以提示用户进行合理的调控。

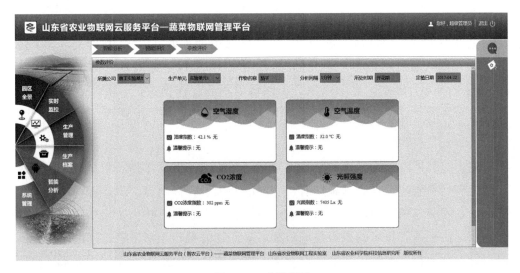

图2-71　参数评价

用户在使用该功能时，只需选择要查看的生产单元即可，平台会自动获取相关数据并对关键参数进行评价展示。平台默认分析间隔为1min，用户可根据生产需要自行设定。

（二）综合评价

综合评价部分是根据特定生产单元中环境信息对定植作物的影响而得出的评价，它以某一个生产单元为单位，以该种植单元种植作物生理习性及重要环境参数实时数据为基础，通过构建环境参数综合评价模型给出的当前环境是否适宜作物生长的参数综合评价。点击如图2-70所示的"综合评价"，即可进入综合评价展示界面，如图2-72所示。

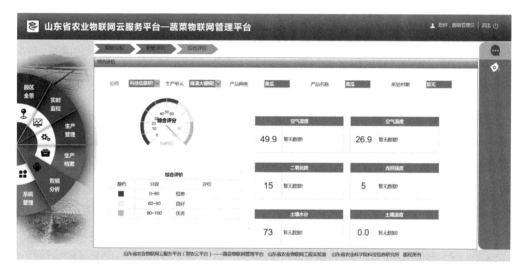

图2-72　综合评价

用户在使用该功能时，只需选择要查看的生产单元即可，平台会自动获取相关数据并对关键参数进行评价展示。右侧区域中展示模型给出的6种关键参数的评分，左侧区域展示该生产单元的综合评价，评价以分数展示：高于80分为优秀；低于60分为较差，表示该生产单元环境不适宜作物生长。若综合评价为较差，管理者需着重查看该生产单元，并需加强对该生产单元的管理。

（三）测土施肥

测土施肥是以土壤测试和肥料田间试验为基础，根据作物需肥规律、土壤供肥性能和肥料效应，在合理施用有机肥料的基础上，提出氮、磷、钾等肥料的施用数量、施肥时期和施用方法。通俗地讲，就是在农业科技人员指导下科学施用配方肥。测土施肥技术的核心是调节和解决作物需肥与土壤供肥之间的矛盾，同时有针对性地补充作物所需的营养元素，作物缺什么元素就补充什么元素，需要多少补多少，实现各种养分平衡供应，满足作物的需要，达到提高肥料利用率和减少用量，提高作物产量，改善农产品品质，节省劳力，节支增收的目的。

测土施肥单元中需提交土壤采样测得氮、磷、钾样本数据，平台分别绘制并展示土壤氮、磷、钾含量分布图，给出土壤养分（氮、磷、钾）含量情况，并结合作物需肥规律给出施肥指导意见。用户点击如图2-70所示的"测土施肥"，可进入测土施肥展示界面，如图2-73所示。

图2-73 测土施肥

1. 样本数据添加

土壤肥力（氮、磷、钾）含量因无在线测量仪器，需土壤取样并实验室测量获得。土壤取样过程中记录取样点坐标信息（有专用设备获得），在测得氮、磷、钾元素数据后一并提交至平台。点击如图2-73中"添加样本"即可添加相应的数据，如图2-74所示。

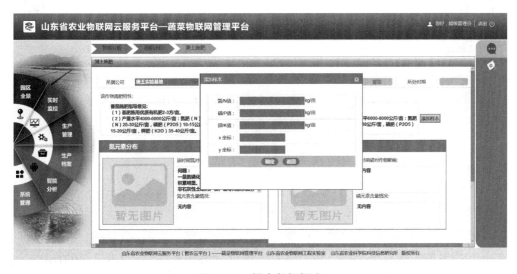

图2-74 样本数据提交

2. 测土施肥数据展示

平台根据用户提交氮、磷、钾及坐标数据绘制氮、磷、钾元素分布图，并在测土施肥界面进行展示。用户选择要查看生产单元后，平台在测土施肥界面顶端展示该生产单元种植作物及所处时期，该时期作物需肥特性；在氮（磷、钾）元素展示区域给出该时期氮（磷、钾）元素对作物的影响，氮（磷、钾）元素含量情况；结合需肥特性及氮（磷、钾）的含量，在测土施肥界面底部给出土壤施肥建议，施肥建议中涵盖肥料施用品种、数量及施肥方式。

（四）报警分析

报警分析是对特定生产单元下特定监测终端设备高报（超阈值上限）、低报（低于阈值下限）的次数统计分析，在该模块中用户可查看一段时间内某一个监测设备的报警次数，若该设备报警次数过多，告知生产管理者应对此多加关注。点击如图2-70所示的"报警分析"，用户可进入报警分析展示界面，如图2-75所示。

用户可以通过选择要查询的设备及设定查询时间段，然后点击"查询"按钮，系统则以柱状图形式展示该设备的报警次数累计值。报警分析单元同时提供了报表服务功能，用户查询完报警数据后，点击"导出表格"按钮，即可将查询出来的相关数据进行导出以备他用。

图2-75　报警分析

（五）统计分析

统计分析用于统计农业生产中一段时间内的产量、销量、农药化肥使用量。通过统计分析功能可简要分析产品生产投入成本，热销产品及管理效率。点击如图2-70所示的"统计分析"，用户可进入统计分析展示界面，如图2-76所示。

图2-76　统计分析

如图2-76所示，统计分析单元统计类型包括产量统计、销量统计、农药化肥使用量统计。产量统计即统计展示企业不同产品的产出情况，销量统计即统计展示企业不同产品的销售情况，均按产品品种以柱状图进行展示；农药化肥统计分别统计农药、化肥等投入品的品种及用量情况，也以柱状图展示。

用户在使用统计分析功能时，在统计类型中选择要进行统计分析的类别，选择要统计的时间段，点击查询即可查看统计结果。

（六）对比分析

对比分析是通过自由选择对比量来分析相同时期同种作物产量不同的原因，也可分析不同年份同种作物的产量变化。

企业（种植园区）在一个种植季中有多个生产单元种植同一种作物，种植结束后在进行产量统计时发现不同生产单元产量差异较大，为分析差异存在的原因，则可通过对比分析进行。对比分析模块可对不同生产单元的环境参数、投入品的使用进行对比，用以分析是管理还是投入品使用上导致的差异。若企业（种植园区）想分析历年种植某一种产品产量上是否不断增长，也可通过对比分析模块进行查询。点击如图2-70所示的"对比分析"，用户可进入对比分析展示界面，如图2-77所示。

用户使用对比分析功能时，可根据分析目的自由选择参数项，如生产单元、环境参数、投入品（化肥、农药）用量及种类，点击查询即可获得分析结果。

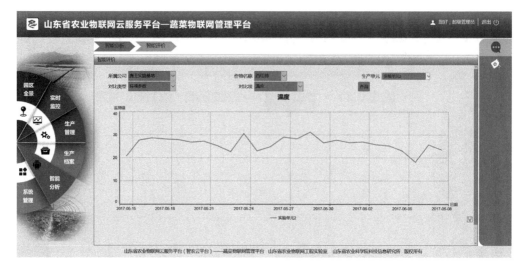

图2-77　对比分析

（七）行情分析

行情分析单元利用网络爬虫技术获取不同农产品的价格以提供农产品价格变化分析功能，用于展示农产品的价格走势。通过行情分析模块，生产管理者可查看某些产品在不同地区的价格走势。点击如图2-70所示的"行情分析"，用户可进入行情分析展示界面，如图2-78所示。

在使用行情分析功能时，选择要查询的产品类型，点击"查询"即可显示不同公司、地域的价格走势；点击"导出"可导出数据走势图。

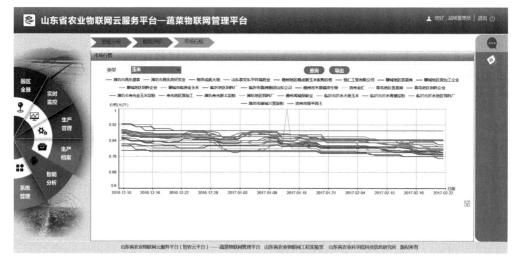

图2-78　行情分析

七、系统管理

系统管理在用户使用平台过程中发挥着重要作用，平台丰富的功能与后台管理是分不开的。设备终端维护、用户管理、企业信息管理、用户权限管理等均要通过后台管理部分实现。蔬菜管理平台后台管理部分包括公司管理、用户管理、角色管理、我的设备、生产档案、通信日志查询等7部分内容，如图2-79所示。

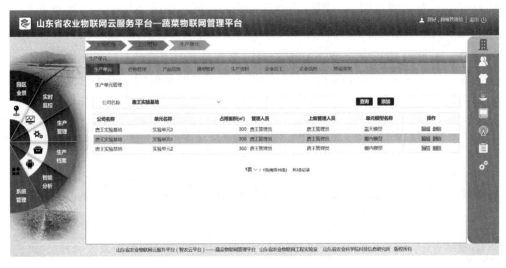

图2-79　系统管理

（一）公司管理

公司管理模块是对企业基本信息的维护，包括企业信息、产品信息、生产单元、模型维护、企业员工等信息，点击"系统管理"→"公司管理"可进入公司管理界面，如图2-80所示。

图2-80　公司管理界面

1. 企业信息

点击"公司管理"→"企业信息"可进入企业信息维护界面（图2-80）。

企业信息维护界面用于维护企业基本信息，包括公司名称、产业类型、行政区划、联系人、联系电话、经纬度、360°视频展示、视频设备信息。"企业信息"界面默认显示已维护的信息，对企业信息修改包括3部分内容全景图片、滚动图片及编辑。全景图片用于地图模式中展示的背景图，修改全景图片时注意提交图片的像素大小及比例；滚动图片用于手机客户端，是手机客户端登录后首页展示的图片；编辑按钮用于完善、修改公司的基本信息（图2-81）。企业信息中企业名称、企业法人、注册时间等信息可用于农产品质量追溯，视频云服务器IP、视频云服务器端口号以及视频云服务器账号与密码用于蔬菜管理平台视频监控功能，该信息维护好后一般无须修改。企业信息编辑完成点击"确定"即可保存，点击"返回"则"返回"企业信息界面。

图2-81　企业信息维护

2. 企业员工

企业员工界面用于维护企业员工相关的信息，维护好的企业员工信息用于蔬菜管理平台中用户添加、生产单元管理人员分配。点击"公司管理"→"企业员工"进入企业员工信息维护界面，如图2-82所示。

"企业员工"界面默认显示已添加的企业员工列表，在该界面中可添加新的员工信息，也可查询、编辑、删除已添加的企业员工信息。

（1）员工信息添加。企业员工界面顶端有添加按钮，用户可点击该按钮以添加新的员工信息。完善相应的信息，并注意企业员工编码确保其唯一性，点击"确定"信息即添加完成。添加过程中若想放弃本次信息添加点击"返回"即可。

图2-82　企业员工信息管理

（2）员工信息查询。为方便企业管理人员查询企业员工的相关信息，蔬菜管理平台提供了员工信息查询功能，可通过企业员工编码或者员工姓名进行查询。在该界面顶部编码/姓名输入框内输入员工编码或姓名，点击"查询"即可查找对应员工的信息。

（3）员工信息修改。企业员工信息列表末尾处有操作栏，点击操作栏"编辑"按钮可维护更新已添加的企业员工信息（图2-83），可对员工姓名及联系方式进行修改，员工编码一旦添加便不可修改。操作完成后点击"确定"保存修改信息，点击"返回"可返回至企业员工信息列表界面。

（4）删除员工信息。企业管理者若想删除已添加的员工信息，则点击该员工信息对应的操作栏"删除"按钮即可，需要注意信息一旦删除便不可找回。

图2-83　企业员工信息编辑

3. 产品信息

产品信息是对企业种植作物的罗列，企业种植一种作物即可在产品信息中添加相应的产品信息。产品信息中维护的作物种植段内环境参数信息为平台数据阈值信息，平台通过查询定植作物品种、定植时间及种植段内维护信息来判断监测数据是否处于适宜值。点击"公司管理"→"产品信息"进入产品信息维护界面（图2-84）。产品信息部分可实现产品信息的添加、查询、编辑等功能。

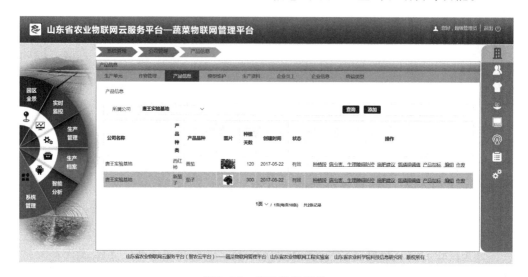

图2-84 产品信息维护

（1）产品信息添加。通过产品信息界面顶端添加按钮，用户可添加新的产品信息。对于产品的具体信息（如产品生长周期、种植段及监测参数上下阈值等信息），系统默认添加完成，用户只需选择相应的产品种类，输入产品品种名称即可。用户也可在此处根据自己的实际种植情况对已添加的信息进行修改。点击"确定"新的信息即添加完成，添加过程中若想放弃本次信息添加点击"返回"即可。

（2）产品信息查询。为方便用户查询已添加产品的相关信息，蔬菜管理平台提供了产品信息查询功能，可通过产品名称进行查询。在该界面顶部搜索输入框内输入产品名称，点击"查询"即可查找对应产品的信息。

（3）产品信息维护。操作栏中编辑选项可对已添加的产品信息进行修改，可修改内容包括品种名称、生长周期、需肥特性及产品简介、产品图片等信息。

对于平台中使用的阈值信息可在操作栏种植段选项中进行修改。种植段选项中可修改的内容包括产品的种植段、种植段开始及结束时间、每个种植段中环境参数的阈值范围。种植段意为作物不同生育段，开始时间及结束时间是确定种植段（生育段）持续的时间，"环境参数"是对不同生育段中关键参数适宜值的维护，确定作物在不同时期不同参数的上下阈值，如图2-85所示。

图2-85　产品信息编辑

种植段中还可维护农事管理信息，维护好的农事管理信息用于平台生产管理单元农事操作模块信息展示；种植段中分数参数维护是根据作物适宜度评价模型给出的环境参数的评价系数，如图2-86所示。

图2-86　产品种植段信息

病虫害/生理障碍防控部分是对该作物常见病虫害信息、生理障碍信息的罗列，该部分提供病虫害、生理障碍等图片、基本情况描述、解决方式等内容。此处可对已添加的信息进行修改，也可删除、添加内容，如图2-87所示。

图2-87 产品病虫害/生理障碍信息

施肥建议部分是对该作物需肥特性信息的维护，该部分提供作物对氮、磷、钾的需求情况及施肥建议具体内容，如图2-88所示。

图2-88 施肥建议信息

氮、磷、钾阈值部分是对作物评价大量元素的参考数值，如图2-89所示。

（4）产品信息删除。用户若不再需要已添加的产品，可将已添加产品作废。点击"作废"后，已添加的产品将不再有效，若需重新启用已作废的产品，只需点击"启用"即可。

图2-89 氮、磷、钾阈值信息

4. 模型维护

模型维护单元所维护模型为生产单元的展示背景，是添加生产单元时所必需的信息，用于平台实时监控模块中生产单元背景图展示，维护好的模型可用于多个生产单元。点击"公司管理"→"模型维护"进入模型维护界面（图2-90），在该界面内可实现模型的添加、编辑、删除、查询等功能。

图2-90 模型信息维护

（1）模型信息添加。通过模型维护界面顶端添加模型选项，用户可添加新的模型。添加模型时，按要求提交相应的信息，点击"确定"信息即添加完成，添加过程中若想放弃本次信息添加点击"返回"即可（图2-91）。添加模型时，要注意模型名称不可重复。

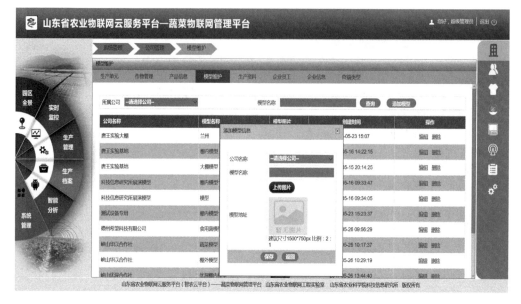

图2-91　添加模型信息

（2）模型信息查询。为方便用户查询已添加模型的相关信息，蔬菜管理平台提供了模型信息查询功能，可通过模型名称进行查询。在该界面顶部搜索输入框内输入模型名称，点击"查询"即可查找对应模型信息。

（3）模型信息维护。模型信息列表末尾处有操作栏，点击操作栏"编辑"选项可维护更新已添加的模型信息。操作完成后点击"保存"即可，点击"返回"则放弃修改并返回至模型信息列表界面。

（4）产品信息删除。用户若不再需要已添加的模型，可将已添加模型删除。用户可点击操作栏中对应的"删除"选项即可删除该模型，模型确认删除后，已删除的模型将不可找回。

5.生产单元

生产单元部分实现对该公司拥有的生产单元信息维护。生产单元是蔬菜管理平台的重要组成部分，平台中所有终端设备必须添加到特定的生产单元下。点击公司管理→生产单元进入生产单元管理界面（图2-92），在该界面内可实现生产单元的添加、编辑、删除、查询等功能。

（1）添加生产单元。通过生产单元管理界面顶端添加选项，用户可添加新的生产单元。添加生产单元时，需输入生产单元名称、生产单元面积等信息，选择已经维护好的管理人员、上级管理人员及背景模型，点击"确定"信息即添加完成，添加过程中若想放弃本次信息添加点击"返回"即可（图2-93）。在生产单元添加时需注意，生产单元编码在同一企业下要确保其唯一性；管理人员及上级管理人员同时具有该生产单元下控制设备、视频监控设备的所有权限。

图2-92 生产单元管理

图2-93 添加生产单元

（2）生产单元信息查询。为方便用户查询已添加生产单元相关信息，蔬菜管理平台提供了生产单元信息查询功能，可通过生产单元名称进行查询。在该界面顶部搜索输入框内输入生产单元名称，点击"查询"即可查找对应生产单元信息。

（3）生产单元信息维护。通过生产单元信息列表中操作栏编辑选项可对已添加的生产单元信息进行维护（图2-94）。操作完成后点击"保存"即可，点击"返回"则放弃修改并返回至生产单元信息列表界面。

图2-94　生产单元信息维护

（4）删除生产单元。用户若不再需要已添加的生产单元，可将其删除。用户可点击操作栏中对应的"删除"选项即可删除生产单元，确认删除后，已删除的生产单元将不可找回。

6.生产资料

生产资料实现对该企业（生产园区）中拥有的蔬菜生产中所使用的化肥、农药信息的维护。用户点击"公司管理"——→"生产资料"进入生产资料信息维护界面（图2-95）。生产资料模块可添加、编辑、删除生产资料信息。

图2-95　生产资料维护界面

（1）生产资料信息添加。通过生产资料维护界面顶端添加选项，用户可添加新的生产资料。添加生产资料时，按要求提交生产资料名称、资料类型、资料品牌、供应商等信息，点击"确定"信息即添加完成，添加过程中若想放弃本次信息添加点击"返回"即可，如图2-96所示。

图2-96 生产资料信息添加

（2）生产资料信息查询。为方便用户查询已添加生产资料的相关信息，蔬菜管理平台提供了生产资料信息查询功能，可通过资料类型进行查询。在该界面顶部搜索输入框内类型名称，点击"查询"即可查找对应资料类型信息。

（3）生产资料信息维护。生产资料信息列表末尾处有操作栏，点击操作栏编辑选项可维护更新已添加的生产资料信息。操作完成后点击"保存"即可，点击"返回"则放弃修改并返回至生产资料信息列表界面，如图2-97所示。

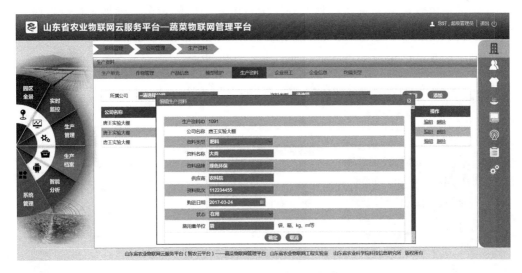

图2-97 生产资料信息维护

（4）删除生产资料信息。用户若不再需要已添加的生产资料信息，可将已添加信息删除。用户可点击操作栏中对应的"删除"选项即可删除生产资料，删除确认后，已删除的生产资料信息将不可找回。

（二）角色管理

角色管理主要是针对平台用户的角色资源进行管理，概括来说主要包括两部分内容：角色组和角色的设置及角色的授权，通过角色管理可对系统中用户的操作权限进行有效的控制。点击"后台管理"→"角色管理"进入角色管理界面（图2-98）。通过角色管理界面，可实现角色的添加、编辑、查找、删除等功能。

图2-98　角色管理界面

1. 角色添加

通过角色管理界面顶端添加选项，用户可添加新的角色。添加角色信息时，选择平台类型及产业类型，点击"确定"信息即添加完成，点击"返回"则放弃新角色添加并返回角色信息展示界面，如图2-99所示。

图2-99　角色添加

2.角色赋权

角色添加完成后，需对新添加角色进行赋权。在蔬菜管理平台中涉及两种权限：菜单权限和控制权限。菜单权限是指用户是否为具有查看某个菜单的权限；控制权限是指用户是否具有控制设备、查看视频监控的权利。在角色赋权界面中可实现菜单权限的赋权，控制权限可在生产单元添加页面进行设置。用户可通过操作栏菜单权限选项对角色赋予相应的权限。点击"菜单权限"，在展开的菜单列表中勾选菜单项表示该拥有该项权利，用户可根据角色的不同赋予不同的权限（图2-100）。赋权完成后点击"确定"保存更改，点击"返回"则放弃更改并返回上一页面。

图2-100　菜单权限赋权

3.角色信息查询

为方便用户查询已添加角色信息，蔬菜管理平台提供了角色信息查询功能，可通过角色名称进行查询。在该界面顶部搜索输入框内输入角色名称，点击"查询"即可查找对应角色信息。

4.角色信息编辑

通过角色列表中操作栏"编辑"选项可对已添加的角色名称、产业名称、平台类别进行修改；点击操作栏菜单权限也可对菜单权限进行修改。修改完成后点击"保存"即可，点击"返回"则放弃修改并返回至角色列表界面。

5.删除角色

用户需删除某一项已添加角色时，可点击操作栏中对应的删除选项即可删除角色，确认删除后，已删除的角色将不可找回。

（三）用户管理

用户管理单元用于创建和修改登录平台的用户信息，点击"后台管理"→
"用户管理"进入用户管理界面（图2-101）。用户管理界面可实现用户创建、
查找、编辑、删除等功能。

图2-101　用户管理界面

1. 用户添加

通过用户管理界面顶端添加选项，可添加新的用户。添加用户时，要选取用
户所对应的角色（即用户拥有的权利），设置用户编码（用户编码为用户登录平
台时的用户名，用户编码一旦设定便无法修改）并完善相应的信息，点击"确
定"新用户即创建完成，点击"返回"则放弃新用户添加并返回用户信息展示界
面（图2-102）。在用户添加界面，未涉及用户登录密码的录入，系统默认用户
密码为guest。

图2-102　用户添加

2.用户查询

为方便企业管理人员查询已添加用户信息，蔬菜管理平台提供了用户信息查询功能，可通过用户编码或用户名称进行查询。在该界面顶部搜索输入框内输入用户编码或者用户名称，点击"查询"即可查找对应用户信息。

3.用户信息编辑

通过用户列表中操作栏"编辑"选项可对已添加的用户联系方式进行修改。修改完成后点击"保存"即可，点击"返回"则放弃修改并返回至用户列表界面。

4.删除用户

企业管理者需删除某个已添加用户时，可点击操作栏中对应的"删除"选项即可删除用户，确认删除后，已删除的用户将不可找回。

（四）我的设备

"我的设备"单元实现对所有物联网设备的管理，设备分为网关设备、终端设备两种。网关设备是连接平台与终端设备的桥梁，实现数据双向通信功能；终端设备包括采集设备、控制设备、视频设备、水肥设备等类型，实现对生产单元内进行全方位的环境视频监测及环境信息调控。"我的设备"界面可查看已添加的设备列表，也可对已添加的设备编辑、删除。点击"系统管理"→"我的设备"进入我的设备管理界面，如图2-103所示。

图2-103 我的设备界面

1.设备添加

蔬菜管理平台设备分为网关设备及终端设备两种，终端设备隶属于网关设备，因此用户添加设备时需先添加网关设备，后添加终端设备。

网关设备可通过"我的设备"界面顶端添加选项进行添加。添加网关设备时需完善设备编码、所属生产单元、上传方式以及其他基本信息。网关设备上传方式分为两种：轮询、主动上报。轮询是指网关设备主动查询终端设备以获取数据；主动上报方式中网关被动接收数据，采集终端定时主动上报数据至网关设备。终端设备需添加到网关节点下，确认要添加的网关节点，点击网关节点对应操作栏中测控终端管理选项即可进入测控终端管理界面，在该界面中可进行终端设备的添加、删除、编辑等功能。

终端设备添加时需选择终端设备类型并输入终端编号等信息。终端设备类型分为：采集设备、控制设备、视频设备、水肥设备等类型，分别实现不同的功能。控制设备添加完成后需在设备所对应的操作栏指令维护选项中维护相应的控制指令，即平台发送什么指令设备以完成什么样的动作；控制设备还需修改控制口令，控制口令是无该设备控制权限的用户控制该设备所需的控制字，控制口令的修改位于操作栏中控制口令中。视频设备添加时除了维护编号外还需维护设备号，此设备号是指用于视频存储、传输的数字硬盘录像机在视频服务器中的编号。添加终端时需注意必须保证每个设备中终端UID的唯一性，并且终端UID一旦确认用户便无法修改，如图2-104所示。

图2-104　测控终端管理

2.设备编辑

同设备添加相同，设备编辑也分为网关设备信息编辑及终端设备信息编辑两部分。网关设备信息编辑可通过"我的设备"列表中操作选项里的编辑选项进行信息的维护和更新；终端设备编辑需通过"我的设备"列表中终端设备管理选项进入终端设备列表界面，点击操作栏"编辑"选项对终端设备信息进行修改。网关及终端设备信息修改完成后点击"保存"即可，点击"返回"则放弃修改并返回至我的设备终端列表界面。

3. 设备删除

用户需删除某一项已添加设备时，可点击操作栏中对应的"删除"选项即可删除设备，确认删除后，已删除的设备将不可找回。

（五）日志管理

蔬菜管理平台中，日志管理分为通信日志与操作日志两部分内容。通信日志是用于查询网关设备与平台间通信数据信息；操作日志用于查询用户在平台中进行的操作内容。

1. 通信日志

点击"系统管理"→"通信日志"可进入通信日志查询界面（图2-105）。在该界面可查看最近1min、最近1h、最近3h、最近1天、最近1周、最近1月的通信数据，也可根据用户的需要自定义时间段进行查询。用户在进行通信日志查询时，首先选择要查询的时间段，点击"查询"即可。用户也可点击"导出"将查询的数据导出到本地，以供数据分析使用。

图2-105　通信日志查询

2. 操作日志

点击"系统管理"→"操作日志"进入操作日志查询界面（图2-106）。在该界面可查看某一时间段的操作日志信息。用户在查询操作日志时，首先选择要查询的时间段，点击"查询"即可。用户也可点击"导出"将查询的数据导出到本地。

图2-106　操作日志查询

（六）用户信息编辑

1. 账户信息维护

点击平台界面右上角"用户名"，即可对个人信息进行修改，如图2-107所示。

图2-107　用户信息编辑位置

点击"用户名"→"个人信息"可对用户名称、联系方式、邮箱、QQ信息进行修改，修改完成后点击"保存"，用户信息即修改成功，如图2-108所示。

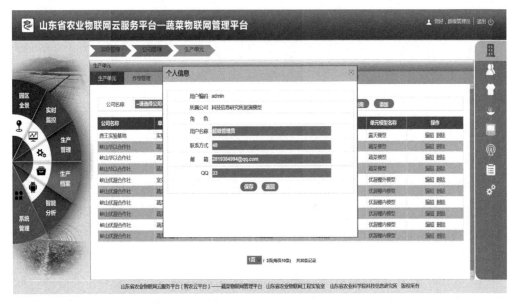

图2-108 用户信息编辑

2. 密码修改

与个人信息相同位置处可进入用户密码修改界面，如图2-109所示。

图2-109 用户密码修改

该界面中可修改用户登录密码，用户若需修改登录密码，在"旧密码"栏填写当前登录密码，在"新密码"栏填写新密码，在"再次输入新密码"栏输入与"新密码"栏中相同的密码，点击"保存"，用户登录密码修改完成。

第四节 设施蔬菜物联网通信中间件及协议

一、功能概述

(一)物联网通信中间件技术概述

农业物联网是将物联网技术应用到农业领域,将农业相关的硬件设施与互联网相连接,进行信息交换和通信,实现农业生产过程中对动植物、土壤、环境等从宏观到微观的实时监测,提高农业生产经营精细化水平,达到合理利用农业资源、改善生态环境、降低生产成本、提高农产品质量、增加经济效益的目的。

农业物联网有3个层次,一是感知层,即利用传感器、摄像头等随时随地获取底层设备节点的信息;二是网络层,通过各种电信网络与互联网的融合,将底层设备节点的信息实时准确地传递出去;三是应用层,把感知层获取的信息进行处理,实现智能化监控、管理等实际应用。

物联网通信中间件,就是在农业物联网领域中实现底层硬件设备与应用系统之间进行数据传输、解析、数据格式转换的一种中间程序。通信中间件实现了应用层与前端农业感知设备、控制设备的信息交互和管理,同时保证了与之相连接的系统即使接口不同也仍然可以互联互通。

物联网通信中间件技术是农业物联网的核心关键技术,是物联网应用的共性需求(感知、互联互通和智能)。农业物联网中间件在底层数据采集节点、控制设备节点和上层应用程序之间扮演中介角色,通信中间件可以收集底层硬件节点采集的数据,将采集到的海量原始感知数据进行筛选、分析、校对等处理后得到有效结果信息,并完成与上层复杂应用的信息交换,最终将实体对象格式转化为信息环境下的虚拟对象;同时,应用程序端可以使用通信中间件所提供的一组通用的应用程序接口(API),连接并控制底层硬件节点。

综上所述,在设施蔬菜物联网中,数据从底层采集节点到上层应用程序的流程大概可以概括为:从感知层经过网络层到达通信中间件,最后应用层通过通信中间件得到有效的结果数据进行展示、监控、管理等实际应用。同样的道理,应用层也可以发送控制信息,经由通信中间件、网络层,到达底层设备,这样就建立了底层设备节点与应用程序之间的双向连接,如图2-110所示。

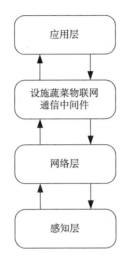

图2-110　设施蔬菜物联网系统层级结构

（二）物联网通信中间件研究现状

物联网通信中间件是物联网中间件技术在物联网领域的具体应用，在包括物联网软件在内的软件领域，美国长期引领潮流，基本上垄断了世界市场。欧盟（世界级的软件厂商只有SAP一家在欧洲）早已看到了软件和中间件在物联网产业链中的重要性，从2005年开始资助Hydra项目，这是一个研发物联网中间件和"网络化嵌入式系统软件"的组织，已取得不少成果。IBM、Oracle、微软等软件巨头都是引领潮流的中间件生产商；SAP等大型ERP应用软件厂商的产品也是基于中间件架构的；国内的用友、金蝶等软件厂商也都有中间件部门或分公司。在操作系统和数据库市场格局早已确定的情况下，中间件尤其是面向行业的业务基础中间件，基本上已经成为各国软件产业发展的唯一机会。能否将中间件做大做强，是整个IT产业能否做大做强的关键。物联网产业的发展为物联网中间件的发展提供了新的机遇，欧盟Hydra物联网中间件计划的技术架构值得我们借鉴。

为了打破国外对物联网中间件技术研究的垄断局面，为我国物联网的大规模应用提供核心支撑技术，国内很多物联网厂商都致力于研究中间件的开发。然而现阶段，对该技术的研究受两方面的制约：一方面，受限于底层不同的网络技术和硬件平台，物联网中间件研究内容主要还集中在底层的感知和互联互通方面，当前研究距离现实目标（屏蔽底层硬件及网络平台差异，支持物联网应用开发、运行时共享和开放互联互通，保障物联网相关系统的可靠部署与可靠管理等）还有很大的差距；另一方面，当前物联网应用复杂度和规模还处于初级阶段，物联网中间件支持大规模物联网应用还存在环境复杂多变、异构物理设备、远距离多样式无线通信、大规模部署、海量数据融合、复杂事件处理、综合运维管理等诸多尚未攻克的障碍。

虽然物联网中间件的研究已经取得了一定的进展，但还存在如下问题还需要我们进一步研究。

1. 硬件、网络和操作系统的异构性问题

接入物联网的绝大多数智能终端属于嵌入式设备，如何适应异构的嵌入式网络环境是当前物联网中间件研究的首要问题。这种异构性不仅表现在不同厂商所生产的硬件设备、操作系统、网络协议上，还表现在设备的存储能力、计算能力和通信能力上。物联网中间件作为连接上层应用和底层硬件设施的核心软件，应该是一个通用、轻量级、分布式、跨平台、互操作的软件平台。

2. 通信与数据交换问题

在物联网中，不同网络之间数据类型及数据访问控制的方式都不相同，底层网络服务需要依据上层不同应用需求进行不同组合和调用，必须为物联网中间件软件体系设计一种新的通信机制。考虑到物联网中间件与互联网上其他系统的通信，这种通信机制需要支持多种类型数据的访问和交换，从而形成一套通信与信息交换的标准。同时，在物联网环境中，由于网络拓扑变化较快，并且具有多种通信方式，服务的注册发布以及查询调用都变得更加复杂。如果设备无法运行TCP/IP栈，不能使用基于IP的寻址方式，则需要采用其他形式的访问控制。此外，如何保证信息的快速、有效传递，也是当前设计物联网中间件时所面对的难题。

3. 移动性和网络环境变化问题

随着各种智能终端设备接入或者退出物联网，或在物联网中的位置移动，都可能引起网络拓扑发生变化。为网络应用提供支撑环境的物联网中间件必须能够解决由于这些变化所造成的网络环境不稳定的问题，为上层应用提供安全可靠且能够进行自动配置网络运行环境。同时，由于网络拓扑结构动态变化、网络自组织及自修复等原因，使得物联网中间件还需要满足动态变化的QoS（Quality of Service，服务质量）约束要求等。

（三）物联网通信中间件的类型和特点

如果把物联网系统和人体做比较，感知层好比人体的四肢，传输层好比人的身体和内脏，应用层就好比人的大脑。如果说软件是物联网的灵魂，通信中间件就可以看作物联网系统的灵魂核心和中枢神经。

在分析通信中间件的特点之前，必须要了解中间件的各种不同类型，不同类型中间件有不同的特点，主要分为以下4类。

1. 远程过程调用中间件（Remote Procedure Call）

这是一种分布式应用程序处理方式，使用远程过程调用协议进行远程操作过程。它的特点是同步通信，能够屏蔽不同的操作系统和网络协议。但它也有一定的局限性，即当客户端发出请求信号时，服务器必须保持在进程中才能接收到信息，否则直接丢包。

2. 面向消息中间件（Message-Oriented Middleware）

这一中间件利用高效可靠的信息传递机制进行数据传递，与此同时，在数据通信的基础上进行分布式系统的集成。它的主要特点在于：数据通信程序可在不同的时间运行，对应用程序的结构并没有特定要求，程序并不受网络复杂度的影响。

3. 对象请求代理中间件（Object Request Brokers）

它的作用在于为异构的分布式计算环境提供一个通信框架，进行对象请求消息的传递。这种通信框架的特点在于：客户机和服务器没有明显的界定，也就是说当对象发出一个请求信号时，它就扮演一个客户机，反之，当它在接收请求时，扮演的是服务器的角色。

4. 事务处理监控中间件（Transaction processing monitors）

事务处理监控一开始是一个为大型机提供海量事务处理的扎实的操作平台。后来由于分布应用系统对于关键事务处理的高要求，事务处理监控中间件的功能则转向事务管理与协调、负载平衡、系统修复等，用以保证系统的运行性能。它的特点在于海量信息处理，能够提供快速的信息服务。

以上所述4类中间件各自有不同的特点和用途，但是，中间件都有以下通用特点：①满足大量应用的需求；②运行于多种硬件和OS平台；③支持分布计算，提供跨网络、硬件和OS平台的透明的应用和服务的交互；④支持标准的协议和接口。

这里介绍的设施蔬菜物联网通信中间件属于面向消息中间件的一种。面向消息的中间件将消息从一个应用发送到另一个应用，使用队列来作为过渡，客户消息被送到一个队列，并被一直保存在队列中，直到服务应用将这些消息取走。这种系统的优点就在于当客户应用在发送消息时，服务应用并不需要运行。实际上，服务应用可以在任何时候取走这些消息。此外，由于可以从队列中以任意顺序取走消息，所以面向消息的中间件就可以更方便地使用优先级或均衡负载的机制来获取消息。面向消息的中间件也可以提供一定级别的容错能力，这种容错能力一般是使用持久的队列，这种队列允许在系统崩溃时，重新恢复队列中的消息。

通信中间件固化了很多通用功能，即使存储信息的数据库软件、上层应用程序增加或改由其他软件取代、底层硬件节点的数量增加等情况发生改变时，只需要进行简单的维护即可，解决了多对多连接维护复杂性的问题；如果需要实现个性化的行业业务需求，则需要进行二次开发。总体来说，农业物联网通信中间件是农业物联网所有应用的必需品，占有举足轻重的地位。

总体而言，物联网通信中间件主要解决异构网络环境下分布式应用软件的通信、互操作和协同问题，提高应用系统的移植性、适应性和可靠性，屏蔽农业物联网底层基础服务网络通信，为上层应用程序的开发提供更为直接和有效的支撑。物联网通信中间件能够独立并且存在于后端应用程序与数据采集器之间，并且能够与多个或者多种后台应用程序以及多个数据采集器连接，以减轻架构与中间件维护的复杂性。农业物联网的主要目的在于将实体对象转换为信息环境下的虚拟对象，因此数据处理是农业物联网最主要的特征。物联网通信中间件具有数据的收集、整合、过滤与传递等特性，以便将正确的底层对象信息传到企业后端的应用系统。

二、通信机制

（一）通信中间件之套接字

这里所述的设施蔬菜物联网通信中间件是基于ZeroMQ框架开发的，在介绍ZeroMQ之前，我们先来介绍一下套接字。

1. 套接字概述

传输控制协议（Transmission Control Protocol）用主机的IP地址加上主机上的端口号作为TCP连接的端点，这种端点就叫做套接字（socket）或插口。那么，套接字在农业物联网中有什么作用呢？举个例子简单说明一下，比如将设施蔬菜大棚内的空气温度节点的数据上传到农业物联网通信中间件上，这时就需要空气温度节点通过套接字来连接到通信中间件，然后进行数据传输。套接字接口主要目标之一就是使用该接口和其他计算机进程通信。

2. 套接字描述符

套接字是网络通信过程中端点的抽象表示，它包含进行网络通信必需的5种信息：连接使用的协议、本地主机的IP地址、本地进程的协议端口、远地主机的IP地址、远地进程的协议端口。与应用程序要使用文件描述符访问文件一样，访问套接字也需要用套接字描述符。要创建一个套接字，可以调用socket函数（以c++函数为例），原型为：

SOCKET socket（int af，int type，int protocol）；

（1）af为地址族（Address Family），也就是IP地址类型，常用的有AF_INET和AF_INET6。AF是"Address Family"的简写，INET是"Inetnet"的简写。AF_INET表示IPv4地址，例如，127.0.0.1；AF_INET6表示IPv6地址，例如，1030：C9B4：FF12：48AA：1A2B。

（2）type为数据传输方式，常用的有SOCK_STREAM和SOCK_DGRAM两

种。SOCK_STREAM表示有序、可靠、双向的面向连续字节流；SOCK_DGRAM表示长度固定的、无连接的不可靠报文传递。

（3）protocol表示传输协议，常用的有IPPROTO_TCP和IPPTOTO_UDP，分别表示TCP传输协议和UDP传输协议。

对于数据报（SOCK_DGRAM）接口，与对方通信时是不需要逻辑连接的，只需要送出一个报文，其地址是一个对方进程所使用的套接字，因此数据报提供了一个无连接的服务，发送数据报近似于给某人邮寄信件，信件有可能丢失在路上；另外，字节流（SOCK_STREAM）要求在交换数据之前，在本地套接字和与之通信的远程套接字之间建立一个逻辑连接，使用面向连接的协议通信就像与对方打电话，每个连接是端到端的通信信道，连接建立好之后，彼此能双向地通信。本书所介绍的农业物联网通信过程中用到的都是字节流方式。

3. 套接字与地址绑定

在设施蔬菜物联网通信中，与客户端（底层采集节点）的套接字关联的地址没有太大意义，可以让系统选一个默认的地址，然而，对于服务器端（通信中间件），需要给一个接收客户端请求的套接字绑定一个众所周知的地址。可以使用bind函数将地址绑定到一个套接字，原型为：

int bind（SOCKET sock，const struct sockaddr *addr，int addrlen）；

sock为服务器端套接字文件描述符；addr为sockaddr结构体变量的指针，包含传输协议、服务器端IP地址和端口号；addrlen为addr变量的大小，可由sizeof（）函数计算得出。

4. 建立连接

如果处理的是面向连接的网络服务，在开始交换数据以前，需要在请求服务的进程套接字（客户端）和提供服务的进程套接字（服务器）之间建立一个连接，可以使用connect函数，原型为：

int connect（SOCKET sock，const struct sockaddr *addr，int addrlen）；

sock为客户端套接字文件描述符；addr为sockaddr结构体变量的指针，所指定的地址是想与之通信的服务器地址；addrlen为addr变量的大小，可由sizeof（）函数计算得出。

这样，客户端（底层采集节点）与服务器端（通信中间件）就建立起连接，就可以进行双向通信。

（二）通信中间件之ZeroMQ

ZeroMQ看起来像一个可嵌入的网络库，但其作用就像一个并发框架。它提供了在各种传输工具，如进程内、进程间、TCP和组播中进行原子消息传送的套接字，可以使用各种模式实现N对N的套接字连接，它的异步I/O模型提供了可扩展的多核应用程序，用异步消息来处理任务。

1. ZeroMQ概述

ZeroMQ是以消息为导向的开源中间件库，类似于标准的Berkeley套接字，支持多种通信模式（发布—订阅、请求—应答、管道模式）和传输协议（进程内、进程间、TCP和多播），可以用作一个并发框架，它使得Socket编程更加简单、简洁和性能更高。ZeroMQ是一个消息队列库，对原有的Socket API进行封装，使用时只需要引入相应的jar包即可。

2. ZeroMQ通信模式

ZeroMQ 3种基本通信模式如下。

（1）"发布—订阅"（publish-subscribe）模式下，"发布者"（服务器端）绑定一个指定的IP地址和端口号，例如，"172.16.0.109：6800"，"订阅者"（客户端）连接到该地址。该模式下消息流是单向的，只允许消息从"发布者"流向"订阅者"。且"发布者"只管发消息，不理会是否存在"订阅者"（图2-111）。

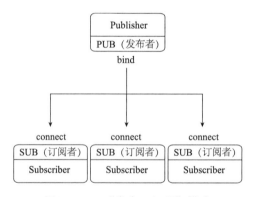

图2-111　"发布—订阅"模式

"发布—订阅"模式就像一个无线电广播，这意味着将大量的数据快速地发送给许多接受者。如果你需要每秒将数十万甚至百万的消息发送到几千个节点，那么你就可以选择"发布—订阅"模式。不过，"发布—订阅"模式也存在着一些弊端：①不论是初始连接还是网络故障后的重新连接，发布者都不能判断出订阅者何时成功连接；②订阅者无法发送消息告诉发布者控制它们发送信息的速度，发布者只能以全速来发送消息，订阅者如果跟不上这个速度，就会造成信息丢失；③发布者不能判断出订阅者何时由于程序崩溃、网络中断等原因而消失。

（2）"请求—应答"（request-reply）模式下，必须严格遵守"一问一答"的方式。当REQ发出消息后，若没有收到回复，再发送第二条消息时就会报出异常。同样的，对于REP也是，在没有接收到消息前，不允许发送消息（图2-112）。

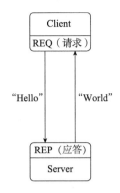

图2-112　"请求—应答"模式

（3）"管道"（push-pull）模式，一般用于任务分发与结果收集，由一个任务发生器来产生任务，"公平"的派发到其管辖下的所有worker，完成后再由结果收集器来回收任务的执行结果（图2-113）。

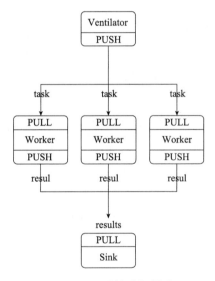

图2-113　"管道"模式

这个模式和publish-subscribe有点像，数据都是单向流动，但push-pull是基于负载均衡的任务分发，就是说如果有多个pull端，那么push出去的数据将会平衡得分配到各个pull端，并且一旦有一个点拿到了数据，其他pull端就没有了，就是说所有的pull拿到的数据合起来才是push的数据总和。而publish-subscribe则是publish的数据，所有的subscribe都可以收到，当然如果进行了过滤则只能收到符合规则的数据。

3. ZeroMQ的套接字

为了在两个节点之间创建连接，可以在一个节点中使用zmq_bind（），并在另一个节点中使用zmq_connect（）。按照上一节讲到的套接字，节点使用zmq_bind（）绑定的是一台"服务器"，它有一个公认的网络地址，而"客户端"节点使用zmq_connect（）来连接到"服务器"。这样就实现了把一个套接字连接到了一个终端，而这里的终端就是公认的网络地址。

ZeroMQ的连接与旧式的TCP连接有些不同。主要有以下几点：①ZeroMQ可以跨越多种传输协议，比如inproc、ipc、tcp、pgm、epgm等；②一个套接字可能会有很多输入和输出的连接；③不存在zmq_accept（）方法，当一个套接字被绑定到一个端点的时候，它自动地开始接受连接；④网络连接本身是在后台发生的，而如果网络连接断开，对等节点消失后又回来，ZeroMQ会自动地重新连接；⑤应用程序不能与这些连接直接交流，它们是被封装在套接字之下的。

很多架构都采用客户端—服务器模式，其中服务器通常是静态的部分，客户端通常是动态的部分，即客户端经常会加入或者离开。在传统的网络中，假设在启动服务器前启动客户端，会得到一个连接失败的标志，但在ZeroMQ中，就没有"必须先启动服务器"的约束，一旦客户端节点执行了zmq_connect（），连接就建立起来了，而该节点就能够开始把消息写入套接字中。但是，如果排队消息太多，可能会造成消息被丢弃或者客户端阻塞，所以最好在这之前服务器能够执行zmq_bind（）。

ZeroMQ一个服务器节点可以绑定到很多节点（即协议和地址的组合），而只需要单个套接字就能够做到，这就意味着ZeroMQ能够接受不同的传输协议：

zmq_bind（socket，"tcp：//*：6666"）；

zmq_bind（socket，"tcp：//*：7777"）；

zmq_bind（socket，"inpronc：//somename"）。

总体来说，ZeroMQ套接字中认为"服务器"是拓扑中的固定部分，有相对固定的终端地址，而"客户端"作为可以动态加入和撤出的部分。

（三）设施蔬菜物联网通信中间件

之前所述的套接字和ZeroMQ都是开发设施蔬菜物联网通信中间件的基础性知识，在ZeroMQ框架的基础上，根据自身需求进行了二次开发，运行用到的ZeroMQ的通信模式为"订阅—发布"模式。

1. 基本框架

设施蔬菜物联网通信中间件基本框架，如图2-114所示。

从图2-114中可以看出，设施蔬菜物联网通信中间件在运行过程中要对ZeroMQ的Publisher、socket以及数据库进行配置，其中socket和数据库系统是根据自身需要在ZeroMQ的基础上进行开发的。

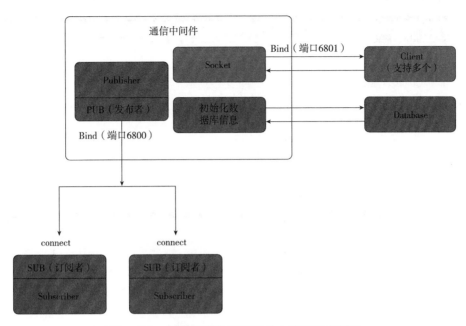

图2-114　设施蔬菜物联网通信中间件基本框架

对socket进行配置，初始化的地址为运行设施蔬菜物联网通信中间件计算机的外网IP地址和端口号。由于"订阅—发布"通信模式，信息只能从"发布者"流向"订阅者"，而对于设施蔬菜物联网，需要底层设备节点与上层应用之间进行双向交互，所以创建该套接字的主要作用是让设施蔬菜物联网通信中间件（服务器端）能够与底层设备节点（客户端）之间双向通信，而不仅仅局限于自上而下的单向通信。

这里所述的设施蔬菜物联网数据库所采用的是关系型数据库管理系统MySQL。关系数据库将数据保存在不同的表中，而不是将所有数据放在一个大仓库内，这样就增加了速度并提高了灵活性。MySQL所使用的SQL语言是用于访问数据库的最常用标准化语言。初始化数据库信息，目的是将底层设备节点采集到的有效数据存放在数据库中。在设施蔬菜物联网中，每天都有成千上万条数据要传送到应用平台，供应用平台使用。在数据使用完之后，我们不可能将数据丢弃，而是把这些信息有规则的统一存储到数据库中。基于这样的环境，才有利于开发设施蔬菜物联网的各类应用，这才是我们采集数据的本质含义。

如果客户端只需要从应用层获取信息，而不需向上传递信息，则可以绑定Publisher端口，从Publisher获取相应的信息推送。

2.设施蔬菜物联网通信中间件运行界面

设施蔬菜物联网通信中间件的开发环境为Microsoft Visual Studio 2010，采用了MFC类库，其界面（图2-115），主要展示的信息有线程号、套接字号、接入IP和端口、数据信息以及数据上传时间。

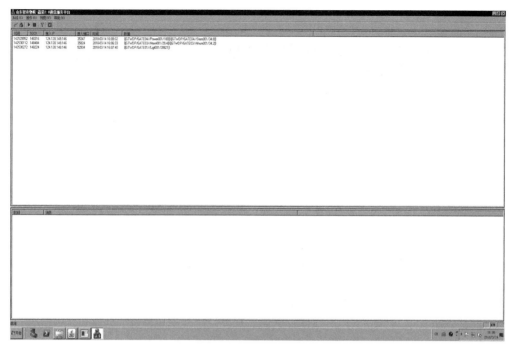

图2-115　设施蔬菜物联网通信中间件界面

以图2-115中的数据"{[GTWDP/GATE01//Ligt001/20921]}"为例，简单介绍一下该数据的含义。"GTWDP"为公司代码，比如定义该公司代码所代表的公司为"唐王实验基地"；"GATE01"代表网关节点编号；"Ligt001"定义该字符代表光照强度001号节点；"20921"代表具体的数据。那么该数据所代表的含义为：唐王实验基地01号网关节点下的001号光照强度节点当前的光照强度为20 921lx。

设施蔬菜物联网通信中间件最重要的功能之一就是接收底层上传的大量数据信息，并将这些数据进行数据处理、数据存储、数据分析和数据管理。这些大量的数据助力农业物联网，不仅仅是简单收集传感数据，而是做到将数据跟虚拟对象结合起来，相信这些农业物联网的大数据能够给农业带来新的管理智慧和决策智慧，让农业插上科技的翅膀。

三、通信协议

这里所述的设施蔬菜物联网应用系统由底层设备节点、网关节点、设施蔬菜物联网通信中间件、设施蔬菜物联网云平台组成。本协议是网关与底层设备节点、通信中间件对接的接口开发通信协议规范，是为底层设备节点与农业物联网云平台进行数据无缝交换而制定，总体框架，如图2-116所示。

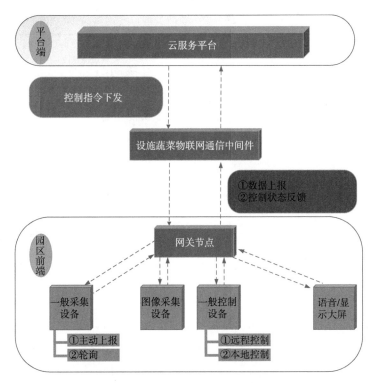

图2-116 设施蔬菜物联网总体框架

（一）数据采集通信协议

设施蔬菜物联网采集设备包括一般采集设备（空气温湿度、土壤水分、土壤温度、CO_2浓度、光照强度）和图像采集设备，采集数据上传方式主要分为主动上报和轮询两种方式。

1. 数据采集之数据主动上报

数据主动上报是指每隔一段时间，采集设备节点就会发送数据信息到网关节点，网关节点对数据进行解包、分析、组包之后，经由通信中间件最后达到云服务平台。

（1）采集设备首先将数据进行组包，主要包括包头标识、设备地址、功能类型、数据长度、数据、校验，如表2-1所示。

表2-1 采集节点上报通信协议

包头标识	设备地址	功能类型	数据长度	采集节点数据	校验
1字节	1字节	1字节	1字节	x字节	1字节
AA	0x01～0xFE	参见"类型表2-2"	采集节点数据长度		

表2-2　功能类型

终端类型	参数数量	参数名称	数据长度约定
0x01	1	土壤温度	3字节
0x02	2	空气温湿度	5字节
0x03	1	光照强度	3字节
0x04	1	土壤水分	2字节
0x05		控制	1字节
0x06	1	CO_2	3字节
0x07	1	光合	根据具体情况确定
0x08	1	日照	根据具体情况确定
0x09	1	雨量	根据具体情况确定
0x0A	1	风速	2字节
0x0B	1	风向	2字节
0x0C	1	大气压力	根据具体情况确定
0x21	1	盐分	根据具体情况确定
0x22	1	电导率	根据具体情况确定
0x23	1	土壤pH值	根据具体情况确定
0x10	6	6参数	根据具体情况确定
0xA1		批次号	根据具体情况确定
0xA2		地址上报	根据具体情况确定

（2）采集节点按照上述组包格式将数据信息发送到网关节点，由于采集节点为通用采集节点，并不包含公司编码、网关节点编码等信息，所以网关节点需要再次进行解包、分析、组包的过程，具体的组包格式如下。

{[公司编码/设备编码/批次号/终端编码/数据]}

其中，公司编码代表某一企业；设备编码是指网关节点代码，例如一个企业有N个生产单元，安装了N个网关节点，那么我们可以通过网关节点的编码来区分是哪一个具体的生产单元；批次号主要用于云服务平台的溯源追溯系统，可以通过批次号查找到种植作物相关的溯源信息；终端编码代表的是采集设备类型，比如0x01代表土壤温度，0x02代表空气温湿度；数据代表采集到的数据值。

（3）网关节点组包完成后，通过网络发送到农业物联网通信中间件，通信中间件进行解包、分析之后，将数据信息存储到数据库中，这样农业物联网云服务平台就可以实时查询数据库中的数据，对数据进行展示、应用等操作。

2. 数据采集之地址轮询

地址轮询采集数据是指每隔一段时间，网关节点就会发送一系列地址查询指令（表2-3），采集设备节点收到地址查询指令之后，经过解包、分析、组包之后，将当前采集的数据进行上传，网关节点收到采集节点上传的数据包之后，再次对数据进行解包、分析、组包之后，经由通信中间件最后达到云服务平台。

表2-3 地址轮询协议

包头标识	地址	功能类型	长度	校验
1字节	1字节	1字节	1字节	1字节
AA	0x00	参见"类型表2-2"	0x00	

3. 数据采集之图像采集

图像采集设备用来定期定点拍摄图片，主要用来长期观察某一小范围作物生长情况，比如可以用来观察果实膨大情况，也可以用来观察叶片有没有病虫害。通过观察多个图像采集设备采集的图片信息，可以足不出户就能大体地了解到大棚内、大田或者果园内作物的生长情况。

图像采集设备可以设定摄像头每隔一段时间采集一次照片，图片原始格式为JPG文件，将JPG格式的图片转化成十六进制字符串数组，然后将数组进行组包进行上传，该数据包里面已经包含公司编码、设备编码等信息了，所以不需要再经过网关节点进行解包、分析、组包等操作。可以将接收到的数据包直接上传到通信中间件，云服务平台就可以进行图片展示了。

（二）设备控制通信协议

设施蔬菜物联网的控制设备一般包括降温通风机、暖风机、卷帘、补光灯、遮阳网等，还有一些其他设备，比如语音设备、显示大屏等。

1. 设备控制之远程控制

远程控制流程（图2-117），主要包含以下几个步骤。

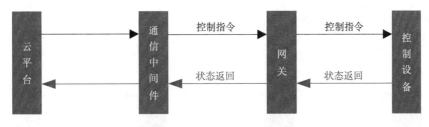

图2-117 远程控制流程

（1）云服务平台发送控制指令代码到通信中间件。云服务平台发送到通信中间件的控制指令代码格式为"{[/数字]}"，每一个"数字"都代表相关设备的一个控制命令，这些"数字"与设备指令之间的对应关系都存储在数据库中。

（2）通信中间件进行解包、分析、组包，将控制指令发送到网关。农业物联网通信中间件收到云服务平台发来的指令代码，根据指令代码到数据库中去搜索与该指令代码相关联的设备控制命令，然后对设备控制命令进行组包，通过套接字连接发送到园区前段网关节点，控制指令格式为"{[设备ID/控制字]}"。

（3）网关节点收到数据包后，再次进行解包、分析、组包，发送到控制设备。经过网关节点解析后得到的数据包如表2-4所示。

表2-4　控制指令通信协议

包头标识	地址	功能类型	长度	控制字	校验
1字节	1字节	1字节	1字节	x字节	1字节
AA	0x01 ~ 0xFE	0x05	控制字长度		

（4）控制设备收到指令后，进行相应的设备动作，同时将设备状态返回到网关节点，数据组包格式如表2-5所示。

表2-5　控制指令通信协议

包头标识	地址	功能类型	长度	控制字	校验
1字节	1字节	1字节	1字节	x字节	1字节
BB	0x01 ~ 0xFE	0x05	控制长度		

（5）由于表2-4的组包格式中不包含公司编码、设备编码等信息，所以网关节点需要对数据包进行解包、分析后，进行重新组包，组包格式为：

{[公司编码/设备编码/批次号/设备ID/控制字]}

（6）重新组包之后，数据包经由通信中间件上传到云服务平台，此时在云服务平台端就能看到设备当前的运行状态。

2. 设备控制之本地控制

本地控制流程，如图2-118所示。

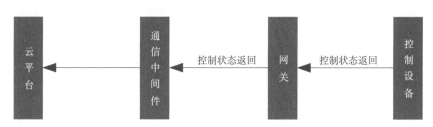

图2-118　本地控制流程

通过操控园区前端控制柜，控制相应的设备进行动作，设备动作完成之后，需要将设备状态返回到云平台上，设备状态返回流程以及返回数据包格式跟远程控制状态返回是统一的。

第五节　设施蔬菜物联网移动端应用系统

一、智农e联（蔬菜版）手机App

（一）App简介

智农e联是专为用户推出的帮助农业生产者随时随地的掌握蔬菜作物的生长现场状况及环境数据变化趋势，为用户提供高效、便捷的蔬菜生产服务的手机客户端，在手机端可以实现对蔬菜生长环境的管理：环境参数的数据查看、现场视频远程监控、远程控制设备开关。App分为Android版和IOS版。

（二）App下载

智农e联App可在智农云平台网页（http://www.sdaiot.cn：9099/SmartAgrCloudV2/html/homepage/plantMainTitle.jsp）扫描二维码下载安装包，IOS版除了扫码下载，也可在AppStore搜索"智农e联"进行下载，如图2-119所示。

图2-119　智农e联App下载

（三）功能介绍

智农e联支持与蔬菜物联网测控平台（http://www.sdaiot.cn：9099/SmartAgrCloudV2/new_login.jsp）的通信和数据衔接，手机端和平台端数据同步，在平台端维护数据，手机端实现信息数据的查看。在App登录后进入主界面，主界面显示的是用户所在公司下的所有生产单元以及单元中的网关设备运行状态。选择想要查看的生产单元，展示生产单元中的所有设备信息，内容分为3栏：数据、视频、控制。

1. 随时随地查看生产单元的数据信息，掌握作物生长环境信息

"数据栏"展示的是生产单元中所有采集设备的数据信息：采集设备名称、在线状态、当前的最新数值、采集时间、预警状态（当前数值高于或低于设置的阈值，数据后面若是蓝色向下方向箭头，则表示数据偏低，若是红色向上箭头，则表示数据偏高），每隔1min自动刷新数据，用户对生产单元的温度、湿度、光照强度、CO_2浓度等环境参数的数据一目了然，实时掌握，对蔬菜作物的生长环境心中有"数"。

除了能展示最新数据，点击采集终端可进入数据分析界面，查询近期历史数据，界面以折线图展示本日、本周、本月的数据走势，可显示3条折线：实时数据、最高阈值、最低阈值，实时数据是采集设备采集的数据在不同时间点的折线走势图，最高阈值是当前种植作物所处当前种植段在不同时间点设定的最高数值的折线走势图，最低阈值是当前种植作物所处当前种植段在不同时间点设定的最低数值的折线走势图。用户可选择显示一条线，来分析数据走势；也可选择显示其中两条线或者三条线同时显示，通过折线图，可清晰的看出数据高于或低于阈值的时间和大小以及总体走势，方便用户进行数据比较，实时了解作物生长环境的大体优劣，以便作出相应的调整。

2. 随时随地远程控制运行设备

"控制栏"展示的是生产单元中所有的控制设备信息：控制设备名称、当前的控制状态、控制时间、所有的控制按钮。当前控制状态即设备现在所处的状态，例如，通风机当前是打开的，则显示的状态是"打开"，控制时间即打开通风机的时间。在所有按钮中，绿色按钮代表已被点击，灰色表示非当前状态，可点击控制。比如，通风机当前是打开的，则"开启"按钮为绿色，"关闭"按钮为灰色，点击"关闭"按钮，可即时发送控制指令，远程控制通风机关闭。

此界面体现的重点是"远程控制"。例如，清晨太阳升起就要卷帘，让作物开始进行光合作用，如果每天到作物现场去操作，就很不方便，夏天天气炎热、在路上耽误或者有事情走不开等，但是，用手机来操作，那么不需要到现场，打开App智农e联，进入控制界面，点击"卷帘"按钮，发送控制指令，卷帘机即可进行卷帘操作，按"停止"按钮，即可停止卷帘，或者在卷帘到限制位置，卷帘机会自动停止，卷帘过程可点击"视频"来查看卷帘画面。其他设备的操作，都可以用手机随时随地控制，比如，控制浇水，通风机开关，控制门锁开关等，只要在作物生长现场安装设备，在智农云平台添加信息，即可实现随时随地"掌""控"。

3. 随时随地查看作物生长的视频画面

"视频栏"展示的是生产单元中所有的视频设备信息，选择要查看的视频设

备，即进入该设备监控的作物生长现场画面，视频画面中有多个功能供用户使用，可转动摄像头，调节摄像头方向，展示不同方向的画面，手指按住在下角的方向指标，摄像头就会转动，手指离开屏幕，摄像头即停止转动，转动方向及转动角度大小，用户自己掌握，可以360°查看作物生长现场；可对画面进行放大，帮助更仔细的观察某细节画面；可截图，截图后图片自动保存到手机相册，之后用到画面时，在手机相册中找到截图即可；还可录像，录像结束，视频自动保存到手机，在手机相册中进行查看。

4. 其他功能

登录智农e联后，主界面的下面一栏，是有关智农物联的链接和联系信息，分为4个模块：解决方案、经典案例、产品展示、联系智农。

"解决方案"模块是对各经营类型（例如，果蔬类、水产类）物联网模式解决方案的概述、物联网系统实现功能的介绍等。通过此模块的内容展示，用户可以详细了解产业类型+物联网模式可实现的功能，评估使用物联网系统对自己经营带来的价值。同时，用户对于App中不懂的地方，可参考此模块的解决方案了解。

"经典案例"模块是展示使用物联网系统进行经营的公司的信息，信息包括公司的经营类型、从事的业务范围、公司使用物联网系统的背景资料、应用场景，以及公司使用物联网系统的原因介绍、物联网系统给公司带来的改变、带来的收益情况等信息，用户可详细了解这些案例公司的情况来帮助分析自己的实际情况，更准确的评估使用物联网系统对自己经营带来的价值。

"产品展示"模块是对农业物联团队研发的系列产品的展示，包括采集设备、控制设备、水肥设备等，用户可详细了解各产品信息，包括产品介绍、产品图片、功能描述、用途、性能参数、使用方法、销售热线等，可随时与我们联系。

"联系我们"模块是展示联系智农物联团队的方式，界面展示了电话、传真、邮箱、地址以及微信公众号、微博公众号的二维码，想关注信息的用户，可扫码关注，也会在公众号平台实时更新团队的研发信息。

（四）使用说明

"智农e联"由客户端程序和服务器两部分组成。该软件支持平台软件所有生产过程数据采集、环境信息监测功能。通过该软件可随时随地的查看设备的工作状态、数据监测及报警信息，使用方便。

1. 系统登录

点击"智农e联"图标打开如图2-120所示用户登录界面，输入使用者账号及密码后，程序会将登录账号和密码由MD5加密后统一以POST方式提交给服务器端进行验证，如果校验通过，则进入到"智农e联"应用程序的主界面，否则提示登录错误。

智农云端系列

智农e联

| | cadmin |
| | 请输入密码 | 忘记密码？ |

☐自动登录

登 录

山东省农业物联网工程实验室

山东省农业科学院科技信息研究所

©版权所有

图2-120　智农e联App登录界面

2. 信息监测与远程控制

（1）数据监测。在应用软件中列出了已在系统中配置的全部生产单元列表。点击要查看的生产单元名称，进入相应的生产单元展示界面。该界面中"数据栏"展示终端的类型，如图2-121所示。

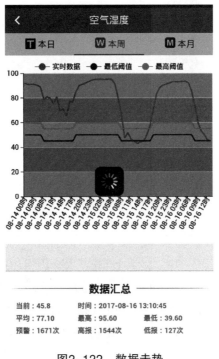

图2-121　数据监测界面

　　双击某一终端数据可查询当前终端一天、一周、一月、一年内的历史数据走势，如图2-122所示。

图2-122　数据走势

（2）设备控制。在应用软件"控制"选项卡下每一个生产单元中均有相应的设备控制项。点击列表中的"控制"选项，则会显示对应当前设备的控制信息。若控制卷帘动作，点击"卷帘"后，卷帘设备自动开启，在卷帘全部打开后设备会自动停止运行，并反馈此时的设备状态。依此种方式可对种植单元中喷淋设备、灌溉设备、通风设备及补光设备进行控制，如图2-123所示。

图2-123　控制界面

3. 现场视频查看

在应用软件"视频"选项卡下列出该生产单元中的监控视频。点击列表中的"监控视频"，则会显示对应当前监控设备的实时视频画面。用户可以在查看视频的过程中随时截图或录像，相应图片或视频文件将保存在手机SD存储卡中。此外，用户还可以根据监控的需要，上下左右等多个方向灵活地调整视频画面的监控角度，如图2-124、图2-125所示。

图2-124 实时视频界面

图2-125 实时视频画面

4. 系统软件自动更新

  为了方便用户安装客户端后程序升级，在启动界面时，应用程序会首先连接到服务器并进行比对本地程序的版本号，然后进行判断，若服务器中程序版本号高于本地版本，将提示用户进行版本更新，从服务器上下载最新的APK安装包文件并自动进行安装。

二、智农e管（蔬菜版）手机App

（一）App简介

智农e管是专为用户推出的帮助农业生产者随时随地的掌握蔬菜作物生长过程管理，为用户提供高效、便捷的蔬菜生产服务的手机客户端，App分为Android版和IOS版。

前面介绍的智农e联App主要是对作物生长环境方面的监、测、控。而智农e管除了实现对作物生长环境的管理外，更重要的是实现对作物生长过程的农事管理，登录智农e管，系统根据作物种植时间自动展示作物当前时间所处的生长阶段，以及当前生长阶段应该进行的农事管理、病虫害防控等指导性信息，同时，用户在进行农事操作后可以通过手机实时记录作物从种植到采收过程进行的所有管理工作，包括定植作物、浇水施肥、除草、喷药、采收等操作。同时，这些记录也将作为作物的溯源信息，必要而且有意义。

（二）App下载

智农e管App可在智农云平台网页（http://www.sdaiot.cn：9099/SmartAgrCloudV2/html/homepage/plantMainTitle.jsp）扫描二维码下载安装包。IOS版App也可在AppStore搜索"智农e管"进行下载，如图2-126所示。

图2-126　智农e管App下载

（三）功能介绍

智农e管和智农e联信息同步，账号密码一致，同一账号可在两个App登录。同时，智农e管支持与"蔬菜物联网管理平台"（http://www.sdaiot.cn：9099/SmartAgrCloudV2/newLoginManage.jsp）的通信和数据衔接，手机端和平台端数据同步，在一端维护数据，另一端可共享信息的查看和编辑。智农e管内容分为六大模块：实时测控、农事管理、水肥一体化、农业病虫害防控、生产档案、智能分析。

1. 实时测控

实时测控模块的功能是对作物生长环境的监、测、控，点击进入实时测控的界面，展示的内容分为3栏：环境监控、远程控制、远程视频。

环境监控展示的是生产单元中所有环境参数的数据信息：采集设备名称、在线状态、数据值、采集时间、预警信息，为方便查看，预警设备和正常设备分别展示，预警设备指的是数据预警的设备，即设备采集的最新数据高于设定的最高阈值或低于设定的最低阈值。

远程控制展示的是生产单元中所有的控制设备信息：控制设备名称、当前的控制状态、控制时间、所有的控制按钮，当前控制状态即设备现在所处的状态，例如，通风机当前是打开的，则显示的状态是"打开"，控制时间即打开通风机的时间，用户可以点击其他控制按钮，比如，点击"关闭"按钮，发送控制指令，即可远程控制通风机关闭。

远视频展示的是生产单元中所有的视频设备信息，选择要查看的视频设备，进入视频画面，视频画面中有多个功能可远程操作：控制球机摄像头转动、截图、录像、缩放等，用户可根据需求自行操作。

2. 农事管理

农事管理模块是供用户查询种植作物当前生长阶段应该进行哪些农事操作的模块，根据用户的查询，展示给用户合理的指导信息，点击进入农事管理模块，选择要查看的生产单元，系统会自动显示此生产单元当前种植的作物名称以及作物当前时间所处的生长阶段，并显示作物在此生长阶段需要进行的农事管理。例如，该作物此时处于开花期，那么会显示开花期应该进行的农事管理工作：授粉、喷药、注意温湿度、水肥信息等。用户根据指导信息或者说建议来进行合理的作物管理工作。

3. 水肥一体化

水肥一体化模块展示的是水肥一体化设备功能和统计数据的界面，界面主要分为两部分：控制和数据。"控制"部分展示的是水肥设备控制功能的信息，主要包括：水肥设备的控制按钮、此生产单元的电磁阀列表，用户选择要控制的电磁阀，点击"控制"按钮，即可发送控制指令，远程控制水肥设备。例如，用户想要给1号、3号电磁阀控制的作物浇水，则在电磁阀列表中选中1号和3号，然后点击"水泵启动"按钮，则水肥设备会启动水泵，开始给1号和3号电磁阀控制的作物浇水。"数据"部分展示的是此水肥设备的数据信息，界面以表格的形式展示上一次的"水肥施用统计信息"，表格内容为施用水肥的电磁阀名称、开始浇水时间、结束时间、水肥施用量。用户通过水肥施用数据了解作物的施肥用量、施肥日期，以便更合理的管理作物。另外，界面会展示此水肥设备累计使用数据，方便用户了解设备的使用情况，主要包括：设备首次运行时间、累计总水量、累计总肥量等。

4. 农业病虫害防控

农业病虫害防控模块是供用户查询种植作物当前时期易发的病害、虫害、障碍信息，以及该如何作出防控措施的模块，根据用户的查询，展示给用户作物不同时期易发的病害、虫害、生理障碍以及给出用户防控措施或者建议。

点击进入农业病虫害防控模块，选择种植作物的生产单元，系统会自动显示此生产单元当前种植的作物名称以及作物当前所处的生长期，并显示作物当前生长期易发的病虫害、生理障碍信息，分为3栏展示：病害、虫害、生理障碍。

"病害"展示的是作物当前时期易发的病害信息。信息包括病害名称、病害图片，图片方便和作物进行对比，更加容易确定病害情况，还包括易发时间、易发环境等易发情况，以提醒用户在发病之前做好防控工作，还包括病害发生后的解决措施、药剂名称、施用浓度、施用量等，帮助用户在病害发生后及时准确的处理，让作物及时恢复健康，以保证产品的"质"和"量"。

"虫害"展示的是作物当前时期易发的虫害信息。信息包括虫害名称、虫害图片，在不确定虫害类型时，可将作物拍照与虫害图片进行比较，帮助确定虫害类型，同时包括虫害易发时间、易发环境、解决药物名称等信息，帮助用户在虫害发生前进行防控和虫害发生后作出及时处理。

"生理障碍"展示的是作物生长过程中易形成的生理性障碍信息，例如，西红柿的畸形果、空洞果、脐腐病；包括图片、名称、形成原因、防控措施等信息，帮助用户判断和作出提前防控措施。

5. 生产档案

生产档案模块是供用户记录农事管理的模块，目前包括10个小模块：种植计划、生产记录、过程影像、肥料记录、农药记录、农事操作、采收入库、农残检测、发货销售、订单管理。这些信息的记录也将作为农产品的溯源信息。所有模块录入信息时的填写是有选择项的，均不需要打字填写，选择即可，选项的内容维护在设施蔬菜物联网管理平台的后台管理中。

（1）种植计划模块。此模块是供用户记录种植计划的模块。在生产单元种植作物之前，一般会有至少1个种植计划，用户可以先将所有的种植计划添加到此模块中，在添加种植记录时，会自动加载添加的所有种植计划，选择一个确定的添加种植。添加种植计划时的信息包括计划名称、计划种植的产品、计划定植日期、预收日期、种植生产单元等。其中，计划种植产品的填空，是选择填空，系统会加载公司的所有作物产品名称，选择即可，选择种植生产单元时，系统会查询显示已经采收完毕，尚未有作物种植的生产单元，方便用户了解各生产单元被种植情况，根据情况作出计划。

（2）生产记录模块。此模块是在作物定植前后，供用户记录种植信息的模块。添加生产记录信息时，先选择要种植作物的生产单元，系统会显示之前添加的关于此生产单元的种植计划，选择要种植的计划，完成添加即可。

（3）过程影像模块。此模块是用户记录作物生长过程中有关的图片或短视频的模块。可以是记录农事管理的图片和视频，如除草图片、除草视频、授粉图片、授粉视频，也可以是记录作物生长的图片和视频，还可以记录作物生长过程的趣事和其他有意义的事。记录的信息包括上传的文件类型（选择图片或者视频）、影像地点、影像日期、影像名称、影像说明（可详细介绍此条影像的拍摄信息）、生产单元（选择生产单元可自动关联此生产单元种植的作物，以便产品追溯信息的查询），选择手机中的视频或者图片上传即可。

（4）肥料记录模块。此模块是在作物生长过程中记录施肥信息的模块。记录的信息包括肥料名称、施用量、施用日期、生产单元（选择生产单元可自动关联此生产单元种植的作物，以便产品的追溯信息的查询），填写信息，完成添加即可。

（5）农药记录模块。此模块是在作物生长过程中记录施用农药信息的模块。记录的信息包括农药名称、施用量、施用日期、生产单元（选择生产单元可自动关联此生产单元种植的作物，以便产品的追溯信息的查询），填写信息，完成添加即可。

（6）农事操作模块。此模块是作物生长过程中记录农事管理信息的模块。例如，除草、剪枝、授粉等作物管理。记录的信息包括生产单元（即进行农事管理的生产单元）、操作人、操作日期、操作类型（如除草）、操作内容（可详细填写进行的具体工作），其中"操作人"的填写是选择项，在平台端的"蔬菜物联网管理平台"中公司管理的企业员工中添加公司的员工，在添加农事操作记录的时候，"操作人"一栏会自动加载公司的所有员工，用户只要选择员工名称即可，不需要打字填写。

（7）采收入库模块。此模块是在作物产品成熟后进行采收后记录采收信息的模块。记录的信息包括产品名称、采收产品的规格等级、采收数量（kg）、采收日期、生产单元。

（8）农残检测模块。此模块是在检测产品农药残留后记录检测结果的模块。记录的信息包括采收批次号、抑制率。其中，采收批次号是指前面进行采收记录后，系统会生成一个采收批号，添加农残检测时会加载已经采收的作物的采收批次号，供用户选择，抑制率即检测结果。

（9）发货销售模块。此模块是在产品销售并发货时记录发货销售信息的模块。记录的信息包括采收批次号、销售方式、产品名称、规格等级、发货日期、发货重量、单价（元/kg）、收货方、发货人、运货人、车牌号。其中采收批次号是选择项，系统会加载已采收的产品，选择要销售的产品批次即可；销售方式指可以选择订单获取或手动添加，订单获取指在用户选择采收批次号后会自动填写产品名称、规格等级、发货重量（即默认采收重量），手动添加指自己编辑产品名称、规格等级、发货重量的信息。发货人也是选择项，系统加载公司的所有员工，在员工姓名中选择发货人即可。

（10）订单管理模块。此模块是在购买产品时记录购买信息的模块。记录的信息包括购买产品名称、购买量、购买日期、运营商、运营商电话。

6. 智能分析

智能分析模块主要是将大量的、多种复杂的数据进行筛选、分析、处理后展示给用户。内容分为7部分：综合评价、参数评价、测土施肥、报警分析、统计分析、对比分析、行情分析。

（1）综合评价。根据作物当前处所的生长段，对作物所处的环境的一个综合评分。作物环境包括光照、湿度、温度、CO_2等环境参数，参数采集设备采集的数据根据公式得出分数，综合各分数作出综合评分，分数范围在0～100，同时会标注不同分数段对应的等级情况：优秀、良好、较差。同时，界面会显示各参数的最新数值，方便用户进行详细了解和比较。

（2）参数评价。展示作物生长环境中的所有参数的数据信息。包括采集设备名称、采集的最新数据、温馨提示（如当前湿度低，请注意增强湿度），用户可详细了解各个参数数值情况和提示情况，帮助更准确的了解作物生长环境。

（3）测土施肥。主要分为两部分：土壤信息和施肥信息。选择要查看的生产单元，系统自动显示该生产单元当前种植的作物名称和所处生长期，展示该作物的需肥特性和土壤施肥建议，同时展示该生产单元的土壤中N、P、K分布信息，信息包括元素含量和该元素对作物的影响，用户通过界面，一方面可以了解土壤N、P、K含量情况和对作物的影响，另一方面可以参考该时期作物的需肥特性和施肥建议，以更好的作出施肥措施，给作物合理的肥料供给。

（4）报警分析。对参数采集设备采集数据的数据汇总。选择要查询的生产单元和要查询的采集设备，选择查询日期，会得出一个数据汇总的表格，数据汇总的信息包括查询时间段的平均值、最高值、最低值、预警总次数、高报次数、低保次数以及当前最新数据、最新采集时间。用户通过表格，可以清晰地看到对某一参数的总体情况。

（5）统计分析。内容分为3栏：产量统计、销量统计、农药化肥统计。3栏内容均是按时间段进行查询，以柱状图的形式展示总统计量。产量统计是展示公司各种植作物采收产品的总量；销量统计是展示公司各产品销售的总量统计。产量统计和销量统计的意义除了掌握总量的多少，而且通过比较柱状图中各作物的产量和销量，可得出产出率，更方便帮助用户记录数据，农药化肥统计是展示各种肥料的施用总量，帮助用户进行总量的统计。

（6）对比分析。展示的是农药化肥、各环境参数的数据信息。如果用户要查看化肥和农药的施用信息，选择农药化肥的对比类型，然后选择农药或者化肥为对比项，系统会以柱状图展示化肥或农药的施用量信息，如果用户要查看环境参数的数据信息，那么就选择环境参数的对比类型，然后选择温度或湿度等具体参数名称，系统会以折线图的形式展示参数的最新数据信息，用户可根据柱状图或折线图对比数据信息。

（7）行情分析。供用户查询作物产品在各地市的最新价格。进入行情分析界面，选择要查询的作物名后，页面会以折线图的形式加载显示作物产品在各地市的最新价格，一条折线代表一个地市，用户可以选择一条或多条进行查看，分析数据走势，实时了解价格行情。

（四）使用说明

"智农e管"由Android（IOS）客户端程序和服务器两部分组成。该软件支持平台软件所有生产过程数据采集、环境信息监测、农事管理、病虫害防控等功能。

1. 系统登录

点击"智农e管"图标，打开如图2-127所示用户登录界面，输入使用者账号及密码后，程序会将登录账号和密码由MD5加密后统一以POST方式提交给服务器端进行验证，如果校验通过，则进入"智农e管"应用程序的主界面，否则提示登录错误。

图2-127　智农e管登录界面

2. 信息监测与远程控制

（1）数据监测。首界面"实时测控"部分列出了已在系统中配置的全部生产单元列表。点击要查看的生产单元名称，进入相应的生产单元展示界面。该界面中数据栏展示终端的类型，如图2-128所示。

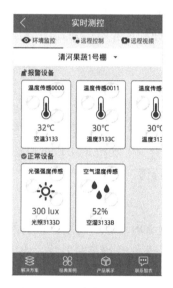

图2-128　数据监测界面

双击某一终端数据可查询当前终端一天、一周、一月、一年内的历史数据走势，如图2-129所示。

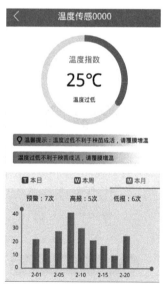

图2-129　数据走势

（2）设备控制。在应用软件"控制"选项卡下每一个生产单元中均有相应的设备控制项。点击列表中的控制选项，则会显示对应当前设备的控制信息。若控制卷帘动作，点击"卷帘"后，卷帘设备自动开启，在卷帘全部打开后设备会自动停止运行，并反馈此时的设备状态。依此种方式可对种植单元中喷淋设备、灌溉设备、通风设备及补光设备进行控制，如图2-130所示。

图2-130　控制界面

3. 生产信息采集

在"生产档案"一栏中可对生产过程中种植计划、生产记录、过程影像、肥料记录、农药记录、农事操作、农残监测等10几项内容进行信息录入和信息管理，如图2-131所示。

图2-131　生产档案

4. 生产管理

生产管理部分包括农事管理、病虫害防控、水肥一体化3部分内容。生产管理部分是对生产过程中根据定植作物不同时期在农事操作、施肥、病虫害防控等部分给予意见和建议。

农事操作部分主要针对所属生产单元定植作物所处的时期，给予作物该时期应注意的农事操作信息，为生产者提供生产建议以指导农业生产。水肥一体部分用于对特定生产单元实施水肥一体精量施用，以达到水肥的均匀、定时、定量施用。病虫害防控部分用于展示特定生产单元种植作物易发的病虫害及生理障碍信息给予病虫害简介、发病原因及解决途径的描述，从而实现病虫害发生时有据可依，如图2-132所示。

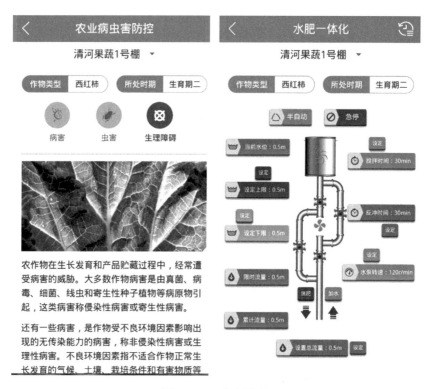

图2-132 生产管理

5. 智能分析

智能分析部分是对采集数据的分析，供决策者参考。该部分与Web端相同，包括综合评价、参数评价、测土施肥、报警分析、统计分析、对比分析与行情分析7项功能。

综合评价是根据特定生产单元中环境信息对定植作物的影响而得出的评价，该部分是根据关键参数的实时数据与适宜值比较而得出分值按照一定的模型计算而来。参数评价是对特定生产单元中定植作物关键参数进行评价，对于不在适宜值的参数给予一定的温馨提示。测土施肥部分展示土壤中含有的N、P、K的分布情况，用户可根据需肥特性及土壤肥力情况按需施肥，从而达到肥料减施增效的目的。统计分析可按照某一时间段对产量、销量、农药化肥使用量进行查询统计。对比分析是通过自由选择对比量来分析相同时期同种作物产量不同的原因，也可分析不同年份同种作物的产量变化。行情分析用于展示某些产品的价格走势。智能分析界面，如图2-133所示。

图2-133　智能分析

6. 系统软件自动更新

为了方便用户安装客户端后程序升级，在启动界面时，应用程序会首先连接到服务器并进行比对本地程序的版本号，然后进行判断，若服务器中程序版本号高于本地版本，将提示用户进行版本更新，从服务器下载最新的APK安装包文件并自动进行安装。

三、智农微信公众号

（一）简介

为方便用户能够及时了解新闻资讯和最新的产品信息，方便与用户进行及时沟通，推出了智农微信公众号。微信号为SmartAgriCloud，微信名为智农云平台。用户可以通过搜索微信号来关注智农云平台并获得送的消息，如图2-134所示。

图2-134　智农云平台公众号

（二）内容介绍

微信公众号"智农云平台"有三大部分：智农资讯、解决方案、交流互动。

第一部分，智农资讯的内容有官方网站、新闻资讯、智农视频、历史消息。点击"官方网站"会连接跳转到智农物联的官网（http：//www.sdaiot.org/）手机版页面，此界面会看到智农物联官网上所有物联网信息，用户可自行进行查看。点击新闻资讯，会展示所有的资讯信息，包括山东省农业学院科技信息研究所农业物联网团队的研发工作信息、研发成果信息、团队会议信息及其他资讯。用户可通过这些资讯内容，了解团队的研发情况，如果有感兴趣的话题，可与团队联系，大家一起讨论、学习和进步。点击"智农视频"，展示的是所有的视频信息，视频包括产品介绍、会议讲话等。点击"历史消息"，则展示发布过的所有的资讯，页面最上方是搜索栏，用户可通过关键字搜索先要查看的资讯，或者用户想要了解历史资料，则可以下拉查看所有的资讯，如图2-135所示。

图2-135　智农资讯

第二部分，解决方案的内容有解决方案、典型案例、农业物联网设备、云平台登录。点击解决方案，展示的是各经营类型（例如，果蔬类、水产类）物联网模式解决方案的概述、物联网系统实现功能的介绍等。通过此模块的内容展示，用户可以详细了解"产业类型+物联网模式"可实现的功能，评估物联网技术对自己经营的价值。点击"经典案例"，展示的是使用物联网系统进行经营的公司的信息，信息包括公司的经营类型、从事的业务范围、公司使用物联网系统的背景资料、应用场景，以及公司使用物联网系统的原因介绍、物联网系统给公司带来的改变、带来的收益情况等信息，用户可详细了解这些案例公司的情况来帮助分析自己的实际情况，更准确地评估使用物联网系统对自己经营带来的价值。点击"农业物联网设备",展示的是团队研发的产品信息,包括监测预警设备、实时监测设备、全程追溯设备、智能测控设备,用户可查看产品的详细资料,包括产品介绍、产品图片、功能描述、用途、性能参数、使用方法等、销售热线等。点击"云平台登录",展示的是电脑端智农云平台的登录界面,为保证用户体验,建议使用电脑登录,智农云平台网址:http://www.sdaiot.cn:9099/SmartAgrCloudV2/html/homepage/homepageNew.jsp。此外,智农云平台也有配套的手机端App,即智农e联和智农e管,前面已有介绍,用户可下载使用。

第三部分,交流互动的内容有智农云端、关于智农、联系我们、搭讪小编。点击"智农云端",会出现二维码,识别二维码即可下载手机端App"智农云端"。智农云端是智农云平台的手机客户端。点击"关于智农",展示的是关于山东省农业科学院科技信息研究所农业物联网团队的"前世今生",包括农业物联网团队的组建介绍、团队科研工作范围和工作方向、团队负责人的介绍以及重要岗位研发人员的介绍。点击"联系我们",展示的是与农业物联网团队联系的信息,包括山东省农业学院科技信息研究所的地址、电话、传真、邮箱以及物联网团队官方微博的二维码,用户可扫描关注,在微博端获取有关团队的微博信息。点击"搭讪小编",展示的是公众号小编的微信二维码,识别二维码,即可和小编成为微信好友,进行深入交流,如图2-136所示。

电话:0531-66659520 66659076

传真:0531-66659821

邮箱:seqsoft@163.com

地址:济南市历城区工业北路202号省农科院创新

大楼二层

微信公众号　　　官方微博

图2-136　联系我们

四、菜保姆系统

（一）App简介

菜保姆是为农业用户推出的"教农户种菜"和方便农户管理种植作物的App，菜保姆开发的目的是带领"种菜小白"走上"种菜老司机"的道路。让经验还不太丰富的农户，通过使用菜保姆App，也能够合理、正确、规范地种出"质""量"兼具的蔬菜产品。

（二）App下载

菜保姆可在电脑端的菜保姆后台管理系统（http：//123.232.115.146：9090/vegetNurse/login.jsp）的登录界面扫描二维码下载安装包，如图2-137所示。

扫描二维码
下载Android客户端

扫描二维码
下载IOS客户端

图2-137　菜保姆App下载

（三）功能介绍

种植蔬菜的农户可以使用菜保姆App记录种植信息，例如，种植作物名称、品类、种植时间、管理情况、农事操作等信息，还可以拍照上传，记录作物的生长过程。农户在菜保姆App记录种植信息后，系统会根据种植时间及种植的作物品类判断作物所处的生长期，从而向农户展示该时期的指导方案，用户可根据指导方案进行管理。如果要获得蔬菜专家一对一有针对性的指导（包括网上交流和现场指导），则可通过签约专家来进行针对性的互动指导。专家会在菜保姆后台管理系统看到签约农户的种植信息，并会根据签约农户种植作物的生长情况，在作物整个生长期间，不定时向农户发送管理信息。菜保姆的功能主要分为3部分：地块汇总、个人中心、消息中心。

地块汇总部分展示的是农户所有地块的信息，信息包括地块名称、地块签约状态、当前种植作物、作物定植时间。点击地块汇总界面的"+"可添加地块（图2-138），添加的信息包括地块名称、地块类型（大棚/大田）、建棚时间、长度、宽度面积（系统根据长、宽自动生成）。点击界面中的地块进入一个地块的详细展示界面，包括3个模块：此地块的当前时期的生产方案、历史方案、种植记录。当前生产方案包括标准方案和任务清单，标准方案是作物该生长期管理的标准管理方案，任务清单是农户要进行的农事作业清单，清单分条展示，并显示完成状态（已完成、未完成），农户完成一条时，可点击"完成"按钮，记录此条内容已经完成。点击"历史方案",展示的是该地块当前种植作物之前各生长期的管理方案。点击"种植记录",会展示该地块种植过的所有作物名称,选择作物,展示的是该作物生长过程中记录的所有信息,包括上传的图片和文字信息,如图2-139所示。

图2-138　添加地块

图2-139　地块汇总

个人中心部分展示的是个人管理的信息，包括个人信息、相册、签约、专家服务、账户设置。点击"个人头像"，可编辑个人姓名、电话、地址等个人信息。"相册"的功能类似微信的朋友圈，可记录作物生长过程的管理心得及其他趣事，点击"相册"，会按时间倒序展示上传的图片和文字介绍以及上传时间，点击相册界面右上角的"+"上传记录信息，上传的内容包括文字（记录作物生长情况）、地块（记录的是哪个地块）、上传图片（选择相册的图片），点击"发表"即可保存。点击"签约"，展示的是可提供签约服务的公司列表，选择公司，查看详细信息，包括公司名称、简介、地址、电话（点击即可拨打）以及服务内容，公司一般有多个套餐服务，每个套餐服务包含的服务内容不同，选择套餐名称，查看套餐简介，然后选择服务时长（6个月或12个月），套餐和时长选择后，会出现预估价格，信息确定后，点击"提交预约意向"，即可向后台发送签约申请，等待菜保姆后台管理人员查看。

消息中心展示的是后台管理者或专家向农户推送的信息，包括普通消息和服务消息。普通消息一般是后台管理者推送给全部农户的通知类的消息，服务消息分为两种，一种是专家推送给已签约农户的消息，专家根据农户当前种植的作物和作物当前时间所处的生长期，将该时期作物生长所需水肥特性、易发的病虫害、生理障碍及预防措施和其他的作物管理信息推送给种植作物的签约农户，帮助农户在作物不同生长期及时做好管理工作；另一种是后台管理者推送给提交签约意向的农户，农户在手机端填写签约意向，提交到后台，后台管理者查看意向并处理后，向农户推送一条信息确认的消息，农户查看确认消息，确认无误后，点击"确认"，再提交给后台，后台管理者会收到消息并尽快进行下一步的签约工作，如图2-140所示。

图2-140　消息中心

第三章　设施蔬菜物联网硬件装备

第一节　设施蔬菜物联网环采设备

设施蔬菜关键环境要素主要包括空气温度、空气湿度、光照强度、CO_2浓度以及土壤水分、土壤温度、土壤pH值、土壤EC等，这些环境要素是各种蔬菜作物赖以生存的外部条件，并且随时间、地点、外部因素的变化而发生变化，对蔬菜作物的生长、发育和产量、品质等影响巨大。因此，实时采集和处理各种环境信息，对于实现蔬菜作物生长环境的智能化调控非常重要。

"智农云宝"系列环采设备是山东省农业科学院科技信息研究所农业物联网团队自主研发的新型智能终端产品，可实时感知设施蔬菜生产现场的关键环境信息，即时采集各类环境数据，进而通过本地或远程控制系统对设施环境进行精准调控，为作物生长创造适宜环境，有效规避生产风险，保障最大产出。

该系列产品经过了严格的实验室测试、试验基地中试和山东省电子信息产品检验院等第三方专业机构的检验检测，取得了《检验报告》，产品功能、性能、可靠性、使用寿命等主要指标均达到设计要求。2016年10月，该系列产品入选由山东省经信委、山东省科技厅、山东省农业厅和山东省广电局4部门联合发布的《山东省农业农村信息化应用解决方案（产品）推广目录》。

一、"智农云宝"系列单参数无线传感节点

（一）"智农云宝"空气温湿度无线传感节点（图3-1）

图3-1　空气温湿度传感节点

1.产品功能及技术指标

（1）功能要点。

●数据采集：实时监测温室大棚内空气温湿度数据；

●电量信息采集：实时获取设备电池剩余电量信息；

●数据组包：按既定通信协议对空气温湿度、剩余电量等数据组包传输；

●数据校验：数据包的组包过程中含有数据校验信息，确保数据传输过程中数据不出现任何错误；

●无线通信：按既定协议组包的采集数据，通过SI4432无线通信模块与网关节点通信，将组包数据上传至网关节点；

●错误处理：若程序因内在或外界因素跑飞，系统可通过看门狗程序实现系统的重启，保证系统长时间在线。

（2）产品特色。

●集成光电转换模块及锂电池，实现光能供电，无需市电供应；

●集成无线模块，实现无线传输，无需电缆连接；

●附带可变高度不锈钢立杆及支架，立杆插地式安装，在棚内任意位置即插即用，安装、使用方便灵活。

（3）技术指标。

●温度测量范围：$-40 \sim 60$℃；

●温度测量精度：± 0.4℃；

●湿度测量范围：$0 \sim 100\%$RH；

●湿度测量精度：$\pm 3\%$RH；

●工作环境：$-30 \sim 80$℃，$0 \sim 95\%$RH；

●供电方式：太阳能供电，3.7V 2 000mAh锂电；

●通信方式：433MHz无线通信；

●功耗性能：平均功耗≤5mW，至少支持连续7个阴雨天正常工作；

●外形尺寸：132mm×69.5mm×63mm（长、宽、高，不含外部天线及传感器）；

●安装方式：可变高度不锈钢立杆插地式安装或吊装。

2.技术原理

"智农云宝"系列单参数无线传感节点均由传感器数据采集模块、数据通信模块、单片机功能模块、电源模块4部分组成。各个节点的信息采集模块根据不同的传感器应用不同的处理电路，数据通信模块、单片机功能模块、电源模块一致，该部分技术原理在后续章节不再赘述。

（1）电源模块。根据传感节点的现场应用环境，选用太阳能板充电的锂电池作为系统的心脏，提供稳定、充足的电能以确保整个系统安全、可靠运行。锂电池具有能量密度大（重量轻、体积小），使用寿命长，环保等优点。锂电池容量为3.7V/1 500mAh。可连续支持系统在7个阴雨天条件下正常工作。

（2）单片机功能模块。单参数传感节点需要长期在设施生产环境下工作，对可靠性以及功耗要求较高。德州仪器（简称TI）公司MSP430系列超低功耗微控制器的主要优点是超低功耗和丰富的片上集成功能，非常适合信号采集、电池供电设备等应用领域。考虑到系统所需的I/O口数量、Flash容量及测量精度等因素，选用MSP430G2553作为系统主控芯片。

（3）数据通信模块。SI4432是Silicon Labs公司推出的一款完整的、体积小巧的、低功耗无线收发模块，可工作在240～960MHZ频段范围内，且最大输出功率可以达到+20DBm，设计良好时收发距离最远可达2km。SI4432可适用于无线数据通信、无线遥控系统、小型无线网络、小型无线数据终端等领域。产品采用433MHz无线通信，节点布控较为简单。

（4）空气温湿度传感器。SHT11传感器是一款含有已校准数字信号输出的温湿度复合传感器。它应用专利的工业CMOS过程微加工技术，具有极高的可靠性与卓越的长期稳定性。传感器包括一个电容式聚合体测湿原件和一个能隙式测温元件，具有数字式输出、免调试、免标定、测量精度高、响应速度快、抗干扰能力强、免外围电路及全互换的特点，满足设施蔬菜领域需要。

其中，温度传感器（Temp Sensor）采用由能隙材料制成的温度敏感元件，湿度传感器（%RH Sensor）采用电容性聚合体湿度敏感元件，2个传感器输出的信号被放大后送入一个14位ADC，转换成数字信号再送给I2C总线接口，最后通过I2C接口以串行方式输出。校验存储器（Calibration Memory）存储在恒湿或恒温环境下的校准系数，用于测量过程中的非线性校准。

空气温湿度参数采集流程，如图3-2所示。

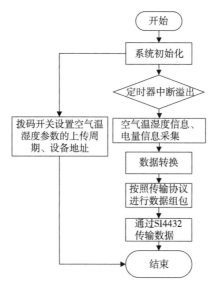

图3-2　空气温湿度参数采集流程

通过拨码开关设置上传周期。单片机读取SHT11发送的空气温度、湿度数据，经处理后转换成温湿度值，然后采集电池电量信息，根据传输协议将数据组包上传至网关节点，完成一次数据的采集。

（二）"智农云宝"土壤水分无线传感节点（图3-3）

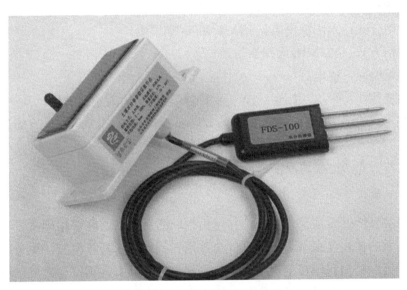

图3-3　土壤水分传感节点

1.产品功能及技术指标

（1）功能要点。

●数据采集：实时监测作物生长环境中的土壤含水量数据；

●电量信息采集：实时获取设备电池剩余电量信息；

●数据组包：按既定通信协议对土壤水分、剩余电量等数据组包传输；

●数据校验：数据包的组包过程中含有数据校验信息，确保数据传输过程中数据不出现任何错误；

●无线通信：将按既定协议组包的采集数据，通过SI4432短距离无线通信与网关节点通信，将组包数据上传至网关节点；

●错误处理：若程序因内在或外界因素跑飞，系统可通过看门狗程序实现系统的重启，保证系统长时间在线。

（2）产品特色。

●集成光电转换模块及锂电池，实现光能供电，无需市电供应；

●集成无线模块，实现无线传输，无需电缆连接；

●附带可变高度不锈钢立杆及支架，立杆插地式安装，在棚内任意位置即插即用，安装、使用方便灵活。

（3）技术指标。

● 测量范围：0 ~ 100%（m^3/m^3）；

● 测量精度：±3%（m^3/m^3）；

● 探针材料：不锈钢；

● 工作环境：−30 ~ 80℃，0 ~ 100%RH；

● 供电方式：太阳能供电，3.7V 2 000mAh锂电；

● 通信方式：433MHz无线通信；

● 稳定时间：通电后1s内；

● 功耗性能：平均功耗≤8mW，支持连续7个阴雨天正常工作；

● 外形尺寸：132mm × 69.5mm × 63mm（长、宽、高，不含外部天线及传感器）；

● 安装方式：可变高度不锈钢立杆插地式安装或吊装。

2. 技术原理

土壤水分传感器基于介电理论并运用频域测量技术，能够精确测量土壤和其他多孔介质的体积含水量。传感器外壳采用工程塑料、环氧树脂（黑色阻燃）密封制成，可以长期深埋在土壤中而不会受到损坏，具有高精度、高灵敏度、防水性能好等特点，可实现土壤水分含量的长期动态连续监测。

数据采集、处理及上传流程，如图3-4所示。

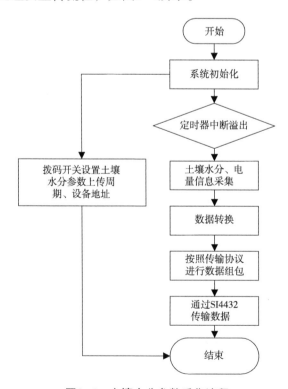

图3-4　土壤水分参数采集流程

土壤水分传感器上传数据为4~20mA信号，在电路中首先被转换成电压信号，接入单片机的AD接口。拨码开关可以设置上传周期。单片机采集AD信号，过滤、处理后转换成采集数值，根据传输协议将数据组包上传至网关节点，完成一次数据的采集。

（三）"智农云宝"土壤温度无线传感节点（图3-5）

图3-5　土壤温度传感节点

1. 产品功能及技术指标

（1）功能要点。

●数据采集：实时监测作物生长环境中的土壤温度数据；

●电量信息采集：实时获取电池剩余电量信息；

●数据组包：按既定通信协议对土壤温度、剩余电量信息组包传输；

●数据校验：数据包的组包过程中含有数据校验信息，确保数据传输过程中数据不出现任何错误；

●无线通信：将按既定协议组包的采集数据，通过SI4432短距离无线通信与网关节点通信，将组包数据上传至网关节点；

●错误处理：若程序因内在或外界因素跑飞，系统可通过看门狗程序实现系统的重启，保证系统长时间在线。

（2）产品特色。

●集成光电转换模块及锂电池，实现光能供电，无需市电供应；

●集成无线模块，实现无线传输，无需电缆连接；

●附带可变高度不锈钢立杆及支架，立杆插地式安装，在棚内任意位置即插即用，安装、使用方便灵活。

（3）技术指标。

● 测量范围：−10 ~ 60℃；

● 测量精度：±0.5℃；

● 探针材料：不锈钢；

● 通信方式：433MHz无线通信；

● 供电方式：太阳能供电，3.7V 2 000mAh锂电；

● 工作环境：−30 ~ 80℃，0 ~ 100%RH；

● 功耗性能：平均功耗≤5mW，至少支持连续7个阴雨天正常工作；

● 外形尺寸：132mm × 69.5mm × 63mm（长、宽、高，不含外部天线及传感器）；

● 安装方式：可变高度不锈钢立杆插地式安装或吊装。

2. 技术原理

土壤温度传感器DS18B20与传统的热敏电阻相比，能够直接读出被测温度并且可根据实际要求通过简单的编程实现9 ~ 12位的数值读数方式，可以分别在93.75ms和750ms内完成9位和12位的数字量。并且，仅需要一根总线（单线接口）即可实现对DS18B20的信息读写操作，单总线本身也可以向所挂接的DS18B20供电而无需额外电源，因而使用DS18B20可使系统结构更趋简单，可靠性更高。

土壤温度参数采集流程如图3-6所示。

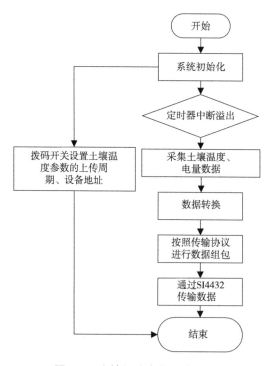

图3-6 土壤温度参数采集流程

根据DS18B20的传输特点，MCU按照一定周期读取DS18B20的数据，转换成温度值，之后读取电池电量信息，按照协议将数据打包传输给网关节点，完成一次数据的采集。

（四）"智农云宝"CO_2浓度无线传感节点（图3-7）

图3-7　CO_2浓度传感节点

1. 产品功能及技术指标

（1）功能要点。

●数据采集：实时监测作物生长环境中的CO_2气体浓度数据；

●电量信息采集：实时获取电池剩余电量信息；

●数据组包：按既定通信协议对CO_2浓度、剩余电量信息组包传输；

●数据校验：数据包的组包过程中含有数据校验信息，确保数据传输过程中数据不出现任何错误；

●无线通信：将按既定协议组包的采集数据，通过SI4432短距离无线通信与网关节点通信，将组包数据上传至网关节点；

●错误处理：若程序因内在或外界因素跑飞，系统可通过看门狗程序实现系统的重启，保证系统长时间在线。

（2）产品特色。

●集成光电转换模块及锂电池，实现光能供电，无需市电供应；

●集成无线模块，实现无线传输，无需电缆连接；

●附带可变高度不锈钢立杆及支架，立杆插地式安装，在棚内任意位置即插即用，安装、使用方便灵活。

（3）技术指标。

●测量范围：0~10ml/L；

●测量精度：±0.03ml/L；

●工作环境：0~50℃，0~95%RH；

●通信方式：433MHz无线通信；

●供电方式：太阳能供电，3.7V 2 000mAh锂电；

●功耗性能：平均功耗≤8mW，支持连续7个阴雨天正常工作；

●外形尺寸：132mm×69.5mm×63mm（长、宽、高，不含外部天线及传感器）；

●安装方式：可变高度不锈钢立杆插地式安装或吊装。

2. 技术原理

CO_2浓度传感器具有0.5~4.5V模拟线性电压信号输出，浓度越高电压越高。也可通过串口UCHAR输出，串口UCHAR信号可接直接接单片机IO口。采用NDIR红外技术对CO_2具有很好的选择性；模块重量轻、体积小巧、使用安装方便，具有使用寿命长、稳定性高、响应快等特点。

CO_2浓度传感节点工作流程，如图3-8所示。

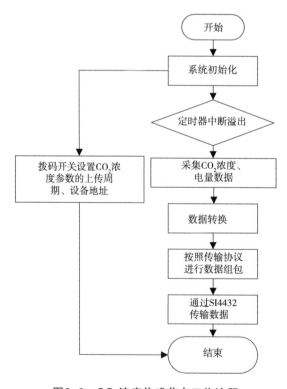

图3-8 CO_2浓度传感节点工作流程

根据CO_2浓度的传输特点，MCU按照一定周期读取传感器的数据，转换成CO_2浓度值，之后读取电池剩余电量，按照协议将数据组包传输给网关节点，完成一次数据的采集。

（五）"智农云宝"光照强度无线传感节点（图3-9）

图3-9　光照强度传感节点

1.产品功能及技术指标

（1）功能要点。

●数据采集：实时监测作物生长环境中的光照强度数据；

●电量信息采集：实时获取电池剩余电量信息；

●数据组包：按既定通信协议对光照强度、剩余电量信息组包传输；

●数据校验：数据包的组包过程中含有数据校验信息，确保数据传输过程中数据不出现任何错误；

●无线通信：将按既定协议组包的采集数据，通过SI4432短距离无线通信与网关节点通信，将组包数据上传至网关节点；

●错误处理：若程序因内在或外界因素跑飞，系统可通过看门狗程序实现系统的重启，保证系统长时间在线。

（2）产品特色。

●集成光电转换模块及锂电池，实现光能供电，无需市电供应；

●集成无线模块，实现无线传输，无需电缆连接；

●附带可变高度不锈钢立杆及支架，立杆插地式安装，在棚内任意位置即插即用，安装、使用方便灵活。

（3）技术指标。

● 测量范围：0 ~ 65 535lx

● 最小分辨率：1lx

● 通信方式：433MHz无线通信；

● 供电方式：太阳能供电，3.7V 2 000mAh锂电；

● 工作环境：−30 ~ 80℃，0 ~ 100%RH；

● 功耗性能：平均功耗≤5mW，至少支持连续7个阴雨天正常工作；

● 外形尺寸：132mm × 69.5mm × 63mm（长、宽、高，不含外部天线及传感器）；

● 安装方式：可变高度不锈钢立杆插地式安装。

2. 技术原理

BH1750是一种用于两线式串行总线接口的数字型光照强度传感器集成电路。利用其高分辨率可以探测较大范围的光照强度变化（1 ~ 65 535lx）。传感器内置16bitAD转换器，直接数字输出，省略复杂的计算，省略标定，不区分环境光源，接近于视觉灵敏度的分光特性，可对设施蔬菜种植环境下的光照强度进行1lx的高精度测定。

光照强度参数采集流程，如图3-10所示。

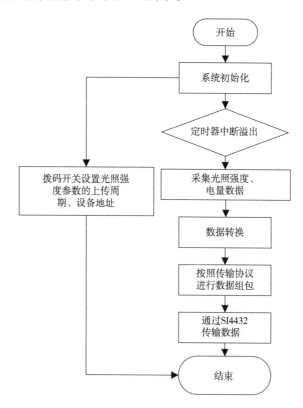

图3-10　光照强度参数采集流程

BH1750与MCU为SPI通信，拨码开关可以设置数据上传周期，MCU读取光照值及剩余电量值，重新组包，通过443MHz无线通信上传至网关节点。

二、"智农云宝"系列多参数无线传感节点

不同于单参数无线传感节点分散式独立安装的特点，"智农云宝"多参数无线传感节点（图3-11）将空气温室度、土壤温度、土壤水分、光照强度、CO_2浓度等设施蔬菜环境的常规六参数集成到一起，通过液晶屏本地实时显示，同时通过433MHz无线通信的方式，将六参数数据上传到网关节点。

图3-11　农业环境多参数无线采集节点

1.产品功能及技术指标

（1）功能要点。

●数据采集：实时监测作物生长环境中的常规六参数数据；

●电量信息采集：实时获取电池剩余电量信息；

●数据组包：按既定通信协议对六参数、剩余电量信息组包传输；

●数据校验：数据包的组包过程中含有数据校验信息，确保数据传输过程中数据不出现任何错误；

●无线通信：将按既定协议组包的采集数据，通过SI4432短距离无线通信与网关节点通信，将组包数据上传至网关节点；

错误处理：若程序因内在或外界因素跑飞，系统可通过看门狗程序实现系统的重启，保证系统长时间在线。

（2）产品特色。

●集成无线模块，实现无线传输，无需电缆连接；

●附带可变高度不锈钢立杆及支架，立杆插地式安装。

（3）技术指标。

●核心处理器：ARM Cortex-M3内核，36MHz；

●通信方式：433MHz无线通信；

●本地显示：LED液晶屏；

●工作温度：-10~60℃，0~95%RH；

●供电方式：AC220V；

●安装方式：可变高度不锈钢立杆插地式安装。

2. 技术原理

空气温湿度传感器、土壤温度传感器与中央处理器通过IIC总线方式通信，光照强度传感器与中央处理器为SPI通信，土壤水分传感器、CO_2浓度传感器输出为模拟信号，接入中央处理器的AD接口。中央处理器按照设置好的采集周期，定时采集六参数数据，在液晶屏上实时显示，同时通过433MHz无线通信传输到网关节点。

多参数无线传感节点工作流程，如图3-12所示。

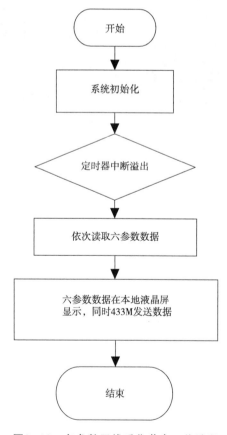

图3-12 多参数无线采集节点工作流程

三、"智农云宝"无线网关节点

"智农云宝"无线网关节点如图3-13所示。

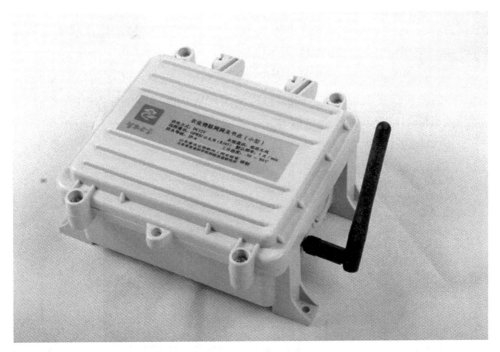

图3-13　"智农云宝"无线网关节点

1.产品功能及技术指标

（1）功能要点。

●采集棚内各无线传感节点的数据，实现数据汇集和转发；

●本地与远程双向传输，即时转发上行数据与下行指令；

●自动连接至山东省农业物联网云服务平台（智农云平台），将采集的数据实时上传至云平台，并接收云平台下传指令，实现反馈控制；

●附带可变高度不锈钢立杆及支架，立杆插地式安装，在棚内任意位置即插即用，安装、使用方便灵活。

（2）技术指标。

●核心处理器：ARM Cortex-M3内核，36MHz；

●本地通信方式：433MHz无线通信（采集）+RS485有线通信（控制）；

●远程通信方式：以太网/GPRS；

●数据采集频率：可进行远程设置和调整；

●工作环境：-40~80℃，0~100%RH；

●供电方式：AC220V；

●防护等级：IP65；

● 外形尺寸：163mm×145mm×72mm（长、宽、高，不含外部天线）；

● 安装方式：立杆插地或壁挂安装。

2.技术原理

"智农云宝"无线网关节点由采集模块、处理模块、通信模块和电源模块4部分组成。采用MSP430和STM32微控制器以及W5 500高速以太网控制芯片搭建网络系统，结构简单、易于实现，充分发挥了MSP430芯片低功耗和STM32芯片Cortex-M3内核低成本的特性；同时直接使用了W5 500固化的TCP/IP协议站，实现嵌入式系统与以太网网络的互联互通。

无线网关节点工作流程图，如图3-14所示。

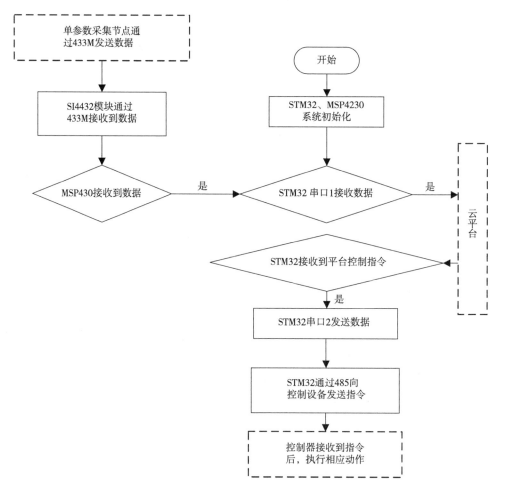

图3-14　无线网关节点工作流程

四、"智农云宝"多参数采传一体节点

"智农云宝"多参数采传一体节点如图3-15所示。

图3-15 "智农云宝"多参数采传一体节点

"智农云宝"多参数采传一体节点是一款集成产品,它将单参数传感节点、多参数传感节点和网关节点的主要功能特点集成于一体,可采集空气温湿度、土壤水分、土壤温度、光照强度、光合辐射、CO_2浓度、土壤EC、土壤盐度、土壤pH值等多种参数,数据即采即传,可分别用于温室大棚、现代果园、设施养殖等多种农业生产环境数据的精准采集和实时监测。

1.产品技术指标

(1)主要技术指标。

●以太网远程传输,即时转发上行数据;

●可远程设置和调整数据采集频率;

●本地RS485通信,标准MODBUS协议;

●可接入8路支持RS485通信传感器;

●IP65防水壳体,AC220V市电供电;

●可变高度不锈钢立杆插地安装。

(2)空气温湿度参数指标。

●温度测量范围:−40 ~ 60℃;

●温度测量精度:± 0.4℃;

●温度测量范围:0 ~ 100%RH;

- 湿度测量精度：±3%RH；
- 工作温度：-40~85℃；
- 供电方式：DC12V；
- 功耗性能：平均电流≤1mA；
- 通信方式：RS485通信。

（3）光照强度参数指标。

- 量程范围：0~200 000lx；
- 测量精度：±5%；
- 工作环境：-20~55℃，0~95%RH；
- 工作电压：DC12~24V；
- 工作电流：约5mA；
- 通信方式：RS485通信。

（4）土壤温度参数指标。

- 测量范围：-40~60℃；
- 测量精度：±0.5℃；
- 供电方式：DC12V；
- 通信方式：RS485通信。

（5）土壤水分参数指标。

- 测量范围：0~100%；
- 测量精度：±3%（m^3/m^3）；
- 工作温度：-10~60℃；
- 供电方式：DC12V；
- 稳定时间：通电后1s内；
- 探针材料：不锈钢；
- 通信方式：RS485通信。

（6）其他参数指标：略。

2. 技术原理

该设备由传感器、数据采集器和嵌入式系统3部分组成。设备采用模块化设计，可根据用户需要（测量的环境要素）灵活增加或减少相应的模块和传感器，任意组合、方便快捷的满足各类用户的需要。与云平台相连可分项查看数据，按需要生成图表实现统计分析和准确预报。

该节点（主设备）与传感器（从设备）之间通过基于RS485的Modbus-RTU进行通信。当Modbus主设备想要从一台从设备得到数据的时候，主设备发送一条包含该从设备站地址、所需要的数据以及一个用于检测错误的CRC校验码。

所有其他设备都可以接收到这条信息，但是只有地址被指定的从设备才会作出反应。接收端根据同样的规则校验，以确定传送是否出错。

基于RS485的Modbus-RTU通信协议通信数据包格式为：

0xaa	设备地址	功能类型	数据长度	数据高位	数据地位	校验码

多参数采传一体化节点数据采集流程如图3-16所示。

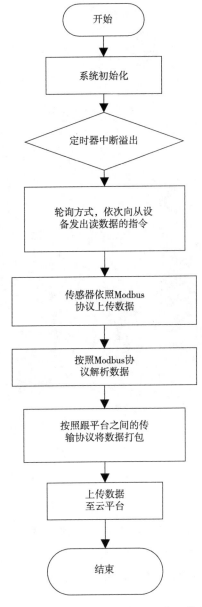

图3-16　"智农云宝"多参数采传一体节点

"智农云宝"多参数采传一体节点根据设置的采集时间以轮询方式询问各传

感器，各传感器收到指令后上传相应数据，多参数采传一体节点依照与平台间的协议，对数据进行解析、从组、打包、上传，完成数据的采集。

五、"智农云宝"气象信息采集站

"智农云宝"气象信息采集站如图3-17所示。

图3-17 "智农云宝"气象信息采集站

该设备是一款集农田气象环境数据采集、存储、传输和管理于一体的物联网采集系统，按照世界气象组织WMO气象标准研制开发，可同时监测空气温度、空气湿度、光照强度、土壤温度、土壤水分、风速、风向、雨量等诸多要素，具有自动采集、自动记录、实时时钟、远程通信等功能。

1. 主要功能

该设备由气象传感器、气象数据采集器和嵌入式系统3部分组成。设备采用模块化设计，实时采集空气温湿度、土壤水分、土壤温度、光照强度、光合有效辐射、风速、风向、雨量、PM2.5/PM10等参数，可根据用户需要（测量的气象要素）灵活增加或减少相应的模块和传感器，任意组合、方便快捷的满足各类用户的需要。与云平台相连可分项查看数据，按需要生成图表实现统计分析和准确预报；通过手机App软件可以随时随地掌握气象变化情况。

2. 产品技术指标

（1）主要技术指标。

● 核心处理器：ARM Cortex-M3内核，36MHz；

● 远程通信方式：以太网；

● 本地通信方式：RS485总线；

● 采集频率：可进行远程设置和调整；

● 工作温度：-40~60℃；

● 供电方式：AC220V。

（2）空气温湿度参数指标。

● 温度测量范围：-40~60℃；

● 温度测量精度：±0.4℃；

● 湿度测量范围：0~100%RH；

● 湿度测量精度：±3%RH；

● 供电方式：DC12V；

● 功耗性能：平均电流≤1mA；

● 采用13层百叶箱壳体，内径Φ61m，外径Φ138mm；

● 通信方式：RS485通信。

（3）土壤温度参数指标。

● 测量范围：-10~60℃；

● 测量精度：±0.5℃；

● 供电方式：DC12V；

● 通信方式：RS485通信。

（4）土壤水分参数指标。

● 测量范围：0~100%；

● 测量精度：±3%（m^3/m^3）；

● 工作温度：-10~60℃；

● 供电方式：DC12V；

● 稳定时间：通电后1s内；

● 探针材料：不锈钢；

● 通信方式：RS485通信。

（5）光照强度参数指标。

● 量程范围：0 ~ 200 000lx；

● 测量精度：± 5%；

● 工作电压：DC12 ~ 24V；

● 工作电流：约5mA；

● 工作环境：−20 ~ 55℃，0 ~ 95%RH；

● 通信方式：RS485通信。

（6）风速参数指标。

● 量程范围：0 ~ 30m/s；

● 启动风力：≥1级风；

● 工作电压：DC12 ~ 24 V；

● 通信方式：RS485通信；

● 工作环境：−20 ~ 50℃，0 ~ 95%；

● 安装方式：水平支架安装，确保风速数据准确。

（7）风向参数指标。

● 量程：0 ~ 360º；

● 启动风力：≥0.8m/s；

● 工作电压：DC12 ~ 24V；

● 通信方式：RS485通信；

● 平均功耗：≤300mW；

● 工作环境：−20 ~ 55℃，0 ~ 95%；

● 安装方式：水平支架安装，确保风向数据准确。

（8）雨量参数指标。

● 测量范围：0 ~ 4mm/min；

● 分辨率：0.2mm；

● 测量误差：± 3%（测试雨强2mm/min）；

● 通信方式：RS485通信；

● 工作电压：DC12 ~ 24V；

● 工作环境：−10 ~ 80℃，0 ~ 95%；

● 承水口径：ϕ200mm+0.6mm，外刃口角度45º；

● 安装方式：水平支架安装，确保雨量数据准确。

（9）其他参数指标：略。

3. 技术原理

气象信息采集站由传感器、数据采集器和嵌入式系统3部分组成。气象信息采集站（主设备）与传感器（从设备）之间通过基于RS485的Modbus-RTU进行通信。当Modbus主设备想要从一台从设备得到数据的时候，主设备发送一条包含该从设备站地址、所需要的数据以及一个用于检测错误的CRC校验码。总线上所有其他设备都可以接收到这条信息，但是只有地址被指定的从设备才会作出反应。接收端根据同样的规则校验，以确定传送是否出错。

气象信息采集站工作流程如图3-18所示。

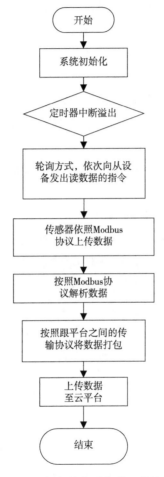

图3-18 气象信息采集站工作流程

气象信息采集站根据设置的采集时间以轮询方式询问各传感器，各传感器收到指令后上传相应数据，气象信息采集站依照与平台间的通信协议，对数据进行解析、重组、打包、上传，完成数据的采集。

该产品具有技术先进、测量精度高、数据容量大、运行稳定可靠等突出优点，可广泛用于农业科技园区、试验基地、专业合作社、家庭农场等。

第二节 设施蔬菜物联网环控设备

一、温室大棚一体化控制器

我国是人口大国，对蔬菜等农产品的需求量大，为了打破季节性和地域性对蔬菜种植的影响，很多地方已经采用温室大棚等设施类型进行生产。目前温室大棚生产大部分还处于粗放式管理阶段，设施内的灌溉、光照、施肥等大多依照传统的种植经验，没有精确数据来进行管理，现代化水平远远落后于发达国家。要实现温室大棚的精细管理，需要引入农业物联网技术，充分利用空气温湿度、土壤温度、土壤水分、光照、CO_2等传感器收集温室大棚信息，通过无线通信技术将数据传到网关节点上，网关节点通过互联网技术将底层数据传送到上层应用程序中，应用程序根据得到的数据进行分析，得出最优控制策略，从而达到精确控制温室大棚环境的目的。

目前我国温室大棚环境控制技术存在如下主要问题。

（1）温室大棚环境调控水平落后。我国设施园艺以日光温室和塑料大棚为主，结构简易，设施水平低，温室大棚环境控制方式大多采用手动机械操作和单因子自动控制方式，对温度、湿度、光照强度等环境因子的调控能力弱，缺乏综合考虑多种环境因子的先进控制策略。

（2）网络化程度低。设备控制多针对单体温室大棚，缺乏对温室群的集中监控；温室大棚监控局限于种植基地本地，不具备基于广域网络的远程监控功能。

（3）生产过程科学性不足。温室大棚的运行管理和栽培技术获取停留在依靠经验管理的水平上，缺乏先进的管理模式和决策机制。

温室大棚的广泛应用有效地解决了我国对蔬菜等农产品需求日益增长的问题。但对于温室大棚综合控制技术涉及的计算机、控制、传感、生物等多方面的技术，由于缺乏核心技术的支撑，在规模配套设施完善、机械灵敏度、控制系统的全面稳定等技术方面与农业发展先进国家还存在着一定的差距。面对这样的情况，研发农业温室环境一体化控制设备就显得尤为重要。

（一）温室大棚一体化控制器概述

温室大棚一体化控制技术是综合性非常强的一门技术，它是当代农业生物学技术、环境工程学技术、自动控制技术、计算机网络技术、管理科学技术等多种技术的综合应用，其主要目的是改善环境条件，使作物生长在最佳的环境状态，从而达到调节作物的产期，并且促进作物生长发育、降低病虫害发，生进而使作物的质量、产量等得到大幅度的提升。

基于我国国情，设计研发一套效率高、成本低，并且具有独立性知识产权的设施蔬菜大棚一体化控制器非常重要。与传统温室大棚控制方式相比，设施大棚一体化智能控制系统有重大的现实意义。首先，可以提高温室大棚控制的自动化水平，改变了以往根据经验粗放管理的作业模式，通过监测设施大棚一体化控制器采集的数据，可以实现对作物生长环境的精确控制，促进作物生长，提高作物产量；其次，农业环境一体化控制器还可以嵌入自动控制模型，能够根据温室大棚内的环境参数进行自主调节，节省了人工劳动成本。所以，开发一套功能完善的温室大棚环境一体化控制器，具有重大的经济效益与社会意义。

温室大棚环境一体化控制器主要包含以下两个功能。

（1）监测功能。温室大棚环境一体化控制器可在线监测温室大棚空气温度、空气湿度、土壤水分、土壤温度、光照强度、CO_2浓度6种对农作物影响显著的环境因子，还可以监测温室大棚内一些控制设备的状态信息。同时，这些环境参数信息和设备状态信息可以上传到远程服务器，通过网络浏览器和手机App能够进行远程查询。

（2）控制功能。控制功能主要是通过农业环境一体化控制器对温室大棚内的辅助设备进行控制，以使温室大棚内的环境能够达到适合农作物生长的状态。系统控制指令的下达包括手动和自动两种方式。手动控制方式包含两部分：一是在温室大棚现场内，通过一体化控制器的触摸屏和一些机械开关按钮的方式控制设备启停；二是脱离现场，通过手机App，或者通过网络浏览器登录云服务平台进行远程手动控制。自动控制方式需要在农业环境一体化控制器或者云服务平台端嵌入智能控制策略，能够根据采集到的环境参数信息，进行自主调控，将温室大棚环境保持在适宜的水平。

（二）温室大棚环境控制技术发展趋势

随着现代农业、工业技术及计算机技术的发展与进步，温室大棚环境控制系统也正在向着智能化、信息化、优质、高效、低耗等方向发展。以温室大棚为例，介绍一下温室大棚控制技术的发展趋势。

（1）多影响因子控制方式。温室大棚内的空气温度、空气湿度、光照强度、CO_2浓度等相互之间具有很强的耦合性，其中某一环境因子的变化将对其他环境因子产生影响，所以单因子控制方法将难以实现温室大棚内环境的调节，这就要求控制方式由单因子控制向多因子控制方向发展，提高温室大棚环境控制的效果。

（2）控制方式智能化。随着科学技术的飞速发展，温室控制系统的自动化水平不断提高，由原来单一的数据采集和控制，向着以专家系统为代表的智能化系统发展。由于温室环境的控制过程极其复杂，它是具有变量多、耦合强、干扰大、非线性、时滞性的复杂系统，其数学模型难以建立，因此常规的工业控制方法很难实现。美国、荷兰、日本等一些温室技术比较先进的发达国家，开始将模糊控制、神经网络控制、遗传算法等先进的控制算法应用到温室控制系统中，温室生产基本实现了自动化及智能化。

（三）影响温室大棚环境的主要因素及调控方法

在露天培育条件下，农作物不可避免地经历大风、霜冻和高温等不利环境条件，造成作物减产甚至绝收，而温室大棚内部的环境条件可以通过各类设备调控持续保持在适宜水平，可有效提高作物产量与质量。温室大棚生产过程中需要调控的环境因子主要包括空气温度、空气湿度、光照强度和CO_2浓度，关于土壤方面主要有土壤温度、土壤湿度等。

（1）空气温度和土壤温度。空气温度是温室大棚里最重要的环境因子，作物的光合作用过程和呼吸作用过程都与空气温度密切相关。作物在不同生理过程中对空气温度的要求不同，根据该生理特点，不同作物及同一作物的不同生长发育阶段需要保持不同的温度水平。此外，一般作物生长需要保持一定的昼夜温差，先进的变温管理模式将一天分为更多时间段，每个时间段内将温度维持在不同水平上，因此在温室大棚温度调控过程中需要制定科学的温度管理模式。

土壤温度影响着植物的生长、发育和产量的形成。土壤中各种生物化学过程，如微生物活动所引起的生物化学过程和非生物化学过程，都受土壤温度的影响。土壤温度很大程度上取决于空气温度，空气温度上升会引起土壤温度上升，空气温度降低会引起土壤温度的降低，只是土壤温度的变化幅度没有空气温度变化幅度大。

空气温度的调控过程主要包括升温和降温两个方面。升温方式主要包括热水采暖、热风采暖和电热采暖等方式；降温方式主要包括通风、遮阳和水分蒸发等方式。需要注意的是，空气温度和空气湿度之间具有强烈的耦合关系，升温和降温都会影响到大棚空气湿度变化，制定控制策略时需要考虑它们之间的相互影响。

（2）空气湿度和土壤湿度。水分是作物生长发育所需的极其重要的环境因子，水分占作物生理组成的绝大部分，作物一般含水量为60%～80%，作物光合作用、呼吸作用和蒸腾作用等生理过程都离不开水的参与，空气湿度和土壤湿度共同决定温室大棚内部的水环境。不同作物在不同生长时期对水分的要求不同，空气湿度和土壤湿度的调控应根据作物种类和生长阶段的不同而进行。

土壤水分对农作物的生长起到重要作用，土壤中所含的水分以及在给植物施肥时，植物通过根部毛细导管吸收；同时，作物进行光合作用所产生的有机物质，需要通过植物体内的水分才能运送到植物体的各个部分。如果土壤中严重缺水，则会使作物严重脱水致使细胞死亡，从而导致作物枯死；土壤水分太多，则会导致土壤中氧气含量少，作物的根部呼吸作用减弱，从而导致作物减缓营养吸收，会发生作物沤根，严重的会使植物萎蔫甚至死亡。

温室大棚本身是一个密闭的微环境，空气湿度一般处于较高的水平，所以空气湿度的调节一般多为降湿操作。温室大棚通风是降低空气湿度最简单有效的方式，此外，也可通过除湿器降湿，其原理为采用吸湿材料吸附空气中过多的水分。土壤湿度的调节主要依靠滴灌和喷灌等先进的灌溉方式精确调节所需要的灌溉量。

（3）光照强度。光照强度对作物光合作用具有重要影响。光合作用积累有机物的速率随着光照强度的增大而加快，但光照强度超过临界值"光饱和点"后，该速率将不再加快而是保持在一定水平。当光照强度降低到某一水平后，作物的生长发育受到限制，需要人工补光操作提高光照强度，该水平上的光照强度称为"光补偿点"。因此，光照强度过低或过高都不利于作物生长。

对光照强度的调节主要涉及补光操作和遮光操作，前者主要利用人工光源在自然光不足的情况下提高设施内光照强度，或在光照时间不足情况下延长光照时间；后者利用遮阳网等设备降低设施内光照强度，以免作物长时间处于强光和高温的条件下。

（4）CO_2浓度。光合作用积累有机物的速率除了受水分和光照影响外，CO_2浓度也是一个重要的因子，被称为农作物的"粮食"。多数农作物的光合作用所需的CO_2浓度为0.1%左右，而大气中的CO_2浓度仅为0.03%左右，达不到作物所需的理想浓度，这严重限制了农作物产量，需要在特定情况下人工补充CO_2。但CO_2浓度过高也会限制农作物生长，浓度过高会使作物叶面气孔关闭，降低光合作用强度。

温室大棚生产过程中多进行提高CO_2浓度的措施。在光合作用过多地消耗掉设施内的CO_2时，可通过通风和CO_2施肥等操作提高CO_2浓度。

温室大棚内部环境是一个多变量、非线性、大惯性、强耦合的复杂系统。各类环境因子并不是彼此孤立存在，而是相互影响的，对一种环境因子的调控过程必然会带来其他环境因子的改变。例如，加热设备提高空气温度的同时也在降低空气湿度；通风操作同时降低温度、湿度和CO_2浓度。因此，采用人工经验管理方式和单功能自动控制方式，难以将温室大棚环境因子维持在最佳状态。温室大棚环境调控需要综合考虑各种环境因子的影响，而温室大棚智能控制技术发展使温室大棚的最优控制成为可能。

二、网络结构与控制模式

依据温室大棚环境控制目标及参数特点，以物联网技术为支撑，设计了温室大棚智能控制系统，实现温室大棚环境参数的全面感知、可靠传输与智能处理，达到温室大棚自动化、智能化、网络化和科学化生产的目标。

（一）网络结构

系统基于典型物联网体系架构，大体沿用了基本的3层结构设计，包括感知层、网络层和应用层，如图3-19所示。

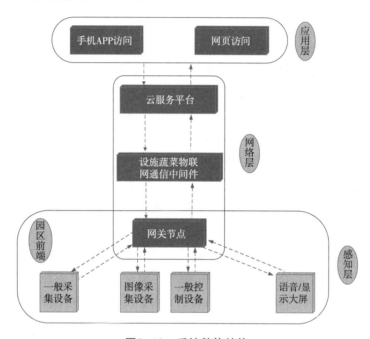

图3-19 系统整体结构

（1）感知层是物联网的底层，其功能主要是通过传感器采集物体上的各类信息。感知层是对温室大棚小气候环境信息进行全面感知，为温室大棚的自动控制和智能决策提供准确、科学、全面的依据，是农业物联网最核心和最基础的部分。同时，感知层还包括一些控制设备，能够根据采集到的节点数据对环境信息进行调节，从而使温室大棚保持在适合作物生长的环境下。

（2）网络层的主要功能是通过各类通信协议，将感知层中采集的信息传输至云服务平台，云服务平台层则是以云计算为核心，将传感器在物体上采集到的数据进行汇总和处理。网络层建立在局域网、移动通信网和互联网的基础上，实现应用层和远程用户对感知层数据的获取和决策命令的下达。在网络层的通信协议中，主要分为近距离通信、远距离蜂窝通信和远距离非蜂窝通信三大类，常见的近距离通信有蓝牙、RFID、NFC、ZigBee等，远距离蜂窝通信主要有GSM（2G）、LTE（4G）以及NB-IoT等，远距离非蜂窝通信常见的有WiFi和LoRa。

不管使用什么样的方式进行组网，最终的目的是要将感知层的数据传送到云服务平台，并且能够将应用层下发的控制指令传送到感知层的控制设备上。

（3）应用层是物联网产业链的最顶层，是面向用户的应用。应用层通过对获取的温室大棚各类信息进行融合、处理、共享，获得准确可靠的环境信息，为温室大棚的自动控制和精准运行提供决策指导，本书设计的农业一体化控制器就是面向用户的一种集数据显示、设备控制等于一体的集控系统。

（二）控制模式

温室大棚环境一体化控制器控制方式如图3-20所示。温室大棚环境一体化控制器需要放置在园区前端，主要控制方式分为手动控制和自动控制两种模式。

手动控制模式下，既可以在温室大棚内通过一体化控制器触摸屏或者设备操作按钮进行设备控制操作，也可以通过手机App或者云平台进行远程手动操控设备，远程模式下，控制指令通过互联网将指令送到一体化控制器，然后进行设备控制操作。

自动控制模式下，一方面，通过在一体化控制器内嵌入自动控制模型，一体化控制器能够根据采集到的环境信息进行自我调节，自主进行设备操控，给作物创造最适宜的生长环境；另一方面，也可以在云服务平台上嵌入自动控制模型，通过对数据库中采集的大量数据进行分析，得出最优控制策略，最后将设备控制指令下发到一体化控制器上，从而调节温室大棚环境参数。

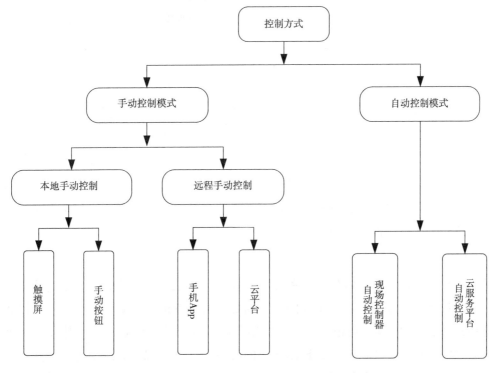

图3-20　温室大棚环境一体化控制器控制方式

設施蔬菜物联网云平台及系列智能装备研发与应用

（三）系统功能设计

本系统选取温室大棚内的空气温度、空气湿度、光照强度、土壤温度、土壤水分以及CO_2浓度来作为系统的被控制量，其中将空气温度和空气湿度作为主要的被控对象，将加热、加湿、遮阳网、天窗/侧窗、风机、水肥机等执行机构作为控制手段，对温室大棚内的环境状态进行调控，从而使温室大棚内的环境达到植物生长所需条件的最佳状态。设计的温室大棚环境一体化控制器其系统总体结构，如图3-21所示，主要由 3 部分组成：农业环境一体化控制器、带433无线传输模块的采集节点以及执行机构。

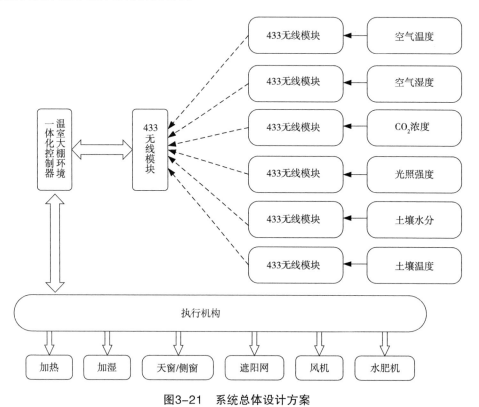

图3-21 系统总体设计方案

通过本设计，基于物联网技术的智能温室大棚系统能够将无线传感网络、执行设备、智能温室大棚管理系统以及用户终端设备等组合起来，实现本地和远程控制功能，具体包含如下功能。

1.数据查询

该温室大棚环境一体化控制系统涵盖农业中常见的各类传感器，通过分析和研究，对温室大棚中每类传感器的数量和部署的位置进行了确定。各类传感器通过433无线传输协议进行组网，各类传感器的数据最终在农业环境一体化控制器处汇聚。通过农业环境一体化控制器上的触摸屏，可实现对系统中各个传感器节点采集数据的查看，也可对各传感器历史数据进行查询，并可通过相应的历史曲线图，直观地观察数据变化的总体趋势。

2. 系统控制

系统控制功能可分为手动控制和自动控制两种方式。手动模式即用户通过自己长期的管理经验来人为地下发控制指令。自动控制模式下可以进行控制规则的添加，系统能够根据规则作出相应决策，下发控制设备动作的命令。

3. 连接云平台

农业环境一体化控制器能够将采集到的环境参数信息上传到云服务平台，同时还可以接收云服务平台下发的控制指令。

4. 报警功能

温室大棚环境一体化控制器还具备报警功能。当环境参数达到设置的阈值，一是可以通过一体化控制器的触摸屏看到"红色报警框"显示报警信息，二是能够进行手机App推送报警、手机短信报警等报警功能。

（四）本地手动控制

为了提高现场控制系统的人机交互能力，现场一体化控制系统配备彩色触摸屏，用户在触摸屏上可以实现参数查询、参数设置和设备控制等功能，一体化控制器外观如图3-22所示。触摸屏的应用不但使控制过程更加清晰与灵活，还减少了按钮和仪表等仪器的使用，控制流程如下。

通过点击触摸屏界面上的"环境调控"按钮，就会进入环境调控界面。环境调控界面包含几个小版块：通风机控制、暖风机控制、补光灯控制、门锁控制等。

以通风机控制为例，当发现温室大棚内空气温度过高，需要打开通风机的时候，点击"通风机控制"小版块下面的"开启"按钮，按下按钮之后触摸屏通过RS485的通信方式将控制指令信息发送到一体化控制器内的设备控制板卡。

控制板卡上的单片机收到指令后，打开与通风机相关联的开关继电器，此时通风机已经打开。

当通风机已经开启之后，控制板卡还会监测此时通风机的状态，以确保通风机是否已经开启。不论通风机是否开启，控制板卡都会将通风机此时的状态返回到触摸屏，触摸屏上会显示此时通风机的状态，这样用户通过触摸屏就能观察到设备的当前状态。

当触摸屏接收到设备状态信息之后，不仅仅是将设备状态显示在触摸屏界面上，同时还要将设备的状态经过网关节点返回到云服务平台，以便远程观察设备的运行状态。

此时本地手动控制开启通风机流程完毕，如果需要关闭通风机，按下关闭通风机的按钮之后，具体的流程同开启通风机是一样的。

图3-22　温室大棚环境一体化控制器

（五）远程手动控制

远程手动控制涉及云管理技术。云管理技术是一门综合多学科交叉的技术体系理念，其中主要内容涉及云计算技术、计算机网络通信技术、无线传感技术、数据安全保密技术等。云管理通过借助这些技术组建大型的数据资源池，在平台上完成对数据的大容量存储，统计分析与在线管理功能，同时具有超高的安全保密协议，不必担心重要资料的泄露。

在传统计算环境中，软件安装在用户的计算机上，当用户同时运行和管理多个软件时，需要在不同窗口之间进行切换；在云计算环境中，软件将安装在云端，用户借助浏览器通过网络远程使用软件，对软件的全部操作都在浏览器中完成，当需要在不同软件之间切换时，仅需在浏览器的不同页面之间切换即可。

用户可以通过登录手机App或者云平台界面来进行设备控制。手机端和云平台端远程控制方式和流程是一样的。以云平台远程控制过程进行说明，云平台控制界面如图3-23所示。

通过"控制状态"界面，可以对温室大棚内的设备进行远程操控，以大棚卷帘控制为例。

①当需要"收帘"时，可以点击"收帘"按钮，当前界面会提示"指令已发送成功"。

②控制指令会经过农业物联网通信中间件，下发到温室大棚网关节点。

③温室大棚网关节点收到云平台发来的控制指令，将控制指令信息发送到一体化控制器上。

④一体化控制器对控制指令进行解析后，将指令发送到控制板卡。

⑤控制板卡单片机收到指令后，进行收帘操作，同时，控制板卡会检测此时卷帘的状态，并将卷帘状态返回到一体化控制器，此时，触摸屏上会显示"正在收帘"的状态。

⑥除了要在触摸屏上显示当前卷帘状态以外，同时还要将状态发送到云服务平台，卷帘状态通过温室大棚网关节点返回到云平台界面，在云平台端控制状态下面的卷帘板块的状态栏会显示"正在收帘"，同时下方会显示操作时间，此时完成"收帘"操作。

图3-23 云平台设备控制界面

传统的农业生产模式已经跟不上我国的现代化步伐，农业管理也需要与时俱进。在温室大棚的控制系统中引入云管理技术不仅可以实现对环境参数的更及时、更精确调控，使作物生长迅速，增加作物产量，提高人们的生活水平；同时也体现了信息技术进步对农业的巨大推动作用。基于云管理技术的温室大棚控制系统不仅能带来良好的经济效益，对社会来说也会产生深远的影响。

（六）自动控制

在自动控制模式的设计中，重点在控制规则的确定，规则的核心为条件判断。影响作物生长状态的环境参数较多，系统可以允许各类规则的定义和添加，如空气温度、空气湿度、光照强度等参数条件。以番茄为例，番茄是适宜在温暖气候中生长的植物，温度范围控制在15~33℃均能正常生长，其中白昼生长温度值和各个生长周期的温度值会有一定的差异。一般而言，以日间22~25℃、夜间15~18℃时为番茄最优生长温度。温度过高或过低都会使番茄停止生长或产生病变甚至引起死亡。假设预先设定高温阈值为35℃，当实时采集温度数据低于预设值则控制系统不动作；当实时数据高于预设值时，发出相应报警并发出相应控制指令，触发降温设备进行工作，确保番茄适宜的温度环境。

自动控制模式下，一体化控制器能够根据采集到的环境信息自己进行设备调控。由于温室大棚环境具有非线性、时变、大时滞、多变量耦合等特征，因此对温室大棚很难建立一个精确而又实用的数学模型，常规控制很难在温室大棚环境控制中达到理想的控制效果。

智能控制是指使用类似于专家思维方式建立逻辑模型，模拟人脑智力的控制方法进行控制。智能控制一般具有以下优点：①可以不完全依赖工作人员所具有的专业知识水平；②可以预测温室大棚环境的变化状态，提前作出预判断，从而尽可能解决温室大棚环境参数调节大且滞后的问题；③由于其全局统筹控制，可以解决各设备在进行调节时相互协调的问题，进而减少控制系统的超调和振荡；④可以实现自适应控制功能，根据作物的生长状态、环境参数的变化状态和各调节单元的运行状态自动调节作物的生长环境，实现最优生长。

智能控制最大的进步是将先进的控制算法加以应用，进而能够确保控制系统的稳定运行和控制精度，具有良好的鲁棒性。模糊控制是一种在不需要对被控对象建立精确数学模型的基础上，利用人的经验来控制不确定系统的一种控制策略。模糊控制是一种非线性智能控制方法，它不需要获得准确的研究对象模型，而是将人的知识和经验总结提炼为若干控制规律，并转化为计算机语言，从而模仿人的思维进行控制。这种策略正适合应用在温室大棚这种不易确定数学模型的复杂的控制系统中。

传统控制方法均是建立在被控对象精确数学模型的基础之上的，随着系统复杂程度的提高以及一些难以建立精确数学模型的被控对象的出现，人们开始探索一种简便灵活的描述手段和处理方法对此类复杂系统进行控制。结果发现，依靠操作人员的丰富实践经验可以得到比较好的控制结果，即在被控对象没有精确数学模型的情况下，控制策略可以模拟人的思维，然后把自然语言植入计算机内核。也就是说，模糊控制是建立在人思维模糊性基础上的一种智能控制方式。它的控制过程是用模糊语言控制规则来描述的而不需要用精确的数学公式来表示状态方程和传递函数。模糊控制在控制系统中的基本思想就是通过计算机来实现人的控制经验。

在温室大棚的环境中，可以将控制模型嵌入到一体化控制器内，本地控制器根据采集到的环境信息，根据模型算法得出控制策略，从而代替人工进行温室大棚环境调节；也可以将控制模型嵌入到云计算的监控平台上，云平台对数据进行算法分析，通过农业物联网通信中间件将控制指令发送到温室大棚网关节点，从而控制执行机构进行动作。不管采取哪种方式，最本质的控制算法都是一样的，都能够根据温室大棚环境信息进行自主调节，使环境达到作物生长的最佳状态。

模糊控制系统的基本组成原理（图3-24）。模糊控制是以模糊集合理论、模糊语言及模糊逻辑为基础的控制，它是模糊数学在控制系统中的应用，是一种非线性智能控制。模糊控制是利用人的知识对控制对象进行控制的一种方法，通常用"if条件，then结果"的形式来表现，所以又通俗地称为语言控制。一般用于无法以严密的数学表示的控制对象模型，即可利用人（熟练专家）的经验和知识来很好地控制。因此利用人的智力模糊地进行系统控制的方法就是模糊控制。

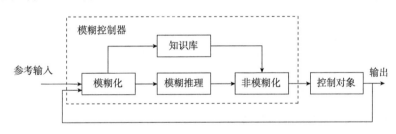

图3-24 模糊控制基本原理

它的核心部分为模糊控制器。模糊控制器的控制规律可以由计算机、单片机通过编写程序来实现。实现模糊控制算法的过程是：首先，从采集节点获取被控制量的精确值，然后将此量与给定值比较得到误差信号E；一般选误差信号E作为模糊控制器的一个输入量，把E的精确量进行模糊量化变成模糊量，误差E的模糊量可用相应的模糊语言表示；从而得到误差E的模糊语言集合的一个子集e（e实际上是一个模糊向量）；再由e和模糊控制规则R（模糊关系）根据推理的合成规则进行模糊决策，得到模糊控制量u为：

$$u=eR$$

式中，u为一个模糊量。为了对被控对象施加精确的控制，还需要将模糊量u进行非模糊化处理转换为精确量，得到精确数字量后，经数模转换变为精确的模拟量送给执行机构，对被控对象进行第一次控制；然后，进行第二次采样，完成第二次控制，这样循环下去，就实现了被控对象的模糊控制。

针对模糊控制的研究还在不断深入，模糊控制理论仍在快速发展，模糊控制未来将向着如下方向发展：①自校正模糊控制方法。这种方法可以对模糊控制中的模糊控制规则等参数进行实时调整，使模糊控制具有自学习性和自适应性；②多变量模糊控制方法。主要用来解决温室大棚这种具有多种输入变量和输出变量的强耦合系统，这种系统比单输入单输出系统更加贴近实际工程项目，多变量间的耦合问题和控制规则的急剧增加是研究的重点；③专家模糊控制方法。这种方法灵活应用专家系统，将专家系统对知识的表达方法融入模糊控制，使模糊控制更加智能；④智能模糊控制方法。将模糊控制算法与智能优化算法（如遗传算法、蚁群算法等）相结合，可以对模糊控制规则进行在线寻优，大大改善模糊控制的品质。

农业物联网即通过部署传感装置、计算设备、执行设备以及通信网络，实现"人、机、物"的相互连通。随着物联网在农业方面的应用日趋广泛和成熟，物联网技术将全面渗透到智能温室大棚控制领域，包括对农业对象的信息识别、定位追踪、环境监控和综合管理等。在温室环境智能化监控、产品可追溯和信息融合等方面，物联网技术都体现出了其独有的优势。物联网技术是世界设施农业发展的趋势，也是我国设施农业发展的必经之路。

第三节　设施蔬菜物联网水肥设备

一、水肥一体化精量施用系统

（一）水肥一体化概念

水肥一体化技术在国外叫做"Fertigation"，是"Fertilization（施肥）"的Ferti和"Irrigation（灌溉）"的gation"组合而成，意为灌溉和施肥结合的一种技术，我国翻译为水肥一体化。水肥一体化是将灌溉和施肥融为一体的农业新技术，是精确施肥与精确灌溉相结合的产物。借助压力系统或者地形自然落差，根据土壤养分含量和作物种类的需肥规律与特点，将可溶性固体或液体肥料配制成肥液，与灌溉水一起，通过可控管道系统均匀、准确地输送到作物根部土壤，浸润作物根系发育生长区域，使主根根系土壤始终保持适宜的水肥含量。

（二）发展历史及意义

水肥一体化技术起源于无土栽培技术，早在18世纪，英国科学家John Woodward利用土壤提取液配置了第一份水培营养液。1838年，德国科学家斯鲁兰格尔鉴定出来植物生长发育需要15种营养元素。1859年，德国科学家Sachs和

Knop提出了使植物生长的第一个营养液的标准配方,该营养液直到今天还在使用。1920年,营养液的制备达到标准化,但这些都是在实验室内进行的试验,尚未应用于生产。1929年,美国加利福尼亚大学的W F Gericke教授,利用营养液成功地培育出一株高7.5m的番茄,采收果实14kg,引起人们极大的关注,被认为是无土栽培技术由试验转向实用化的开端。

第二次世界大战期间,水培在生产上起到了相当大的作用。在Gericke教授指导下,泛美航空公司在太平洋中部荒芜的威克岛上种植蔬菜,用无土栽培技术解决了向航班乘客和部队服务人员供应新鲜蔬菜的问题。英国农业部也对水培进行了应用,1945年伦敦英国空军部队在伊拉克的哈巴尼亚和波斯湾的巴林群岛开始进行无土栽培,解决了蔬菜靠飞机由巴勒斯坦空运的问题。在圭亚那、西印度群岛、中亚的不毛沙地上,科威特石油公司等单位都运用无土栽培为他们的雇员生产新鲜蔬菜。由于无土栽培在世界范围内不断发展,1955年9月,在荷兰成立了国际无土栽培学会。当时只有一个工作组,成员12人。而到1980年召开第五届国际无土栽培会议时,会员人数已发展到45个国家的300个。20世纪以来,水肥一体化技术在无土栽培的基础上得到快速发展。1964年,随着以色列政府大力发展滴灌技术,著名的耐特菲姆公司成立,全国43万hm²耕地中有20万hm²采用加压灌溉系统。据不完全统计,全世界目前关于无土栽培的研究机构在130个以上,栽培面积也不断扩大。在新西兰,50%的番茄靠无土栽培生产;在意大利的园艺生产中,无土栽培占有20%的比重;在日本无土栽培生产的草莓占总产量的66%、青椒占52%、黄瓜占37%、番茄占27%,总面积已达500hm²。荷兰是无土栽培面积最大的国家,1986年统计已有2 500hm²。目前无土栽培技术已在全世界100多个国家应用发展。

我国水肥一体化技术的发展始于1974年,1980年我国第一代成套灌溉设备研制生产成功,1996年新疆引进了滴灌技术,经过了3年的试验研究,研究开发了适合大面积农田应用的低成本滴灌带。1998年开展了干旱区棉花膜下滴灌综合配套技术研究与示范,研究了与滴管技术相配套的施肥和栽培管理技术。

进入21世纪以来,我国高效节水灌溉特别是微灌技术得到了快速发展。截至2014年年底,我国高效节水灌溉工程面积达到1 606.7万hm²,包括低压管道输水灌溉826.7万hm²、喷灌313.3万hm²、微灌466.7万hm²。微灌发展最为迅速,微灌面积从2001年的21.53万hm²增加到2014年的466.7万hm²,年增微灌面积31.87万hm²,其中"十一五"期间年均新增微灌面积约30万hm²,"十二五"期间年均新增微灌面积约60万hm²,是"十一五"发展速度的2倍。全国微灌面积占全国高效节水灌溉面积的29%,微灌在水资源紧缺、生态脆弱、灌溉依赖程度高的西北地区发展较快。2014年西北6省区微灌面积达到的312.67万hm²,占全国微灌的67%,其中,新疆(含兵团)微灌工程面积高达290.27万hm²,占全国微灌工程面积的62%，占西北地区微灌面积的93%。2012年东北4省（区）节水增粮行动项目实施以来，微灌面积增长迅速，微灌面积由2011年年底的36.67万hm²发展到2014年的98.8万hm²，占全国微灌面积的21%。南方地区发展微灌面积33.67万hm²，占全国微灌总面积的7%，主要集中在山区、丘陵地区的果园、大田蔬菜、经济作物上。

从历史来看，农业文明的标志就是人类对作物生长发育的干预和控制程度。实践证明，对作物地上部分环境条件的控制比较容易做到，但对地下部分的控制（根系的控制）在常规土培条件下是很困难的。水肥一体化技术的出现，使人类获得了包括无机营养条件在内的，对作物生长全部环境条件进行精细控制的能力，从而使得农业生产有可能彻底摆脱自然条件的制约，完全按照人的愿望，向着自动化、信息化和工厂化的生产方式发展。这将会使农作物的产量得以几倍、几十倍甚至成百倍地增长。

水肥一体化可以缓解日益严重的耕地紧缺问题，从资源角度看，耕地是一种极为宝贵的、不可再生的资源，由于水肥一体化可以将许多不宜耕种的土地加以开发利用，所以使得不能再生的耕地资源得到了扩展和补充，这对于缓和及解决日益严重的耕地问题有着深远的意义。水肥一体化不但可以使地球上许多荒漠变成绿洲，海洋、太空也将成为新的开发利用领域。水肥一体化技术在日本已被许多科学家作为研究"宇宙农场"的有力手段，太空时代的农业已经不再是不可思议的问题。

水资源问题是世界上日益严重威胁人类生存发展的大问题。随着人口的不断增长，各种水资源被超量开采，某些地区已近枯竭，水资源紧缺也越来越突出。控制农业用水是节水的措施之一，而水肥一体化技术，避免了水分大量的渗漏和流失，使得难以再生的水资源得到补偿，它必将成为节水型农业、旱区农业的必由之路。但是，水肥一体化技术在走向实用化的进程中也存在不少问题，突出的问题是成本高、一次性投资大，管理人员必须具备一定的科学知识，需要较高的管理水平；另外，进一步研究矿质营养状况的生理指标，减少管理上的盲目性，也是有待解决的问题；此外，水肥一体化中的病虫害防治、基质和营养液的消毒、废弃基质的处理等，也需进一步研究解决。

水肥一体化在我国刚刚起步，还未广泛用于生产，特别是硬件设施条件，供液系统工程本身，还未形成专门生产行业。由于种种因素限制，栽培技术与农业工程技术还不能协调同步，致使水肥一体化技术在我国发展的速度不如发达国家那样迅速。但是随着科学技术的发展，以及这项新技术本身固有的种种优越性，已向人们显示了无限广阔的发展前景。

我国是一个水资源匮乏的国家。水资源总量占世界第六位，人均淡水资源占有量列世界第109位，约为世界平均的1/4，人均占有量仅为2 300m³。单位耕地灌溉用水仅有178m³/亩，而且在时空分布上极为不均匀。淮河流域及其以北地区国土面积占全国面积的63.5%，水资源量却仅占全国的19%。与此同时，我国雨水的季节性分布不均，大部分地区年内夏、秋季节连续4个月降水量占全年的70%以上。再加上我国农业用水比较粗放，耗水量大，灌溉水有效利用系数仅为0.5左右。水资源缺乏，农业用水效率低不仅制约着现代农业的发展，也限制着经济社会的发展。与此同时，我国劳动力匮乏且劳动力价格越来越高，使水肥一体化技术节省劳动力的优点更加突出。目前，年轻人种地的越来越少，进城务工的越来越多，这导致劳动力群体结构极为不合理，年龄断层严重。在现有的农业生产中，真正在一线从事生产劳动的劳动者年龄大部分在40岁以上，若干年后，当这部分人没有劳动能力时将很难有人来代替他们的工作。劳动力短缺致使劳动力价格高涨，现在的劳动力价格是5年前的2倍甚至更高。

综上所述，在我国推广水肥一体化技术，能够有利于从根本上改变传统的农业用水方式，提高水分利用率和肥料利用率，有利于改变农业的生产方式，提高农业综合生产能力，改变传统农业结构，促进生态环境保护和建设。

（三）水肥一体化设施灌溉工程系统

水肥一体化设施灌溉工程系统主要有两种形式，一种是微灌系统，一种是喷灌系统。微灌是按照作物需求，通过管道系统与安装在末级管道上的灌水器，将水和作物生长所需的养分以较小的流量，均匀、准确地直接输送到作物根部附近土壤的一种灌水方法。喷灌是利用喷头等专用设备把有压水喷洒到空中，形成水滴落到地面和作物表面的灌溉方法，喷灌中喷头将管道系统输送来的水通过喷嘴喷射到空中，形成下雨的效果洒落在地面，灌溉作物。喷头装在竖管上或直接安装于支管上，是喷灌系统中的关键设备。

微灌与喷灌区别在于：①微灌具有射程，但射程较近，一般在5m以内。而喷灌则射程较远，以PY系列摇臂式喷头为例，射程为9.5~68m；②微灌洒水的雾化程度高，也就是雾滴细小，因而对农作物的打击强度小，均匀度好，不会伤害幼苗。而喷灌由于水滴较大，易伤害幼嫩苗木；③微灌所需工作压力低，一般在0.7~3kg/cm²范围内可以运作良好。而喷灌的工作压力，一般在3kg/cm²以上才有较显著效果；④微灌省水，一般喷灌喷水量为每小时200~400L，而PY系列喷头的喷水量为每小时1.35~116.54m³（1m³=1 000L），微灌比喷灌更为省水节能；⑤微灌头结构简单，造价低廉，安装方便，使用可靠。微灌技术比喷灌更为省水，由于雾滴细小，其适应性比喷灌更大，农作物从苗期到成长收获期全过程都适用。

典型的灌溉工程系统主要由水源工程、首部枢纽工程、输水管网、灌水器（喷头）4部分组成。

1. 水源工程

河流、湖泊、塘堰、沟渠、井泉等，只要水质符合微喷灌要求，均可作为微喷灌的水源。为了充分利用各种水源进行灌溉，往往需要修建引水、蓄水和提水工程，以及相应的输配电工程，这些通称为水源工程。

2. 首部枢纽

微灌工程的首部枢纽通常由水泵及动力机、控制阀门、水质净化装置、施肥装置、测量和保护设备等组成。首部枢纽担负着整个系统的驱动、检测和调控任务，是全系统的控制调度中心。

喷灌需要使用有压力的水才能进行喷洒，加压设备的作用是满足灌溉施肥系统对管网水流的工作压力和流量要求，加压设备包括水泵及向水泵提供能量的动力机。通常是用水泵将水提吸、增压、输送到各级管道及各个喷头中，并通过喷头喷洒出来。喷灌可使用各种农用泵，如离心泵、潜水泵、深井泵等。在有电力供应的地方常用电动机作为水泵的动力机。在用电困难的地方可用柴油机、拖拉机或手扶拖拉机等作为水泵的动力机，动力机功率大小根据水泵的配套要求而定。

水泵是输送液体或使液体增压的机械。它将原动机的机械能或其他外部能量传送给液体，使液体能量增加，主要用来输送的液体包括水、油、酸碱液、乳化液、悬乳液和液态金属等。按照工作原理，水泵可以分为离心式泵和容积式泵两种主要类型。离心泵由于是在叶轮的高速旋转所产生的离心力的作用下将水提向高处的，故称离心泵，离心式泵又叫叶片式泵，其工作原理是在水泵开动前，先将泵和进水管灌满水，水泵运转后，在叶轮高速旋转而产生的离心力的作用下，叶轮流道里的水被甩向四周，压入蜗壳，叶轮入口形成真空，水池的水在外界大气压力下沿吸水管被吸入补充了这个空间。继而吸入的水又被叶轮甩出经蜗壳而进入出水管。容积式泵是依靠工作元件在泵缸内做往复或回转运动，使工作容积交替地增大和缩小，以实现液体的吸入和排出。工作元件做往复运动的容积式泵称为往复泵，做回转运动的称为回转泵。前者的吸入和排出过程在同一泵缸内交替进行，并由吸入阀和排出阀加以控制；后者则是通过齿轮、螺杆、叶形转子或滑片等工作元件的旋转作用，迫使液体从吸入侧转移到排出侧。容积泵具有自吸能力，泵启动后即能抽除管路中的空气吸入液体；启动泵时必须将排出管路阀门完全打开。

水泵的选取对整个灌溉系统的正常运行起着至关重要的作用。水泵选型原则是：应根据工艺流程和给排水要求等，从液体输送量（流量）、装置扬程、液体性质、管路布置以及操作运转条件等方面加以考虑。

（1）流量是选泵的重要性能数据之一，它直接关系到整个装置的生产能力和输送能力。在选择水泵时，首先是要确定流量，在设计时，计算出整个灌溉系统所需的总的供水量。确保水源的供水量能够满足系统所需的水量。如设计中通常能算出泵正常、最小、最大3种流量。选择泵时，以最大流量为依据，兼顾正常流量，在没有最大流量时，通常可取正常流量的1.1倍作为最大流量。

（2）装置系统所需的扬程是选泵的又一重要性能依据，一般要用放大5% ~ 10%余量后的扬程来选型。水泵扬程的计算需要计算系统内管道水头损失最大的管道的水。按照下列公式计算水泵所需要的扬程。

$$H=(p_2-p_1)/\rho g+(v_2^2-v_1^2)/2g+z_2-z_1$$

式中，H为扬程，m；p_1，p_2为泵进出口处液体的压力，Pa；v_1，v_2为流体在泵进出口处的流速，m/s；z_1，z_2为进出口高度，m；ρ为液体密度，kg/m³；g为重力加速度，m/s²。

（3）液体性质，包括液体介质名称、物理性质、化学性质和其他性质，物理性质有温度、密度、黏度、介质中固体颗粒直径和气体的含量等，这涉及系统的扬程、有效汽蚀余量计算和合适泵的类型；化学性质主要指液体介质的化学腐蚀性和毒性，是选用哪种泵材料和哪种轴封形式的重要依据。

（4）装置系统的管路布置条件指的是送液高度、送液距离、送液走向、吸入侧最低液面、排出侧最高液面等一些数据和管道规格及其长度、材料、管件规格、数量等，以便进行系统扬程计算和汽蚀余量的校核。

（5）操作条件的内容很多，如液体的操作、饱和蒸汽力、吸入侧压力（绝对）、排出侧容器压力、海拔高度、环境温度，操作是间隙的还是连续的，泵的位置是固定的还是可移动的。

电机的选择需要考虑水泵的功率。通常温室大棚和大田灌溉都是用水泵将水直接从水源中抽取加压使用，无论用水量大小，水泵都是满负荷运行。为了能够调整输出功率，可以采用变频器实现变频恒压供水。

3. 输配水管网

一个完整的微灌工程，从灌溉受水点到水源，一般由灌水器、各级输水管道和管件，各种控制和量测设备，过滤器、施肥（农药）装置和水泵机电等安装组成。干、支、毛管担负着输水和配水的任务，一般均埋入地下。根据灌区大小，管网的等级划分也有所不同。

为保证微灌系统的正常运行，需要安装阀门、流量表和压力表、流量和压力调节器、安全阀门、进排气阀等。

阀门，在微灌系统一般都采用现有的标准阀门产品。按结构分类有闸阀、球阀、截止阀、逆止阀。闸阀，微灌系统中多用暗杆式平板楔形阀门。这种阀门具有开启和关闭力小，对水力的阻力小，并且水流可以流动等优点，但是结构比较复杂。50mm以上金属阀门多用法兰连接，50mm以下的阀门用螺纹连接。闸阀在微灌系统中被广泛使用，但灰铸铁外壳的金属闸阀长期使用以后，发生锈蚀沉淀比较严重，应注意防锈及消除沉淀污物。改用黄铜阀、不锈钢或塑料阀更符合微灌系统及灌水器防堵要求，但价格昂贵。球阀，是微灌系统中较为广泛使用的一种阀门，主要用在支管进口处。球阀构造简单，体积小，对水流的阻力也小，缺点是如果开启太快会在管道中产生水锤。因此在微灌系统的主干管上不宜采用球阀，但可在干、支管末端上球阀作冲洗之用，其冲洗排污效果好。截止阀，与闸阀和球阀相比，截止阀具有结构简单、密封性能好、制造维修方便等优点。但是它对水流的阻力比较大，另外在开启和关闭时用力也较大。微灌系统中在首部枢纽与供水管连接时，或在施肥和农药与灌溉水管相连接时需要安装截止阀，以防止化肥或农药等化学物污染水源。逆止阀，逆止阀又叫止回阀，主要作用是防水倒流。例如，在供水管与施肥系统之间的管道中装上逆止阀，当供水停止时，逆止阀自动关闭，使肥料罐里的化肥和农药不能倒流回供水管中。另外，在水泵出水口装上逆止阀后，当水泵突然停止抽水时可防止水倒流，从而避免了水泵倒转。逆止阀有单盘绕轴旋转和双盘绕轴旋转两种。阀门还可按压力分类，有高、中、低3类；按作用分，则又可以分为控制阀、安全阀、进排气阀、回止阀等。微灌系统中主过滤器以下至田间管网中一般用低压阀门，并要求阀门不生锈腐蚀，因此最好用不锈钢、黄铜、塑料阀门。为了保证灌水均匀，必须调节管道中的压力和流量，因此需要在微灌系统中安装流量或压力调节器等装置。流量调节器，主要是通过改变过水断面的形状来调节流量的。在正常工作压力时流量调节器中的橡胶环处于正常工作状态，通过的流量为所要求的流量；当水压力增加时，水压迫使橡胶环变形，过水断面变小因此限制水流通过，使流量保持稳定不变，从而保证了微灌系统各级管网流量的稳定和灌水器流量的均匀度。压力调节器，是用来调节微灌管道中的水压使之保持在稳定状态，从而使管道中水流量保持稳定状态。安全阀实际上是一种特殊的压力调节装置。其工作原理是当管道中的压力较大时，作用在调节器上的水压力推开活塞栓，使部分水流通过排水孔排出压力调节体外，以此释放了一部分压能，使管道中的水压力仍保持在稳定状态。消能管，又称调压管，就是在毛管进口处安装一段直径为4mm的细塑料管，另一端与消能管接头连接，并通过消能管接头和一段毛管与安装在支管上的旁通连接，其工作原理是利用小管径及相应长度的细管沿程摩擦阻力来消除毛管进口处的多余压力，使进入毛管的水流保持在设计允许的压力状态。在微灌系统中需要经常调节流量和压力，如果都安装专门的流量和压力调节器，则会增加整个工程的投资。因此，可以采用安装消能管的方法来调节支、毛管中的压力和流量，使其达到设计要求。

4.灌水器（喷头）

微灌的灌水器有滴头、微喷头、涌水器和滴灌带等多种形式，或置于地表，或埋入地下，按灌水时水流出流方式的不同，可以将微灌分为如下4种形式。

（1）滴灌，滴灌是通过安装在毛管上的滴头、孔口或滴灌带等灌水器将水一滴一滴地、均匀而又缓慢地滴入作物根区附近土壤中的灌水形式。由于滴水流量小，水滴缓慢入土，因而在滴灌条件下除紧靠滴头下面的土壤水分处于饱和状态外，其他部位的土壤水分均处于非饱和状态，土壤水分主要借助毛管张力作用入渗和扩散。

（2）地表下滴灌，地表下滴灌是将全部滴灌管道和灌水器埋入地表下面的一种灌水形式。这种方式能克服地面毛管易于老化的缺陷，防止毛管损坏或丢失，同时方便田间作业。与地下渗灌和通过控制地下水位的浸润灌溉相比，区别仍然是仅湿润部分土体，因此叫地表下滴灌。

（3）微型喷洒灌溉，利用折射式、辐射式或旋转式微型喷头将水洒在枝叶上或树冠下地面上的一种灌水形式，简称微喷。微喷既可以增加土壤水分又可提高空气湿度，起到调节田间小气候的作用。由于微喷的工作压力低，流量小，在果园灌溉中仅湿润部分土壤，因而习惯上将这种微喷灌划在微灌范围内。严格来讲，它不完全属于局部灌溉的范畴。

（4）涌泉灌溉，涌泉灌溉是通过安装在毛管上的涌水器形成的小股水流，以涌泉方式使水流入土壤的一种灌水形式。涌泉灌溉的流量比滴灌和微喷大，一般都超过土壤的渗吸速度。为了防止产生地表径流，需要在涌水器附近挖一小灌水坑暂时储水。涌泉灌尤其适于果园和植树造林的灌溉。

喷灌的喷头是将管道系统输送来的水通过喷嘴喷射到空中，形成下雨的效果洒落到地面，灌溉作物。喷头装在竖管上或直接安装于支管上，是喷灌系统中的关键设备。喷灌喷头分为固定喷头和旋转喷头。固定喷头一般包括喷嘴和喷体，喷嘴和喷体多数采用螺纹连接，其喷头在喷洒时是不动的（除头部外没有可移动部件），当供水系统的阀门关掉后，随着水压的消失，喷头的头部会自动退回到地面下的喷体。与固定喷头相比，旋转喷头可以转动一圈，其喷射水域半径最大可达到24m。

除水源工程、首部枢纽工程、输配水管道系统和喷头外，一个典型的水肥一体化设施灌溉系统还包括压力表、水表、净化设施、过滤设备等辅助设备。

（1）压力表。微灌系统中经常使用弹簧管压力表测量管路中的水压力。压力表内有一根椭圆形截面的弹簧管，管的一端固定在插座上并与外部接头相通，另一端封闭并与连杆和扇形齿轮连接，可以自由移动。当被测液体进入弹簧内时，在压力作用下弹簧管的自由端产生位移，这位移使指针偏转，指针在读盘上的指示读数就是被测液体的压力值。测正压力的表称为压力表，测负压力的表称为真空表。

（2）水表。微灌工程通常用水表来计量管道输水流量大小和计算灌溉用水量的多少。水表一般安装在首部枢纽中过滤器之后的干管上。水表由外壳、翼轮测量机构和减速指示等结构组成。其工作原理是利用管径一定时，流速与流量成正比的关系，当水流进入水表后，由自测机构下部的翼轮盒下进水孔沿切线方向流入，冲击翼轮旋转。翼轮转速与水流速度成正比，水流速度又与流量成正比，因此，翼轮转速与水的流量成正比，经过减速齿轮传动，由计数器指示出通过水表的水的总量。微灌系统对水表的要求主要是：过流能力大而水头损失小；量水精度高且量程范围大；使用寿命长；维修方便价格便宜。因此，在选用水表时，首先应了解水表的规格型号、水头损失曲线及主要技术参数等。然后根据微灌系统设计流量大小，选择大于或接近额定流量的水表为宜，绝不能单纯以输水管径大小来选定水表口径，否则容易造成水表的水头损失过大。

（3）净化设施与过滤设备。微灌要求灌溉水中不含有造成灌水器堵塞的污物和杂质，而实际上任何水源如湖泊、库塘、河流和沟溪水中，都不同程度地含有各种污物和杂质，即使是水质良好的井水，也会含有一定数量的沙粒和可能产生化学沉淀的物质。因此，对灌溉水进行严格的净化处理是微灌中首要的步骤，是保证微灌系统正常运行、延长灌水器寿命和保证灌水质量的关键措施。对灌溉水净化处理的好坏、净化设备与设施质量优劣是衡量微灌系统质量高低的重要标准之一。净化设备与设施的作用就是清除灌溉水中的污物和杂质，防止微灌系统及灌水器堵塞，保证系统正常运行，因此，净化设备与设施是微灌系统中不可缺少的重要组成部分。微灌系统中的净化设备与设施主要包括拦污栅（筛、网）、沉淀池、水沙分离器、沙石（介质）过滤器、滤网式过滤器等。

（4）拦污栅。拦污栅主要用于河流、库塘等含有大体积杂物的灌溉水源中，如拦截枯枝残叶、杂草和其他较大的漂浮物等。设置拦污栅主要是防止上述杂物进入微灌用沉淀池或蓄水池中。初级拦污栅是安装在水源中水泵进口处的一种网式拦污栅，一般也作为微灌用水的初级净化处理设施。初级拦污栅用浮筒固定在水泵吸水管进口周围，筛网把污物拦在网外，水泵从筛网内抽取清水，经第二次过滤后再送入灌溉供水管道。另外，要设一条分水管从供水管道中引出一部分水送回到安装在筛网中间的冲洗旋转臂中，通过旋转臂上的冲洗刷喷射到筛网上。在冲洗喷水的同时，由于水的反作用力结果，推动旋转臂做水平旋转运动，连续向周围的筛网上喷水，把附着在筛网上的污物向外冲开，使水不断向网内汇入，保证水泵正常抽水。初级拦污栅主要应用于含有大量水草、杂物、藻类等水源，如河流、水库以及较大的坑塘等处。

（5）沉淀池。沉淀池是微灌用水水质净化初级处理设施之一，尽管它是一种简单而又古老的水处理方法，但却是解决多种水源水质净化问题的有效而又经济的一种处理方式。沉淀池可以消除水中的两类污物：一是清除一般灌溉水中的悬浮固体污物；二是消除水源中的含铁物质。沉淀池主要用于对沙粒与淤泥等污物含量较高的浑浊地表水源进行净化处理。沉淀池的工作原理是通过重力作用，使水中的悬浮固体在静止的水体中自然下沉于池底。

（6）滤网过滤器。滤网过滤器是一种简单而有效的过滤设备，造价也较为便宜，在国内外微灌系统中使用最为广泛。滤网过滤器的种类繁多。如果按安装方式分类，有立式与卧式两种；按制造材料分类，有塑料和金属两种；按清洗方式分类，有人工清洗和自动清洗两种类型；按封闭与否分类，有封闭式和开敞式（又称自流式两种）。滤网过滤器主要由进水口、滤网、出水口和排污口等几部分组成。进出水口的大小要与供、输水管径尽量一致，过滤器本身要用耐压耐腐蚀的金属或塑料制造，如果用一般金属材料制造，一定要进行防腐防锈处理。滤网要用不锈钢丝制作，尤其是用滤网过滤器作系统主过滤器之用时，不能使用尼龙纱网。用于支管或毛管上的微型滤网过滤器，因压力小，除采用不锈钢滤网外，也可以采用铜丝网或尼龙网制作。

滤网的孔径大小即网目数的多少要根据所用灌水器的类型及流道断面大小而定。由于灌水器的堵塞与否，除其本身的原因外，主要与灌溉水中的污物颗粒形状及粒径大小有直接关系。因此微灌用灌溉水中所能允许的污物颗粒大小应比灌水器的孔口或流道断面小许多倍才有利于防止灌水器堵塞。根据实践经验，一般要求所选用的过滤器的滤网的孔径大小应为所使用的灌水器孔径大小的 $1/10 \sim 1/7$。

灌溉水中所含污物及杂质可以分为物理、化学和生物等3类。物理污物及杂质又可分为无机物和有机物两类。无机物主要是黏土和沙粒，有机物主要包括各种微生物、活的或死的生物体。化学污物主要指溶于水中的某些化学物质，如碳酸钙和碳酸氢钙等，当条件变化时它们会变成固定沉淀物，造成灌水器的堵塞。生物污物主要包括菌类、藻类等微生物和水生动物等。因此，在进行微灌工程规划设计之前，一定要对所有水源进行水质化验，全面了解与掌握水质状况，根据灌溉水源的类型、水中污物种类、杂质含量及化学成分等，同时考虑所采用的灌水器的种类、型号及流道断面大小等，合理选定净化设备，并决定是否设置沉沙池等设施，以保证微灌系统正常运行和提高灌水质量。

（四）水肥一体化精量施用系统

水肥一体化精量施用系统分为混肥式水肥机精量施用系统和注肥式水肥机精量施用系统两大类，是按照"实时监测、精准配比、自动注肥、精量施用、远程管理"的设计原则，安装于作物生产现场，用灌水器以点滴状或连续细小水流等形式自动进行水肥浇灌，实现对灌溉、施肥的定时、定量控制，提高水肥利用率，达到节水、节肥，改善土壤环境的目的。

水肥一体化精准施量水肥设备分为两大部分，远程通信系统和水肥机本地控制系统。远程通信系统包括环境数据的采集和水肥数据的采集。利用环境采集节点，采集生产现场空气温度、空气湿度、土壤水分、土壤温度、空气中CO_2浓度、光照强度等环境数据，通过4432无线通信，上传到网关，再通过网关上传到相关的服务器平台。在平台端，根据采集到的环境数据进行分析判定，通过电脑或者手机，进行远程的操纵，远程控制水肥一体机。比如，在土壤湿度过低时，提醒我们及时给土地浇水。在温度过高时，避免大量浇水，防止作物因为温度变化而死亡。同时，将水肥机的用水用肥数据通过网关回传到平台端，为智能分析提供数据支持。

水肥一体机本地控制系统又可以分为执行部分和控制部分。控制部分采用PLC控制，利用触摸屏进行显示和操作，还可通过平台（包括电脑和手机）进行水肥一体机的远程操作。人机交互部分MCGS昆仑通态串口屏，通过RS232接口实现触摸屏与无线收发模块的交互，通过RS485接口实现控制器和触摸屏的连接。触摸屏主要实现系统状态、数据等的显示以及用户设置参数的输入等功能。控制器硬件采用西门子224PLC实现控制功能。可以对3个电机实现控制，同时对多个区域的电磁阀进行并行选择处理。采用流量计采集流量信号，每路流量计均可以实现对该路流量进行单独采集。水流量传感器主要由塑料阀体、水流转子组件和霍尔传感器组成。它装在进水端，用于监测进水流量，当水通过水流转子组件时，磁性转子转动并且转速随着流量变化而变化，霍尔传感器输出相应脉冲信号，反馈给控制器，由控制器判断水流量的大小，进行调控。

执行部分主要是微型注肥泵和离心泵，每个泵均有对应的电磁阀和流量计。离心泵进行水的通断，注肥泵进行肥料的通断。通过控制水肥的通段时间，可以调制不同的肥料浓度。

水肥一体化精准施量水肥设备（图3-25）实现了以下功能。

（1）手动/时间/流量/远程控制功能。水肥机包括4种控制方式，分别是手动控制方式、时间控制方式、流量控制方式和远程控制方式。用户可以实际情况进行灌溉施肥控制。当自动系统出现故障时，可采用手动系统进行控制，增加了系统控制的灵活性。

（2）定时定量灌溉施肥功能。根据用户设定的不同作物多个阀门的灌溉施肥量、灌施起始时间、灌施结束时间、灌水周期等，系统可实现一个月内多个阀门的自动灌溉施肥控制。

（3）条件控制灌溉施肥功能。利用土壤水势传感器监测土壤的含水量，进行自动灌溉施肥控制。当土壤水势达到设定水势上限时，计算机自动启动系统进行施肥灌溉。当达到设定水势下限时，灌溉施肥停止，计算机自动记录该阀门灌水量，其他阀门按此灌溉施肥量依次进行，这种控制方式可实现多个阀门的无人值守灌溉施肥控制。

（4）数据统计与分析功能。系统可记录每个阀门每天的灌溉施肥量和灌溉施肥次数，为分析统计提供数据支持。

图3-25 水肥一体机精量施用系统

二、网络结构与控制模式

水肥一体机的设计依据环境采集参数，以物联网技术和互联网技术为支撑，设计了水肥一体机控制系统，实现水肥一体机的全自动控制、可靠传输与智能处理，达到水肥一体机自动化、智能化、网络化的目标。

（一）网络结构

系统基于典型物联网体系架构，大体沿用了基本的3层结构设计，包括感知层、网络层和应用层，如图3-26所示。

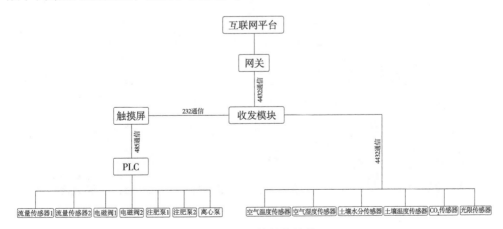

图3-26 系统整体结构

（1）感知层是水肥一体机的底层，其功能主要是通过传感器采集物体上的各类信息，通过传感器对空气温度、湿度、土壤水分等参数进行采集。感知层是对环境信息进行全面感知，为水肥一体机的自动控制和智能决策提供准确、科学、全面的依据，是农业物联网最核心和最基础的部分。

（2）网络层的主要功能是通过各类通信协议，将感知层中采集的信息传输至云服务平台，云服务平台层则是以云计算为核心，将传感器在物体上采集到的数据进行汇总和处理。网络层包括由底层处理单元（PLC或者单片机）和网关之间的通信，还有网关和互联网平台之间的通信，底层处理单元（PLC或者单片机）和网关之间的通信方式可以是485，也可以是无线4432或者ZigBee等通信方式。网关和互联网平台之间采用TCP/IP协议进行通信。

（3）应用层是物联网产业链的最顶层，是面向用户的应用。水肥一体机的应用层包括触摸屏、互联网平台、手机客户端3种界面，可以在界面上实现对水肥一体机进行操作，控制水肥机电源的开关，对流量、时间进行本地或者远程控制。与此同时，互联网平台还可以采用各种算法，对空气温度、湿度等参数进行处理后，进行水肥一体机的模式化操作。

（二）控制模式

水肥一体机控制面板如图3-27所示。水肥机控制器主要控制方式分为手动控制和自动控制两种模式。

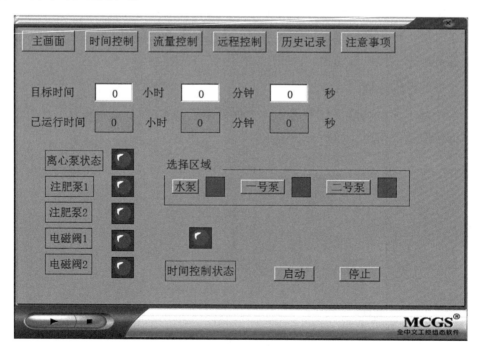

图3-27　控制面板

（1）手动控制模式下，既可以在通过一体化控制器触摸屏或者设备操作按钮进行设备控制操作，也可以通过手机App或者云平台进行远程手动操控设备，远程模式下，控制指令通过互联网将指令送到水肥机，然后进行设备控制操作。

手动控制模式又分为单独手动控制方式、时间控制模式、流量控制模式、远程控制模式。

单独手动控制可以对各个电机进行灵活操作，可以单独控制水泵，肥泵1、肥泵2、电磁阀1、电磁阀2等各个元器件进行单独操作。该操作可以在本地触摸屏进行控制，也可以在远程平台或者手机客户端进行单独控制。这种控制方式灵活，可以根据客户的需求进行单独清水浇灌，单独A肥和水泵混合浇灌，单独B肥和水泵混合浇灌，A肥和B肥同时水泵混合浇灌等操作，可以根据时间调节水肥的浓度，进而实现对作物的精准控肥。缺点是没有大数据的支持，全部凭借使用者控制，需要使用者有一定的种植经验。

时间控制可以选择需要运行的时间，选择需要运行哪些泵。然后按下"启动"，就可以到了时间自动停止。时间控制也可以实现本地控制和远程控制。例如，远程设定水泵和A肥运行1.5h，设定好时间为1.5h。选择好A肥和水泵，然后按下"开始"，就可以去进行别的工作，不用人在旁边看着，到达时间后，水肥一体机会自动停止。同理，远程平台或者手机客户端也是这样。

流量控制是设好3个泵流量，按下"启动"后，当每个泵流量到达0后自动停止。3个泵流量可单独设定，也可以不设定，不设定的情况下默认是0，启动后没有设定的电机不工作。例如，A肥5L，水泵浇水10L，我们可以设定A肥5L，水泵10L，B肥不设定，然后按下"启动"键，A肥泵和水泵同时开始运行，在到达10L水后，水泵停止，在到达5L肥量后，肥泵也会停止。该操作在本地和远程均可以实现，这种控制方式计量精准，可以实现水肥控制的数字化，有利于平台对水肥机的操作。

（2）在自动模式下，水肥一体机自动控制模式有两种控制模式，一种是本地自动控制模式。该控制模式是自动根据各种参数进行处理，比如，土壤水分降低到一定程度时，自动开启水泵一定时间，给农作物进行补水。每天早上8点钟，进行一定时间的自动补水。该自动控制方式依靠底层处理单元实现，缺点是缺乏大数据的处理，实行不够精准。比如，1号浇水50L，2号下雨了，可能不需要浇水，5号天气干，可能需要浇水80L，种苗期需要干透，可能几十天不要浇水等，这种控制方式无法实现，只能依靠平台进行大数据处理。

另一种是平台的大数据处理自动控制模式，采用的是一种算法和模型进行的统一处理。该控制方式可以通过对各个参数进行统一的衡量，引入一套公式，根据公式计算出需要施肥或者施水的量，使水肥一体机在特定的时间下达特定的流量，进行水肥机的操作。与此同时，还可以引入各种作物模型，通过模式识别，对番茄、西瓜等各种不同的作物，进行水肥一体机的不同处理。比如，西瓜在种苗期，开花期、结果期等不同时期的水量进行处理。

算法控制模式包括以下理论。

①线性系统理论。它是现代控制理论中最为基本和比较成熟的一个分支，着重于研究线性系统中状态的控制和观测问题，其基本的分析和综合方法是状态空间法。比如在水肥一体机中，土壤水分达到25%，开始水肥一体机10min，土壤水分达到10%，开启水肥机20min。

②非线性系统理论。非线性系统的分析和综合理论尚不完善。研究领域主要还限于系统的运动稳定性、双线性系统的控制和观测问题、非线性反馈问题等。更一般的非线性系统理论还有待建立。从20世纪70年代中期以来，由微分几何理论得出的某些方法对分析某些类型的非线性系统提供了有力的理论工具。

③最优控制理论：最优控制理论是设计最优控制系统的理论基础，主要研究受控系统在指定性能指标实现最优时的控制规律及其综合方法。在最优控制理论中，用于综合最优控制系统的主要方法有极大值原理和动态规划。最优控制理论的研究范围正在不断扩大，诸如大系统的最优控制、分布参数系统的最优控制等。

④随机控制理论。随机控制理论的目标是解决随机控制系统的分析和综合问题。维纳滤波理论和卡尔曼—布什滤波理论是随机控制理论的基础之一。随机控制理论的一个主要组成部分是随机最优控制，这类随机控制问题的求解有赖于动态规划的概念和方法。

⑤适应控制理论。适应控制系统是在模仿生物适应能力的思想基础上建立的一类可自动调整本身特性的控制系统。适应控制系统的研究常可归结为如下的3个基本问题：识别受控对象的动态特性、在识别对象的基础上选择决策、在决策的基础上作出反应或动作。

第四节　设施蔬菜物联网其他智能装备

一、智能机器人采摘技术及装备

设施蔬菜属于高投入、高产出，资金、技术、劳动力密集型的产业。随着设施蔬菜种植规模的不断扩大，蔬菜生产管理相关活动对人力的需求程度也在不断提高。涉及设施蔬菜生产的诸多环节，如育苗、栽植、水肥管理、产品采摘以及采后商品化处理等过程，都需要投入大量人力以完成这些工作。近年来，随着人力成本方面的支出在整个设施蔬菜总生产成本中所占的比例逐年提高，设施蔬菜产业迫切需要一些智能化的机器人装备代替生产者完成一些费工、费力、费时的生产操作或工作任务，从而达到节省人力、提升效率等目标。

随着计算机、自动控制技术的迅速发展以及农业高新科技的应用和推广，农业机器人已逐步进入农业生产领域中，并将促进现代农业向着装备智能化、生产自动化的方向发展。近年来，我国不断加快推动智能农业装备的步伐，致力于提升现代农业水平，以缩小与发达国家在农业现代化方面的差距。农业机器人的出现和应用改变了传统的农业劳动方式，促进了现代农业的发展。随着新的农业生产模式和新技术的发展与应用，农业机器人必将逐渐成为未来农业生产的主力军。

在设施蔬菜生产过程中，采摘是最重要的环节之一，直接影响到产品的市场价值。采摘环节具有时间集中、时效要求高、劳动强度大、多为重复性作业等特点。研究和开发适用于蔬菜产品采摘的智能机器人技术对于解放劳动力、提高劳动生产效率、降低生产成本等方面都有重要的现实意义。

（一）采摘机器人的特点

工业领域是机器人技术的传统应用领域，目前已经得到了相当成熟的应用。而在农业领域，采摘机器人（图3-28）工作在高度非结构化的复杂环境中，作业对象是有生命力的新鲜水果或者蔬菜。因此，同工业机器人相比，采摘机器人有其自身的一些显著特点。

（1）作业对象娇嫩、形状复杂且个体状态之间的差异性大，需要从机器人结构、传感器、识别算法、控制系统等多个方面加以协调和控制。

（2）作业对象具有随机分布性，大多被植株、茎秆、叶片及果实等相互遮掩，成倍增加了机器人视觉定位的技术难度，使得采摘速度和成功率降低，同时对机器手的避障提出了更高的要求。

（3）采摘机器人工作在非结构化的环境下，环境条件随着季节、天气的变化而发生变化，环境信息完全是未知的、开放的，要求机器人在视觉、知识推理和判断等方面有着相当高的智能。

（4）采摘对象是有生命的、脆弱的生物体，要求在采摘过程中对果实不能产生任何损伤，因而需要机器人的末端执行机构具有柔顺性和灵巧性。

（5）对机器人的高智能要求也导致了高成本的产生，由于设施蔬菜对成本的敏感性，普通用户在使用成本上会很难接受。

（6）采摘机器人的使用时间较为集中，使用时长较短，存在一定的季节性，对空间移动性也有一定要求，设备利用率不高，是限制采摘机器人大面积推广使用的重要因素。

（7）操作采摘机器人的劳动者大多是农民，并不是具有机电知识的工程师，因此采摘机器人具有一定的使用门槛，这也对机器人的设计提出了更高的要求。

图3-28　采摘机器人

（二）国内外研究进展

果蔬采摘机器人的研究开始于20世纪60年代的美国（1968年），采用的收获方式主要是机械震摇式和气动震摇式。其缺点是果实易损伤、效率不高，特别是无法进行选择性的收获，在采摘柔软、新鲜的果品方面还存在很大的局限性。此后，随着电子技术和计算机技术的发展，特别是工业机器人技术、计算机图像处理技术和人工智能技术的日益成熟，采摘机器人的研究和开发技术得到了快速的发展。发达国家根据本国实际，纷纷开始农业机器人的研发，并相继研制出了嫁接机器人、扦插机器人、移栽机器人和采摘机器人等多种农业生产机器人，有力地推动了发达国家农业生产过程的自动化、智能化和精准化发展。

进入21世纪以来，农业劳动力不断向其他产业转移，农业劳动力结构性短缺和日趋老龄化渐已成为全球性问题。随着设施农业、精准农业和高新技术的快速发展，特别是在农业人工作业成本不断攀升的背景下，农业机器人的进一步发展获得了新的动力和可能。目前，日本、荷兰、法国、英国、意大利、美国、以色列、西班牙等国都相继开展了果蔬收获机器人方面的研究工作，涉及的作业对象主要有甜橙、苹果、西红柿、樱桃、西红柿、芦笋、黄瓜、葡萄、甘蓝、菊花、草莓、蘑菇等，但这些收获机器人多数都处于试验或展示阶段，目前都还没有真正实现商业化。

与国外相比，我国的农用机器人无论是研发还是应用还处于起步阶段，具体表现在投资少、发展慢、技术差距大等方面。20世纪90年代中期，国内才开始了农业机器人技术的研发，随着我国工业化、城镇化和现代化的快速发展，农用机器人的研发范围才逐步扩大。目前在耕耘机器人、除草机器人、施肥机器人、喷药机器人、蔬菜嫁接机器人、收割机器人、采摘机器人等方面均有研发。国内外关于采摘机器人的研究成果总结如下。

1. 番茄采摘机器人

日本松下公司开发出一款番茄采摘机器人（图3-29），搭载其自产的图像传感器，能够实现番茄的无人采摘。现已在日本农户进行试用，松下希望进一步提高传感器性能，最终实现商品化，并计划在本公司的植物工厂内使用这款机器人。

图3-29　番茄采摘机器人

据了解，该番茄采摘机器人使用的小型镜头能够拍摄7万像素以上的彩色图像，首先通过图像传感器检测出红色的成熟番茄，之后对其形状和位置进行精准定位。在采摘过程中，机器人只会拉拽菜蒂部分，而不会损伤蔬菜，在夜间等无人时间也可以作业。

当采摘篮装满后，将通过无线通信技术通知机器人自动更换空篮。可对番茄的收获量和品质进行在线数据管理，方便制定采摘计划。

2. 草莓采摘机器人

在比利时的草莓种植温室中，草莓采摘机器人（图3-30）可穿过生长在支架托盘上的一排排草莓，利用机器视觉寻找成熟完好的果实，然后用3D打印的爪子把每一颗果实轻轻摘下，放在篮子里以待出售。如果感觉果实还未到采摘的时候，这个小家伙会预估其成熟的时间，然后重新过来采摘。

在美国加州，严格的移民政策加上复杂的经济环境令移民农场工的数量不断减少，而本地工人也不想干这种工作，这导致草莓种植者很难找到工人来完成采摘。在英国，由于英国的脱欧也导致农业工作对东欧工人的吸引力下降，而这些工作此前大多被他们承包。如今，多数发达国家都面临着类似的农业劳动力短缺的挑战。

图3-30 草莓采摘机器人

"农业劳动力在眼下是不可持续的，因为从事这种工作的常常是外来人口，他们远道而来，然后忙完了再回家。要么就是一些移民，他们希望以此起步，未来再换更好的工作。"Octinion首席执行官汤姆·科恩（Tom Coen）说道。

Octinion公司开发的这台机器人可每5s摘一颗草莓，而人类的速度要稍快，平均每3s摘一个。

"我们要略慢一点，但在经济上我们是有利可图的，因为每个果实的成本是类似的。"科恩说。

Octinion基于成本约束，以及其他采摘草莓的要求开始设计这台机器人。比如，草莓的茎在采摘时不应留在果实上，因为它会在篮子里刺破其他的草莓。当果实开始包装时，更红的一面应该放在上面，以吸引消费者。机器人的视觉系统能够完成这项任务。

这台机器人设计的目的是与"桌面"生长系统配合，即草莓生长在一排排托盘上，而不是田野里，因为这是行业正在发展的方向。在欧洲，温室种植草莓已经成为一种标准方式，生产的草莓大多出口到了美国。Driscolls等主要生产商已经开始转向托盘生长系统，因为架高种植要更便于机器人或人类采摘。Driscolls一直在开发另一个草莓采摘机器人，但它总会把草莓割伤。而Octinion的机器人则会计算是否会擦伤草莓，如果会则不摘。

除了更便于采摘外，托盘生长系统还更节水，因为系统只需浇灌草莓周围少量的土壤即可，并且单位面积产量更高。

随着全球城市化不断提高，科恩相信，垂直农业系统必然会越来越多，而机器人将帮助该系统更具经济效益。

3. 黄瓜采摘机器人

黄瓜采摘机器人（图3-31）是利用机器人的多传感器融合功能，对采摘对象进行信息获取、成熟度判别，并确定采摘对象的空间位置，实现机器人末端执行器的控制与操作的智能化系统，能够实现在非结构环境下的自主导航运动、区域视野快速搜索、局部视野内果实成熟度特征识别，以及果实空间定位、末端执行器控制与操作，最终实现黄瓜果实的采摘收获。

图3-31 黄瓜采摘机器人

4. 多功能葡萄采摘机器人

日本研发的葡萄采摘机器人采用五自由度的极坐标机械手，末端的臂可以在葡萄架下水平匀速运动。视觉传感器一般采用彩色摄像机，采用PSD三维视觉传感器效果更好些，可以检测成熟果实及其距离信息的三维信息。在开放式的种植方式下，由于采摘季节太短，单一的采摘功能使得机器人的使用效率太低，因此开发了多种末端执行器，如分别用于采摘和套袋的末端执行器、装在机械手末端的喷嘴等。用于葡萄采摘的末端执行器有机械手指和剪刀，采摘时，用机械手指抓住果房，用剪刀剪断穗柄。

5. 苹果采摘机器人

我国现已自行研制了苹果采摘机器人（图3-32）。该机器人主要由两部分组成：两自由度的移动载体和五自由度的机械手。其中，移动载体为履带式平台，加装了主控PC机、电源箱、采摘辅助装置、多种传感器、五自由度机械手由各自的关节驱动装置进行驱动。

图3-32　苹果采摘机器人

此开链连杆式关节型机器人，机械手固定在履带式行走机构上，采摘机器人机械臂为PRRRP结构，作业时直接与果实相接触的末端操作器固定于机械臂上。机械臂第1个自由度为升降自由度，中间3个自由度为旋转自由度，第5个自由度为棱柱关节。

由于苹果采摘机器人工作于非结构性、未知和不确定的环境中，其作业对象也是随机分布的，所以加装了不同种类的传感器以适应复杂的环境。采用的传感器分为视觉传感器、位置传感器和避障传感器3类。

其中，视觉传感器采用Eye-in-hand安装方式，负责完成机器人或末端操作器与作业对象之间相对距离、工作对象的品质形状及尺寸等判定任务；位置传感器包括安装在腰部、大臂、小臂旋转关节处和直动关节首尾两端的8个霍尔传感器，它可控制旋转关节的旋转角度和直动关节的直行进程，另外还包括末端执行器上的2个切刀限位开关和用于提供所采摘苹果相对于末端夹持机构位置信息的两组红外光电对管；避障传感器包括安装在小臂上、左、右3个方向上的5组微动开关和末端执行器前端的力敏电阻，以使采摘机器人在工作过程中能够有效躲避障碍物。

（三）主要问题和关键技术

虽然国内外对于采摘机器人的研究都已经取得了比较大的进展，但是果蔬采摘机器人的智能化水平还很有限，离实用化和商业化还有一定的距离。目前，采摘机器人研究领域主要存在3个方面的问题：一是果实的识别率和采摘率不高，损伤率较高。目前，识别果实和确定果实位置主要用灰度阈值、颜色色度法和几何形状特征等方法。二是果实的平均采摘周期较长。现在的采摘机器人由于视觉、结构和控制系统等原因，很多的采摘机器人效率不够高。三是采摘机器人制造成本较高，设备利用率低，使用维护不方便。

随着传感器及计算机视觉等技术的发展，果蔬采摘机器人的研究还需在以下几个方面进行努力：一是要找到一种可靠性好、精度高的视觉系统技术，能够检测出所有成熟果实，精确对其定位。二是提高机械手和末端执行器的设计柔性和灵巧性，成功避障，提高采摘的成功率，降低果实的损伤率。三是要提高采摘机器人的通用性，提高机器人的利用率。

二、果蔬品质快速无损检测技术及装备

无损检测技术是一门发展速度很快的综合工程学科，无损检测技术已经成为衡量一个国家或者地区工业发展水平的重要标志。果蔬产品品质检测技术对于水果和蔬菜的生产和消费都十分重要，一直都是农业工程领域的重要研究课题。实现果蔬产品内部品质的无损检测，如成熟度、糖含量、脂含量、内部缺陷、组织衰竭等，要比外部品质难得多，要求也更高。具体的检测技术和方法归纳如下。

（一）利用果蔬产品的电学特性

果蔬产品的电学特性一直是很多农业工程专家研究的一个热门课题。他们对于水果和蔬菜等大量农业物料的电或者电介质的特性测定进行过广泛的研究，并且测量的频率范围大部分集中于高频波段。国内外相关学者的研究结果表明，果蔬的一些介电参数与其内部品质有一定的相关性，并且介电参数的测量结果与所选择的测试频率有着密切的关系。Nelson和Lawrence等以1～5MHz频段的电容测量法分别针对单个大豆（1994）、枣椰子（1994）和美洲山核桃（1995）进行过测量研究，结果表明介电常数随果蔬种类的不同而不同，但是在某频段范围内，所测试果蔬的介电常数随频率的增加而均匀稳定地减少，介质损耗随频率的增加而呈减小趋势。国内此方面研究尚处于起步阶段，一些学者也曾对苹果、梨的电学特性与新鲜度的关系进行研究。随着水果新鲜度的降低，在切片阻止腐烂/损伤，与非腐烂/无损伤的两种情况下，它们的电学特性呈相反的变化；在切片阻止已有腐烂或损伤的情况下，其等效阻抗值显著地比新鲜的正常果肉要小，而相对介电常数及损耗因数则比正常组织要大。该研究结果表明，水果的电学特性参数与水果品质密切相关，为实现水果在线无损品质检测和自动分级奠定了理论基础。

（二）利用果蔬产品的光学特性

由于水果或蔬菜的内部成分及外部特性不同，在不同波长的射线照射下，会有不同的吸收或反射特性，且吸收量与果蔬的组成成分、波长及照射路径有关。根据这一特性结合光学检测装置可实现水果和蔬菜品质的无损检测。

主要检测方法有规则反射光法、漫反射光法和透射光法。Dull G和Birth G S等（1989）利用近红外884nm和913nm两个波长反射光谱法测定了成熟罗马甜瓜中蔗糖与可溶性固形物的含量，试验结果表明近红外光谱与可溶性固形物含量的相关系数样品薄片为0.97，与理论结果0.60相差结果比较大。李晓明、岩尾俊男为有效检测桃内部的损伤情况，测定了桃在400～2 000nm内的分光反射特性，结果表明在可见光波长域内，实测值与理论值两者的反射率差异极小，800nm以上的近红外波长域，反射率差值比较大。国内在这方面也有较大的进展，陈世铭、张文宪等利用1 000～2 500nm近红外光谱对水蜜桃和洋香瓜等果汁的糖度检测进行了研究，分析了多元线性回归、偏最小二乘法和神经网络三种校正模式对不同光谱处理的近红外线光谱检测果汁糖度的影响。

总的来说，目前这种方法是无损检测与分拣技术中最实用和最成功的技术之一，具有适应性强、检测灵敏度高、对人体无害、使用灵活、设备轻巧、成本低和易实现自动化等优点，目前国内外正逐步进入实际应用阶段。

（三）利用果蔬产品的声波振动特性

早在20世纪60年代末至70年代初，就有很多学者对果蔬产品的声波振动特性进行过深入研究，并取得一定的成果。他们把坚硬系数$f^2m^{2/3}$（f和m分别各自代表第二共鸣频率和果蔬的质量）作为果蔬产品硬度品质的独立指标。Yamamoto等人（1981）基于瓜果的声学相应特性对苹果和西瓜内部品质的无损检测进行过研究。Armstrong（1990）测量了苹果的第一阶固有频率并利用弹性球模型的纯压缩振动模式预测了苹果的弹性模量。Chen P等人（1992）研究了影响苹果声学的响应的原因，并指出声调与苹果的第一、第二阶固有频率有直接的相关性Stone M L等人研究了利用声脉冲阻抗技术确定西瓜成熟度的方法。理论上，对于一个弹性球体的自由振动，球体的弹性系数与其他一些物理特性有关，如Ea（1+u）$f^2m^{2/3}\rho^{1/3}$，在这里Ea代表弹性系数；u是泊松比；f是自由振动的共鸣频率；m是质量，ρ是密度。这里u和ρ是一对相关常量，$f^2m^{2/3}$作为预测水果硬度检测标准，这里容易把传统上的硬度（即力与变形的比值）与通过Magness-Taylor方法所测得的果肉硬度相混淆，果肉硬度是一种表示果肉浓度的量度标准。另一个值得提醒的是，由于每一个水果有多个共鸣频率，因此当比较不同水果的硬度时，使用同一次序的共鸣频率就显得很重要。基于商业应用考虑，Armstrong和Brown（1993）使用声学测量技术设计了一条苹果硬度检测的原型包装线，并开发了一套计算机软件，使之可以从声波信号中获取第一共鸣频率。在实践研究中也显示了，硬度检测的第一共鸣频率，正是我们所希望抑制更高次序的共鸣频率。Chen等（1989）发现更高次序的共鸣能够通过延长脉冲实践（水果与敲锤之间的接触时间）进行抑制。B D Ktelaere和J D Baerdemaeker（2001）研究出了一种基于频率分析来估测西红柿硬度的方法，研究表明西红柿椭圆模型的共鸣频率与其硬度相关，他们把一种基于统计的无参数滤波方法应用于频率以获得共鸣频率的有力估计，并施加以合适的算法，从而可以以最少的测量次数获得单个西红柿的硬度。在国内这方面的研究也有长足的发展，葛屯等人（1998）基于西瓜结构的振动特性，对西瓜进行理论建模，并通过有限元计算与振动模态试验对比，找出了可以区分成熟与否的多边形阵型的特征模态。

（四）利用核磁共振技术

核磁共振（NMR）是一种探测浓缩氢质子的技术，它对水、脂的混合团料状态下的响应变化比较敏感。研究者发现，水果和蔬菜在成熟过程中，水、油和糖的氢质子的迁移率会随着其含量的逐渐变化而变化；另外，水、油、糖的浓度和迁移率还与其他一些品质因素诸如机械破损、阻止衰竭、过熟、腐烂、虫害及霜冻损害等有关。因此，基于以上的特点，通过其浓度和迁移率的检测，便能检测出不同品质参数的水果和蔬菜。

虽然NMR成像技术已经成功应用于检测人体肿瘤和其他人体异常的医学领域，但它用来检测水果和蔬菜的缺陷和其他品质因素的潜在价值还没有完全被挖掘。Hinshaw等（1979）已经证明了MRI能够产生果实内部组织的高清晰度图像。Chen等（1989）使用MRI来检测水果和蔬菜的不同品质因素，他们还发现诸如回射延迟、浓度和扫描切片的厚度等试验参数的变化对试验样本特征图像的增强有显著的影响。Rollwitz等则设计出了适合农业应用的各种类型的便携NMR传感器。

NMR成像技术的应用可以让研究者以更详尽的参数无损检测水果或者蔬菜，不仅可以方便地找出NMR参数与品质参数之间的对应关系，而且可以大大促进高速NMR技术的发展。基于NMR技术对果蔬产品无损检测的持续研究也可以促进NMR传感器在水果和蔬菜生产中的应用。

（五）利用机器视觉技术

机器视觉技术在农业中的应用研究始于20世纪70年代末期，主要进行的是植物种类的鉴别、农产品品质检测和分级。随着图像处理技术的迅猛发展和计算机软硬件性能的日益提高，机器视觉系统在果蔬品质自动检测和分级领域的应用已得到了较大发展，并促进了新的算法和硬件体系结构的发展，以便于将该技术用于水果和蔬菜内部品质的自动分选系统。Rehkugler和Kroop（1986）运用黑白图像处理技术进行苹果表面的碰压伤检测，并根据美国标准进行分级。Marchant等（1988）设计了一种计算机视觉系统，能把马铃薯分成不同尺寸级别和不同形状级别，这个系统使用了一种多处理体系结构和一种硬件数据缩减单元，能够以40个/s的速率分选马铃薯。Heinemann和Morrow（1995）运用多变元区分技术对土豆和苹果的速度直方图进行分析，从而区分发绿土豆和正常土豆，并对不同颜色特征的苹果进行分类。在国内，张书慧等人（1999）通过建立图像数据采集与分析系统及相关的农产品图像数据库，利用计算机视觉实现对苹果、桃等农产品品质（表面颜色、形状、缺陷）的准确分级。应义斌等人（2004）研究以表面色泽与固酸比为柑橘成熟度指标，建立了用于柑橘成熟度检测的机器视觉系统，确定了适宜的背景颜色，进行了柑橘的分光反射试验，试验表明700nm是获得高质量的柑橘图像的较佳中心波长，并建立了利用协方差矩阵和样本属于橘黄色和绿色的概率来判断柑橘成熟度的判别分析法，可以使柑橘成熟度的判别准确率达到91.67%。

利用机器视觉技术实现果蔬产品内部品质无损检测、目前是国际上研究的热点课题，从目前的国内外研究进展情况来看，技术已经比较成熟，但是检测精度和速度均与实际应用还有一定的距离。

（六）利用电子鼻技术

对很多水果和蔬菜来说，芳香是一种重要的品质属性。目前，鼻子仍然是测量食品和农产品气味和芳香的最好的检测器。Gardner和Bartlett（1994）介绍了电子鼻的简短发展史，绝大多数电子鼻使用一种组合传感器，每个传感器对气体中的一种或多种成分有高度的敏感性。

用来判断水果成熟度的一种商业芬芳传感器于1990年在日本就投入市场，该公司说明书中显示了一种称为"Sakata水果检测器"的手提检测器（大约重700g），能够以99%的准确率检测已腐烂、过熟和未熟的水果。国内的邹小波研究者模拟人的嗅觉形成过程研制出了一套用金属氧化物半导体气敏传感器陈列组成的电子鼻系统，同时用BP神经网络对样本进行识别分析，测试正确率达到80%。

（七）利用撞击技术

一个弹性球体撞击一个刚性表面的反作用力与撞击的速率、质量、曲率半价、弹性系数和球体的泊松比等有关。研究者发现水果对刚性表面的撞击基本上能用弹性球体进行模拟，水果的硬度对撞击的反作用力有直接的影响。Nahir等（1986）就探讨了当番茄从70mm高度掉在刚性表面时，其反作用力与水果的质量及硬度之间的紧密关系，并基于质量和颜色研制了一种分选番茄的试验机器，通过对水果反作用力的测量与分析，能分选出番茄。Ruiz-Altisent（1993）等研制出一套试验系统，利用撞击参数把水果（苹果、梨子）分成不同的硬度级别。Chen等人（1996）使用一个低质量的撞击物进行研究，结果产生以下我们期望的特征：它提高了被测加速度信号的强度，提高了计算出的硬度指数量级和硬度指数随水果硬度的变化率（硬度指数对水果硬度的变化是十分敏感的），减小了由于水果在撞击过程中的运动而导致的误差，减小了由于水果被撞击而导致的损伤并且可以使感应效率更高，基于这些发现，他们研制出了一种低质量高速的撞击传感器，用来测量桃子的硬度，获得很好的效果。

（八）利用其他方法

除此之外，还常利用密度、硬度、强制变形及射线等技术方法对果蔬进行无损检测与分选。很多水果和蔬菜的密度随着成熟度的提高而提高，但某些类型的损害和缺陷如柑橘类的霜冻伤害、水果的病虫害、番茄的虚肿以及黄瓜和马铃薯的空心等导致其密度的减小，找出密度与其品质之间的相关性，使可以利用密度对其进行无损检测。Zaltzman等人（1983）基于农产品的密度与其品质的相关性，设计了一套引水设备装置，能够以5t/h的速度把马铃薯从土块和石头中分选出来，达到99%的马铃薯命中率及100%的土块和石头排除率。很多水果的硬度与其成熟度也有关，一般水果和蔬菜的硬度随其成熟度的提高而逐渐降低，成熟时，将会急剧降低。过熟的和损坏的水果则变得相对柔软，因此根据硬度不同，可以把水果和蔬菜分成不同的成熟等级。或把过熟的和被损坏的水果加以剔除，这方面的技术已经投入生产应用。Takao（1994）研制了强制变形式的硬度测量装置（因其能估测水果的硬度、未成熟度和纹理结构而被命名HIT计算器）。Bellon等（1993）发明了一种微型变形器，它能以92%的准确率把桃子分成质地不同的三种类型。Armstrong等（1995）研制了一种能自动无损伤检测一些诸如蓝浆果、樱桃等小型水果硬度的器械，它是把整个水果夹在两平行盘之间，利用强制偏差测量法进行测量，并配合自动数据采集和分析等方法，测量速度能够达到25个/min。另外，多数水果和蔬菜能够被像X射线和γ射线这种短波辐射穿透，穿透的程度主要取决于其品质密度与吸收系数，因此，基于这种特性，利用X射线和γ射线技术能够与其密度相关联的品质参数进行检测。

目前，世界上主要的无损检测仪器和器材制造公司均在中国设有办事处或产品销售机构，这些公司主要来自美国、德国、日本、英国、加拿大、俄罗斯、意大利、法国、比利时和以色列等国家，其办事处或代理机构大多设在北京和上海。通过这些办事处或代理机构中介，我国每年进口大量无损检测仪器和器材，包括射线探伤机、射线检测胶片、超声波探伤仪、超声波测厚仪、便携式磁粉探伤机、涡流检测仪和声发射检测仪。另外，进口的射线检测实时成像系统、相控阵超声波检测系统、C扫描超声波检测系统、TOFD超声波检测系统、超声导波检测系统、油罐底板漏磁检测系统、管道漏磁检测系统、脉冲涡流检测系统和磁记忆检测仪等高新无损检测技术设备数量也十分庞大。

然而，我国无损检测生产厂家主要生产传统的无损检测仪器和设备，不能满足现代工业产品高温、高压、高速、高应力特点对无损检测设备的要求；许多行业还无法严格执行无损检测规范、行业标准和国家标准；企业缺少高级无损检测的专业人才，造成部分企业花费巨资引进的无损检测设备、资料不能系统消化、设备不能正常操作、功能不能技术维护。不少企业购置设备只为应付行业认证，却无法保证企业的产品质量。随着我国现代化建设的飞速发展，在多方面都要逐渐与国际社会接轨，无损检测技术的应用面会越来越广、应用要求会越来越高，会有更多的领域需要应用无损检测技术，特别是需要更多新型种类的无损检测系统和仪器，这一切将为我国无损检测器材制造业的更新换代造就机遇。

第四章　设施蔬菜物联网应用案例

第一节　日光温室环境监测与远程预警

一、技术需求

日光温室能在不适宜植物生长的季节，提供生育期和增加产量，多用于低温季节喜温蔬菜、花卉、林木等植物栽培或育苗等，因此对种植作物生长环境的要求要精确的多。由于种植技术落后，在传统日光温室的生产中，缺乏有效的农田环境监测手段，大多数农户升温、浇水、通风等操作，全凭感觉。人感觉冷了就升温，感觉干了就浇水，感觉闷了就通风，没有科学依据，无法对作物生长作出及时有效的调整，仅凭经验判断，造成成本高、效益低的状况。另外由于连年的累作，造成土传病害严重，土地营养流失，土壤结构发生变化，以经验为主的生产模式已经不适于当下日光温室的生产。

自然条件下，光照强度与作物的生长密切相关，绿色植物进行光合作用制造有机物质必须有太阳辐射作为唯一能源参与才能完成，不同波段的辐射对植物生命活动起着不同的作用，它们在为植物提供热量、参与化学反应及光形态的发生等方面起着重要作用。太阳辐射中对植物光合作用有效的光谱成分称为光合有效辐射，光合有效辐射是植物生命活动、有机物质合成和产量形成的能量来源，它是形成生物量的基本能源，直接影响着植物的生长、发育、产量和产品质量。植物的生长是通过光合作用制造和储存有机物来实现的，因此光照强度对植物的生长发育影响很大，它直接影响植物光合作用的强弱。光照强度与植物光合作用效率没有固定的比例关系，但是在一定光照强度范围内，在其他条件满足的情况下，随着光照强度的增加，光合作用的强度也相应的增加。光照强度弱时，植物光合作用制造有机物质比呼吸作用消耗的还少，植物就会停止生长，随着光照强度的增加，光合作用的强度也会相应的增加，这种趋势一直持续到该种作物的光饱和点。当光照强度超过光饱和点时，即使光照强度再增加，光合作用强度也不会增加。尤其是光照强度过强时，会破坏原生质，引起叶绿素分解，或者使细胞失水过多而使气孔关闭，造成光合作用减弱，甚至停止。只有当光照强度能够满足光合作用的要求时，植物才能正常生长发育。

空气湿度也是影响植物生长发育的重要因子。空气相对湿度直接影响植物的蒸腾速率，在土壤水分充足和植物具有一定的保水能力的情况下，空气湿度低，叶面蒸腾旺盛，根系吸收水分和养分增多，可加速生长。空气湿度饱和时生长速度往往因蒸腾减弱而下降，特别是灌浆期间还会延迟成熟降低产量和品质，且不利于贮藏。但在土壤水分不足时，空气干旱会破坏水分平衡，影响生长，即使土壤水分充足，柔嫩的作物组织也可能因大气干旱而失水。空气饱和差增大使植物蒸腾作用加剧，叶水势降低，气孔阻力增加，最终导致蒸腾作用下降，形成一种反馈机制。但也有一些植物在饱和差加大时蒸腾作用立即下降，反而能引起叶片含水量的增加。空气湿度对植物的开花授粉有很大影响，如板栗开花授粉时，若湿度小于22%时，未成熟花粉会因花药变干提前散落，结实率下降。空气湿度还对各种病虫害的发生有很大影响，多数真菌类病害在湿度大时侵染快发病急，而病毒类病害在湿度低时易侵染发病。

空气中的CO_2可以提高植物光合作用的强度，并有利于作物的早熟丰产，增加含糖量，改善品质。而空气中的CO_2一般约占空气体积的0.03%，远远不能满足作物优质高产的需要，在日光温室种植中，通过CO_2产生装备，补充一定量的CO_2，可以促使幼苗根系发达，活力增强，产量提高。

土壤温度是指与植物生长发育直接有关的地面下浅层内的温度，影响着植物的生长发育，另外，土壤中各种生物化学过程，如微生物活动所引起的生物化学过程和非生物化学过程，都受土壤温度的影响。

土壤湿度，即土壤水分，指保持在土壤孔隙中的水分，土壤湿度过低，形成土壤干旱，作物光合作用不能正常进行，降低作物的产量和品质，严重缺水导致作物凋萎和死亡；土壤湿度过高时，恶化土壤通气性，影响土壤微生物的活动，使作物根系的呼吸、生长等生命活动受到阻碍，从而影响作物地上部分的正常生长，造成徒长、倒伏、病害孳生等。

土壤养分是指影响作物生长的氮、磷、钾等元素的含量，氮、磷、钾是植物体内许多重要化合物的重要成分，对作物的生长有着重要作用。检测氮磷钾、溶氧、pH值信息，是为了全面检测土壤养分含量，准确指导合理施肥，提高产量，避免由于过量施肥导致的环境问题。

光照强度、空气温湿度、CO_2浓度、土壤温湿度、土壤养分等数据对作物的生长有着至关重要的作用，与日光温室生产密切相关，随着社会的发展，对温室内部的空气温湿度、土壤温湿度、CO_2浓度及光照等农业环境信息的采集也越来越受到重视。尤其是进入信息化时代后，利用信息化手段获取农作物生长环境信息，进行科学分析判断，是精准施肥、精确灌溉、智能调控的重要依据，是实现农业生产高效生产的基础。

日光温室环境预警是在取得日光温室现场环境数据的基础上，以土壤、环境、气象等环境信息为依据，对日光温室环境进行推测和估计，预测温室大棚未来环境状态，对不正常的环境状态提出警示以便作出防控措施，能最大程度上避免或减少生产活动中造成的损失，从而提升收益，降低风险，在日光温室种植中有非常重要的作用。

二、总体架构

日光温室环境监测与远程预警主要由数据采集、数据传输、数据处理及预警组成。利用传感器对日光温室环境中的光照强度、土壤温湿度、空气温湿度、土壤pH值等环境因子进行监测，通过物联网系统将所测量参数传送到平台系统，实现对农作物生长环境实时监测；平台系统对测量数据进行综合分析，按照规则给出控制决策，通过物联网系统将控制指令下发，由现场控制器实现对各类设施的智能控制，当日光温室内环境超出阈值时，在电脑和手机终端上进行显示和报警，实现对日光温室环境的监测和远程预警，平台系统可根据农作物种类设置生长环境参数范围和控制决策规则，并对所有测量数据进行存储，可依据条件对历史数据进行管理和查询。

单栋日光温室可利用设施蔬菜物联网技术，采用不同的传感器节点和具有简单执行机构的节点（风机、低压电机、电磁阀等工作电流偏低的执行机构）构成无线网络来测量土壤湿度、土壤成分、pH值、降水量、温度、空气湿度和气压、光照强度、CO_2浓度等来获得作物生长的环境，通过模型分析、自动调控温室环境、控制灌溉和施肥作业，从而获得植物生长的最佳条件。还可以通过系统阈值设定进行远程预警。

对于温室成片的农业园区，通过接收无线传感汇聚节点发来的数据，进行存储、显示和数据管理，可实现所有基地测试点信息的获取、管理和分析处理，并以直观的图表和曲线方式显示给各个温室的用户，同时根据种植植物的需求提供各种声光报警信息和短信报警信息，实现温室集约化、网络化远程管理。

（一）数据采集

环采设备是日光温室环境监测与远程预警的重要组成部分，是环境监测及预警的源头环境，是设施蔬菜物联网系统运行的前提和保障。环采设备是指利用物理、化学、生物、材料、电子等技术手段获取农业水体、土壤、小气候等环境信息、实时感知日光温室中光照强度、空气温度、空气湿度、CO_2浓度、土壤温度、土壤水分、土壤养分等环境因子，为系统管理控制提供判断和处理的依据。主要包括农业环境单参数无线采集节点、农业环境多参数无线采集节点、无线网关节点、农业环境多参数采传一体节点、农业气象信息采集站等设备。

（二）数据传输

数据传输是指利用各种通信网络，将传感器感知到的数据传输至数据信息中心或信息服务终端。日光温室无线传感通信网络主要由如下两部分组成：日光温室内部感知节点间的自组织网络建设；日光温室及日光温室与监控中心的通信网络建设。前者主要实现传感器数据的采集及传感器与执行控制器间的数据交互。日光温室环境信息通过内部自组织网络在中继节点汇聚后，将通过日光温室间及日光温室与监控中心的通信网络实现监控中心对各日光温室环境信息的监控。

（三）数据处理及预警

通过对获取的信息的共享、交换、融合，获得最优和全方位的准确数据信息，实现对日光温室的施肥、灌溉、通风等的决策管理和指导。结合经验知识，根据系统设定的阈值，控制通风、加热、降温等设备。报警系统需预先设定适合条件的上限值和下限值，设定值可根据农作物种类、生长周期和季节的变化进行修改，当日光温室环境（如空气温湿度、土壤湿度等）出现异常情况时，即达到所设定的阈值时，系统会通过电脑和手机进行预警，提示用户及时采取措施。

日光温室环境监测与远程预警系统采用了模块化设计和使用傻瓜化设计，使得设施蔬菜物联网技术应用非常接地气。系统可以根据不同的生产品种、不同的环境、不同的项目需求进行增减配置，使得不同文化程度的生产者均可以利用现代化手段进行一线生产管理，具有复制性、兼容性、扩展性。

三、应用案例

（一）设施蔬菜物联网试验基地

该基地（图4-1）位于济南市历城区唐王镇，属于单栋日光温室，其建设目标是利用设施蔬菜物联网云平台及系列智能装备产品，实现设施蔬菜生产的智能化调控和精准化管理；打造以信息化技术为支撑、智能化装备为载体、精准化作业为特征的设施蔬菜高效、精细生产模式，显著提高劳动生产率、资源利用率和土地产出率。在"日光温室环境监测与远程预警系统"模块，该系统针对蔬菜日光温室布局特点及对环境监控的需求，安装应用了相应的硬件装备和软件平台，可以实现日光温室的环境监测及远程预警。除此之外，还包括日光温室无人化精准通风、蔬菜作物智能补光控制、蔬菜作物智能遮阳控制、日光温室蔬菜栽培环境一机全管和蔬菜作物水肥一体化精量施用。

光照强度传感器，每个大棚内外各安装2个。实现数据采集功能，实时采集光照强度数据；电量信息采集功能，硬件平台通过太阳能供电，可实时获取电池剩余电量信息；数据组包功能，按既定通信协议对光照强度、剩余电量信息组包传输；数据校验功能，数据包的组包过程中含有数据校验信息，确保数据传输过程中数据不出现任何错误；无线通信功能，将按既定协议组包的采集数据，通过SI4432短距离无线通信与网关节点通信，将组包数据上传至网关节点，接收网关节点校时信息，校正本地时间，以实现与网关节点同步；错误处理功能，若程序因内在或外界因素跑飞，系统可通过看门狗程序重启，保证系统长时间在线。光照强度传感器的测量范围：0～200klx；最小分辨率：1lx；工作温度：−30～80℃；通信方式：433MHz无线传输；功耗性能：平均功耗<5mW，至少支持连续7个阴雨天正常工作；专用安装支架：插地式特制金属支架。

图4-1　设施蔬菜物联网试验基地

空气温湿度传感节点，每个大棚3个。实现数据采集功能，实时采集空气温湿度数据；电量信息采集功能，硬件平台通过太阳能供电，可实时获取电池剩余电量信息；数据组包功能，按既定通信协议对空气温湿度、剩余电量信息进行组包传输；数据校验功能，数据包的组包过程中含有数据校验信息，确保数据传输过程中数据不出现任何错误；无线通信功能，将按既定协议组包的采集数据，通过SI4432无线通信模块与网关节点通信，将组包数据上传至网关节点；接收网关节点校时信息，校正本地时间，以实现与网关节点同步；错误处理功能，若程序因内在或外界因素跑飞，系统可通过看门狗程序重启，保证系统长时间在线。空气温湿度传感节点的温度测量范围：−40～125℃；温度测量精度：±0.1℃（−10～60℃）；湿度测量范围：0～100%；湿度测量误差：±2%RH（25℃常湿30%～70%）；供电电压：太阳能供电；通信方式：433MHz无线传输；功耗性能：平均功耗4.2mW，至少支持连续5个阴雨天正常工作；专用安装支架：插地式特制金属支架。

CO_2浓度传感节点，每个大棚2个。实现数据采集功能，实时采集CO_2浓度数据；电量信息采集功能，硬件平台通过太阳能供电，可实时获取电池剩余电量信息；数据组包功能，按既定通信协议对CO_2浓度、剩余电量信息组包传输；数据校验功能，数据包的组包过程中含有数据校验信息，确保数据传输过程中数据不出现任何错误；无线通信功能，将按既定协议组包的采集数据，通过SI4432短距离无线通信与网关节点通信，将组包数据上传至网关节点；接收网关节点校时信息，校正本地时间，以实现与网关节点同步；错误处理功能，若程序因内在或外界因素跑飞，系统可通过看门狗程序重启，保证系统长时间在线。CO_2浓度传感节点的测量范围：0～10ml/L；测量精度：±0.03ml/L±5%FS；工作环境：温度0～50℃，湿度0～95%；工作电压：5V；反应时间：≤30s；通信方式：433MHz无线传输；功耗性能：平均功耗≤8mW，至少支持连续7个阴雨天正常工作；专用安装支架：插地式特制金属支架。

土壤水分传感节点，每个大棚6个。实现数据采集功能，实时采集土壤水分数据；电量信息采集功能，硬件平台通过太阳能供电，可实时获取电池剩余电量信息；数据组包功能，按既定通信协议对土壤水分、剩余电量信息组包传输；数据校验功能，数据包的组包过程中含有数据校验信息，确保数据传输过程中数据不出现任何错误；无线通信功能，将按既定协议组包的采集数据，通过SI4432短距离无线通信与网关节点通信，将组包数据上传至网关节点；接收网关节点校时信息，校正本地时间，以实现与网关节点同步；错误处理功能，若程序因内在或外界因素跑飞，系统可通过看门狗程序重启，保证系统长时间在线。土壤水分传感节点的测量范围：0～100%（m^3/m^3）；探针材料：不锈钢；测量精度：0～50%（m^3/m^3）范围内为±2%（m^3/m^3）；工作温度：-40～85℃；工作电压：5V；稳定时间：通电后1s内；通信方式：433MHz无线传输；功耗性能：平均功耗6.2mW，至少支持连续5个阴雨天正常工作；专用安装支架：插地式特制金属支架。

土壤温度传感节点，每个大棚6个。实现数据采集功能，实时采集土壤温度数据；电量信息采集功能，硬件平台通过太阳能供电，可实时获取电池剩余电量信息；数据组包功能，按既定通信协议对土壤温度、剩余电量信息组包传输；数据校验功能，数据包的组包过程中含有数据校验信息，确保数据传输过程中数据不出现任何错误；无线通信功能，将按既定协议组包的采集数据，通过SI4432短距离无线通信与网关节点通信，将组包数据上传至网关节点；接收网关节点校时信息，校正本地时间，以实现与网关节点同步；错误处理功能，若程序因内在或外界因素跑飞，系统可通过看门狗程序重启，保证系统长时间在线。土壤温度传感节点的测量范围: -55～125℃; 测量精度: ±0.1℃; 探针材料: 不锈钢; 通信方式: 433MHz无线传输; 功耗性能: 平均功耗≤5mW, 至少支持连续7个阴雨天正常工作; 专用安装支架: 插地式特制金属支架。

土壤pH值传感节点, 每个大棚3个。数据采集功能, 实时采集土壤pH值和EC值; 电量信息采集功能, 硬件平台通过太阳能供电, 可实时获取电池剩余电量信息; 数据组包功能, 按既定通信协议对土壤pH值和EC值、剩余电量信息组包传输; 数据校验功能, 数据包的组包过程中含有数据校验信息, 确保数据传输过程中数据不出现任何错误。无线通信功能, 将按既定协议组包的采集数据, 通过SI4432短距离无线通信与网关节点通信, 将组包数据上传至网关节点; 接收网关节点校时信息, 校正本地时间, 以实现与网关节点同步; 错误处理功能, 若程序因内在或外界因素跑飞, 系统可通过看门狗程序重启, 保证系统长时间在线。土壤pH值传感节点EC传感参数, 测量精度: ±0.1pH值; 最小分辨率: 0.005pH值; 工作温度: 0～100℃; 输出信号: -450～1 100mV; 响应时间: 30s读取98% (25℃)。EC传感参数: 测量范围: 0～20mS/cm; 最小分辨率: 0.008mS/cm; 测量精度: ≤±0.02%。通信方式: 433MHz无线传输; 功耗性能: 平均功耗<5mW, 至少支持连续7个阴雨天正常工作; 专用安装支架: 插地式特制金属支架。

设施蔬菜物联网试验基地环境监测装备如图4-2所示。

图4-2 设施蔬菜物联网试验基地环境监测装备

设施蔬菜物联网云平台, "蔬菜物联网测控平台"借助"物联网""云计算"技术, 实现对蔬菜产业生产现场环境、作物生理信息的实时监测、视频监控, 并对生产现场光、温、水、肥、气等参数进行远程调控。通过"蔬菜物联网测控平台"可帮助农业生产者随时随地掌握蔬菜作物的生长状况及环境信息变化趋势, 在系统设定环境参数阈值范围, 当日光温室内环境超过阈值时, 云平台弹出报警信息。

智农e联/智农e管手机App, 该软件支持平台所有生产过程数据采集、环境信息监测功能。通过该软件可随时随地查看设备的工作状态、数据监测及报警信息，使用方便。按照作物需求，设定环境参数阈值，超过阈值会自动向用户推送报警信息，实现远程预警功能，如图4-3所示。

图4-3 远程预警

传统的日光温室管理、环境数据监测离不开人的经验，需要劳动人员到现场进行判断，因此对于劳动人员有较大的考验，工作量也比较大，人力成本比较高，但是管理效果却是因人而异，不具备精确性和可复制性。而利用日光温室环境监测与远程预警管理日光温室，环境监测、环境预警等工作都可以通过远程完成，劳动人员不用再亲自跑到大棚里就可以精确了解日光温室内环境数据，观察大棚蔬菜的生长情况，当日光温室内环境超过设定阈值时，会给劳动人员推送预警信息，提醒劳动人员为日光温室进行卷帘、灌溉、通风等，极大地方便了日光温室的管理，提高了工作效率，降低了人工成本。同时，科学便捷地采集各种数据，为日光温室里的作物生产提供强大的理论支持。实现农业生产环境的智能感知、智能预警、智能决策、智能分析、专家在线指导，为农业生产提供精准化种植、可视化管理和智能化决策。

日光温室环境监测与远程预警系统便捷灵敏的各种数据采集，为作物科学生产提供数据支持，使各种作物处于最优的生长环境，提高了作物产量和质量；优秀的远程管理操作功能，突破时空对作物生产管理的限制；大大提高生产管理的效率，节省了人工成本。

（二）山东省农业科学院农业物联网（蔬菜）试验示范基地

该基地（图4-4）依托单位为山东向阳坡生态农业股份有限公司，该基地属于日光温室成片的农业园区，山东向阳坡生态农业股份有限公司是集蔬菜生产、加工、销售、新品种引进、技术培训与咨询服务为一体的高标准生态农业科技示范园区。以"打造现代农业，提升蔬菜品质"为宗旨，依托禹城市大禹龙腾蔬菜种植专业合作社开发建设，拥有投资2 800万元，占地1 200亩的自营农场有机蔬菜生产基地，拥有1 778亩有机蔬菜种植基地，拥有高标准日光温室36栋，大小拱棚50座。属于国家有机农业生产体系重要组成部分和科研开发孵化器，建立完善的蔬菜食用安全追溯体系，铸就了"向阳坡"这一最受消费者欢迎的安全、自然、健康的有机蔬菜品牌。示范园已通过ISO 9001：2008质量管理体系认证、HACCP食品安全管理体系认证、中国有机产品认证。示范园同中国科学院是亲密合作伙伴，是山东省政府办公厅指定蔬菜供应基地，第四届太阳城大会指定产品，山东科学养生协会发起会员单位，山东省第三届旅游饭店协会理事单位，德州市名优蔬菜获得单位，德州市瓜菜菌理事长单位。该基地自2017年5月以来，应用了"日光温室环境监测与远程预警系统"，该系统针对蔬菜日光温室布局特点及对环境监控的需求，安装应用了相应的硬件装备和软件平台。

图4-4　山东省农业科学院农业物联网（蔬菜）试验示范基地

四参数无线采集节点，每个大棚3～5个。实现日光温室蔬菜生长环境中空气温度、空气湿度、土壤水分、土壤温度4个参数的采集。温度测量范围：−40～125℃；温度测量精度：±0.1℃（−10～60℃）；湿度测量范围：0～100%，湿度测量误差：±2%RH（25℃常湿30%～70%）；土壤水分测量范围：0~100%（m³/m³），测量精度：0~50%（m³/m³）范围内为±2%（m³/m³），探针材料：不锈钢，工作温度：-40~85℃；土壤温度测量范围：-55~125℃，测量精度：±0.1℃，探针材料：不锈钢；太阳能供电和无线传输。

智能网关节点，每个大棚1个。其作用为通过无线传输方式连接各传感节点，实现数据汇集和转发。核心处理器≥72MHz；内存≥1k；本地通信方式：433MHz无线；远程通信方式：以太网/GPRS二选一；采集频率：可进行远程设置和调整；工作温度：-40~85℃；供电电压：AC220V；防水等级：IP65。

山东省农业科学院农业物联网（蔬菜）试验示范基地环境监测装备如图4-5所示。

图4-5　山东省农业科学院农业物联网（蔬菜）试验示范基地环境监测装备

设施蔬菜物联网云平台并不只是一个操作平台，而是一个庞大的管理体系，是用户在实现农业运营中使用的有形和无形相结合的控制系统。在这个平台上，用户能够实现信息智能化监测和自动化操作，有效整合内外部资源，提高利用效率。

山东省农业科学院农业物联网（蔬菜）试验示范基地的高档日光温室是具有国内先进农业科技水平的智能化温室，率先使用了农业物联网技术，实现了蔬菜生产的精准化、标准化操作，在大棚种植区棚内依稀可见移动信息控制终端和传感器。控制终端可以与种植户手机直接连接，在手机上可以查看大棚内的温度、湿度情况，并可以随时调整控制达到作物最适宜的环境，还可以远程接收预警信息，及时作出调整方案。日光温室环境监测与远程预警解决了传统农业中，浇水、施肥、打药，农民凭经验的问题，对日光温室内环境实现了"精准"把关，工作人员可以实时监测蔬菜生长环境的细微变化，作出相应的决策。通过日光温室环境监测与远程预警系统，实现了农产品生长全程可视、可控，实现了精准灌溉、施肥和远程预警，降低人工成本及资源成本。生产者可以远程获取日光温室内环境的精确数据，了解植物的生长状况，通过接收传感器采集的数据，进行存储、显示和分析管理，让决策更加简单与精准，用户可通过手机端或者电脑端看到直观的数据图表和曲线，并提供各种声光报警信息和短信报警信息，让管理者在第一时间了解到温室的最新情况，从而实现温室集约化、网络化的远程管理。

（三）夏津县香赵庄瑞丰源果蔬专业合作社

该合作社成立于2013年1月9日，主要从事有机高端果树和蔬菜种植销售等。该合作社自2016年4月以来，应用了日光温室环境监测与远程预警系统，针对蔬菜日光温室布局特点及对环境监控的需求，安装应用了相应的硬件装备和软件平台。合作社选取示范园区内的10余座典型大棚进行成果的推广应用。由于示范园区内的日光温室大棚的棚体东西向跨度较长，为保障监测数据能够精准地体现棚内环境因子的动态变化，在大棚的东西两端进行均匀布点，每座棚内安装3套六参数采集节点设备，在每座棚内的中间位置安装1套智能网关节点设备。此外，为随时查看棚内作物生产情况，每1套网关节点均配置连接了2台红外高清网络摄像机，两者通过以太网线缆实现直接连接。

六参数采集节点，每个大棚3~5个。进行日光温室蔬菜生长环境中空气温度、空气湿度、土壤水分、土壤温度、光照强度和CO_2浓度6个参数的采集；温度测量范围：$-40 \sim 125℃$，温度测量精度：$\pm 0.1℃$（$-10 \sim 60℃$）；湿度测量范围：$0 \sim 100\%$，湿度测量误差：$\pm 2\%RH$（$25℃$常湿$30\% \sim 70\%$）；土壤水分测量范围：$0 \sim 100\%$（m^3/m^3），探针材料：不锈钢，测量精度：$0 \sim 50\%$（m^3/m^3）范围内为$\pm 2\%$（m^3/m^3），工作温度：$-40 \sim 85℃$；土壤温度测量范围：$-55 \sim 125℃$，测量精度：$\pm 0.1℃$，探针材料：不锈钢；光照强度的测量范围：$0 \sim 200klx$，最小分辨率：$1lx$；CO_2浓度测量范围：$0 \sim 10ml/L$，测量精度：$\pm 0.03ml/L \pm 5\%FS$；太阳能供电和无线传输。

智能网关节点，每个大棚1个。其作用为通过无线传输方式连接各传感节点，实现数据汇集和转发。核心处理器$\geq 72MHz$；内存$\geq 1k$；本地通信方式：433MHz无线；远程通信方式：以太网/GPRS二选一；采集频率：可进行远程设置和调整；工作温度：$-40 \sim 85℃$；供电电压：AC220V；防水等级：IP65。

夏津县香赵庄瑞丰源果蔬专业合作社环境监测装备如图4-6所示。

图4-6　夏津县香赵庄瑞丰源果蔬专业合作社环境监测装备

每座棚内的无线传感节点设备，采集到相应的环境参数值后，分别以SI4432无线的方式传输至本棚内网关节点。网关节点解析这些数据，进行本地处理、显示或存储，然后即时向外转发，再传输至远程服务器。相应地，网络摄像机采集的视频数据也通过网线实时传输至网关节点，并即时转发至园区监控室进行视频画面的存储和显示。应用基地的监控室内配置了相应的数据接收、存储和显示设备。合作社管理人员足不出屋，就可以方便地观察各棚内环境数据的动态变化情况。当遇有温度、湿度等环境因子异常变化时，会将相应大棚及因子突出显示，提醒管理者及时采取相应处理措施，保障作物始终处于良好的生长环境当中，有效避免生产风险的发生，降低因灾致损的可能性。

第二节　日光温室无人化智能卷帘

一、技术需求

日光温室在农业发展中具有重大意义，它在提供反季节蔬菜、缩短农作物生长周期，以及大幅度提高农作物的成活率等方面起到了巨大作用。在我国北方地区，特别是东北地区，在早春晚秋和冬季温室日光温室中都需要使用保温帘（草帘、保温被等）来提高棚内温度。为了对温室大棚夜间保温，每天清晨太阳升起时，卷起保温帘使得棚内植物得到充足的阳光照射，最大限度利用太阳光，每天傍晚太阳落山时，放下保温帘最大限度保温，卷帘的收放成为温室大棚种植的日常作业，是日光温室种植中非常费时费力的环节。据调查，在温室大棚蔬菜深冬生产的过程中，每667m^{2}大棚人工拉保温帘约用1.5h，太阳西下时，人工放保温帘要用0.5h，这样每天就需要2h的劳动时间。日光温室卷放保温帘起初由人工完成，通常由2名工人手动完成卷帘机实现卷帘的收放，1名员工观察卷帘的卷起和铺放程度，当卷帘到达收放位置后通知另一名员工停止卷帘机的运行，这种卷帘控制方式浪费人力，效率低下，既费工费时，成本又高，无法实现科学合理的管理。经过几十年的快速发展，日光温室的技术性能日趋完善，整体水平由过去的分散化、低水平逐渐向规模化、集约化方向发展，技术水平有了大幅度提高。保温帘的卷放领域，人们研发了日光温室机械卷帘机，用于自动卷放日光温室帘子的农业机械设备。常见的日光温室机械卷帘机可分为固定式和移动式两种。固定式卷帘机的动力和支撑装置放置在温室的后屋面。其将一定间隔的绳子一端拴系在屋脊处，沿着温室屋面布置在外保温覆盖材料的下面；另一端绕过外保温覆盖材料的底端，延伸并固定到位于温室后屋面的卷帘机卷轴上。随着卷轴的转动，绳子收紧缠绕在卷轴上，实现外保温覆盖材料的卷帘作业。卷轴反转后，卷绳放松，外保温覆盖材料在重力的作用下，沿着屋面下滚，实现铺放作业。固定式大棚卷帘机造价较高，安装比较复杂，对大棚的要求也较高，目前应用较少。移动式卷帘机将动力输出轴固定在卷轴上，而卷轴固定在外保温覆盖材料位于前屋面的端部。卷轴将外保温覆盖材料从低端卷起，随着卷轴的旋转，外保温覆盖材料爬升到屋面，实现卷帘作业。电机反向旋转，实现铺放作业。根据卷轴有无轨道，卷轴式卷帘机可分为轨道式和无轨道两种。将动力和支撑装置放在温室前屋面的移动式卷帘机，称为前置卷轴上推式卷帘机，适用于棚面较长的日光温室大棚。动力和支撑装置放在温室一端的移动式卷帘机，称为侧置卷轴上推式卷帘机。

温室机械化卷帘机的使用，增加了日照时间，提高了温室温度。由于机械卷帘速度快，可以早卷帘和晚放帘，从而增加温室的受照时间，通过缩短卷放帘时间，一般每天可增加日照时间近2h，提高温室内温度3～5℃；提高了劳动生产率，减轻了劳动强度。据测试，一个70m长的大棚，卷帘机卷放一次仅需8min，而人工卷放一次需要2人工作2h；减少了保温帘磨损，延长了保温帘的使用寿命。由于卷放过程运行平稳，无绳索与保温帘的摩擦，可使保温帘延长使用寿命1～2年；缩短了作物生长周期，提早上市，增加产品经济效益。由于温室内温度增高，生长快，使作物早熟，缩短作物生长期，一般可使作物提前上市5～10天，由于是反季生产，反季量的大小直接关系到产品的价格。温室机械化卷帘的应用，通过减少用工量，减少保温帘的损坏，提高作物的产量，增加反季量等，提高了经济效益。

虽然日光温室机械化卷帘机改变了传统的人工卷帘操作的方法，提高了劳动效率，解决了卷放帘劳动强度大等问题。但仍存在很多其他问题：目前使用的温室大棚卷帘机基本上是依靠现场人工送电，以达到控制卷帘机升降的目的，存在着较大的安全隐患；不管温室中是否有劳动任务，劳动人员都必须到现场操控设备，浪费了时间；卷帘和放帘时间完全凭操作人员的个人经验，制约了卷帘机省力、抢光和提效能力的发挥；过于依赖人工经验，难以进行标准化生产。为了最大限度地发挥卷帘机对温室内光照、温度和湿度环境的控制作用，以安全、可控、省工为目的智能化卷帘机设计需求显得越来越迫切。

二、总体架构

日光温室无人化智能卷帘系统由前端传感、数据采集系统、控制系统、电动执行系统和上位管理计算机软件等部分组成。系统通过一套温室内的温度传感器对日光温室内空气温度进行不间断的实时监测，由数据采集系统的采集模块接收前端传感器的各类电压或电流信号，再由控制系统部分的开关量模块根据计算机接收信号智能控制其内部的逻辑电路，逻辑电路的"通、断"可以间接地控制卷帘机的"开关电路"，从而实现对此类用电器的控制，而上位计算机及软件主要功能是实现计算机对"数据采集系统"和"控制系统"的集中控制，将日光温室自动卷帘智能控制模型嵌入计算机软件系统中，代替人工经验作出收放保温帘的决策，计算机软件部分"模型的决策"转化成"电信号"传递给"数据采集系统"和"控制系统"，可以实现无人化智能卷帘操作。

通过使用无人值守式大棚卷帘控制设备，用户可对卷帘进行本地或者远程控制；上限位保护装置、下限位保护装置实时监测卷帘的位置，当卷帘到达最高或最低位置时，上限位保护装置或下限位保护装置会发送信号至主控制器，主控制器会自动发送停止卷帘机信号至驱动控制器以停止卷帘机工作，通过限位保护装置对收放卷帘进行保护，防止卷帘超过最高或最低位置对设备造成损害，实现了大棚卷帘的无人值守，提高了系统的可靠性和稳定性。同时，用户可同时控制多个卷帘机工作，大大提高了工作效率。

三、应用案例

（一）设施蔬菜物联网试验基地

寒冷的冬季，温室大棚外的保温帘对于大棚来说必不可少，它能够调节大棚内作物的光照和环境温度。但是卷帘的收放却增加了极大的劳动强度，也存在一定的危险，虽然出现了机械化作业的卷帘机，但是在收放的时间段内，还需要专门的劳动力去现场一一操作，温室大棚数量过多的话，收放起来会非常麻烦。在设施蔬菜物联网试验基地日光温室无人化智能卷帘模块中，除了前端环采设备外，还包括温室大棚远程卷帘控制器和电动卷帘机（图4-7）。

图4-7　设施蔬菜物联网试验基地无人化智能卷帘

温室大棚远程卷帘控制器，每个大棚安装1个。针对目前农业生产上大棚通用的卷帘机型式，将控制器与其有机结合实现无人值守式温室大棚远程卷帘控制。现场手动、远程自动、无线遥控三选一的控制模式；供电电压为AC380V或AC220V；防水等级为IP4，可防风、防雨、防雷。

电动卷帘机，每个大棚安装1个。其主要功能是利用电机控制日光温室保温帘的卷起和收放。电动卷帘机无须重新安装，利用原有农业生产中的电动卷帘机即可，性能参数与农业生产中常用的卷帘机相同。

设施蔬菜物联网云平台，云平台中嵌入了智能卷帘决策模型，系统前端传感器监测到温室大棚现场环境数据，传至云平台，通过智能卷帘决策模型作出收放帘的判定，传送至智能卷帘控制器，实现保温帘的收放。

智农e联/智农e管手机App，通过控制模块，可以远程自动控制或系统智能控制卷帘机的收放，如图4-8所示。

图4-8　智农e联无人化智能卷帘远程控制界面

使用日光温室无人化智能卷帘系统后，设施蔬菜物联网试验基地真正实现了无人值守。工作人员在办公室通过"智农e联"温室大棚远程智能控制App，即可实现对温室大棚卷帘的远程操作，操作起来非常方便。打开App，轻轻一点"收帘"控制键，开始给温室大棚收起保温帘，保温帘接收到"指令"后便自动运行，大棚外的视频和App相连，通过App还可以很清晰的看到卷帘收起的状况，既省心又放心。

（二）济南市历城区观霖种植专业合作社

该合作社主要从事高端绿色农产品的种植和销售，有着多年种植蔬菜的历史和大面积的日光温室。自2017年以来，济南市历城区观霖种植专业合作社安装了"日光温室无人化智能卷帘系统"，该系统（图4-9）解决了现有日光温室卷帘操作中存在的问题，实现了温室大棚无人值守，实现了省工、省力、安全、高效的智能卷帘机械。该系统包括如下几方面。

图4-9　济南市历城区观霖种植专业合作社无人化智能卷帘

六参数采集节点，用于设施作物生长环境中空气温度、空气湿度、土壤水分、土壤温度、光照强度和CO_2浓度6个参数的采集。

智能网关节点，用于通过无线传输方式连接各传感节点，实现数据汇集和转发。

温室大棚远程卷帘控制器，每个大棚安装1个。针对目前农业生产上大棚卷帘机型式，将控制器与其有机结合实现无人值守式温室大棚远程卷帘控制。现场手动、远程自动、无线遥控三选一的控制模式；供电电压为AC380V或AC220V；防水等级为IP4，可防风、防雨、防雷。

电动卷帘机，每个大棚安装1个。其主要功能是利用电机控制日光温室保温帘的卷起和收放。电动卷帘机无须重新安装，利用原有农业生产中的电动卷帘机即可，性能参数与农业生产中常用的卷帘机相同。

设施蔬菜物联网云平台，云平台中嵌入了智能卷帘决策模型，系统前端传感器监测到温室大棚现场环境数据，传至云平台，通过智能卷帘决策模型作出收放帘的判定，传送至智能卷帘控制器，实现保温帘的收放。

智农e联/智农e管手机App，通过控制模块，可以远程自动控制或系统智能控制卷帘机的收放。

每座棚内安装2套六参数采集节点设备，在每座棚内的中间位置安装1套智能网关节点设备。此外，为随时查看棚内作物生产情况，每1套网关节点均配置连接了1台红外高清网络摄像机，两者通过以太网线缆实现直接连接。

据园区工作人员反映，使用日光温室无人化智能卷帘系统后，首先，节省了人工成本。卷帘是日光温室种植过程中劳动强度相当大的环节之一，每亩日光温室每天用人工拉、放保温帘每天需要1.5～2h，即使用电动卷帘机拉、放也需要至少20min，而且劳动人员必须到生产现场才可以操作。而使用日光温室无人化智能卷帘系统，劳动人员在任何地方通过手机和电脑实现远程操作，既省工又省时，提高了作业效率，使用日光温室无人化智能卷帘系统后，人工成本降低了50%；其次，保护了劳动人员的安全。电动卷帘机在给农户带来方便的同时，也会有很多安全问题。由于电动卷帘机使用环境复杂，操作频繁，故障发生率较高，在使用过程中时常会发生危险，因不正确的使用方法，导致卷帘机伤人或致死现象时有发生，造成财产损失和安全事故。使用日光温室无人化智能卷帘系统，劳动人员无需现场操作，有效避免了电动卷帘机造成的人身伤害，使用日光温室无人化智能卷帘系统后，实现了收放帘过程中零事故。最后，增加了太阳能的利用率。日光温室无人化智能卷帘系统利用卷帘控制模型科学的控制保温帘的收放，通过"早揭晚盖"，使蔬菜接受光照时间提前，棚内光照时间增加，增加了作物的光合产物，充分利用增加时间差来提高和保持棚内温度，可使棚内温度提高。棚温提高，光照时间增加利于作物生长，抗病能力增加，产量提高，从而提高经济效益。使用日光温室无人化智能卷帘系统后，综合经济效益提高了20%。使用日光温室无人化智能卷帘系统后，一个工作人员可以管理多个日光温室，实现了智能化、规模化、规范化种植。

第三节　日光温室无人化精准通风

一、技术需求

日光温室是一个相对封闭的系统，依靠覆盖材料与外界隔离，形成不同于自然环境条件的作物生长空间。日照温室大棚内种植的大多是反季节作物，对生长环境的要求极为苛刻，尤其是对温度、湿度和CO_2浓度的要求更为严格。由于不同的作物具有不同的生长周期，每个生长周期对环境的参数要求也各不相同，如果工人对环境的观察经验不足，就会使作物一直处于恶劣的环境中，影响作物的正常生长，最终导致作物的减产，甚至绝收。日光温室内空气温度、湿度和CO_2浓度对植物生长有非常重要的影响，通风换气可以进行有效调控，创造适宜作物生长的环境条件。其作用表现在以下几方面。

补充CO_2，维持温室内必要的CO_2浓度。CO_2浓度低会影响植物的光合作用，影响植物的生长发育。温室内白昼因作物光合作用吸收CO_2，造成室内CO_2浓度降低，光合作用旺盛时，室内CO_2浓度有时降低至100ml/m³以下，不能满足植物继续进行正常光合作用的需要。通风可从空气中引入CO_2浓度300ml/m³，获得CO_2补充。

排除多余热量，抑制高温。在室外气温较高的春、夏、秋季，白昼太阳辐射强烈，温室在封闭管理的情况下，室内气温可高于室外20℃以上，出现超过植物生长适宜范围的过高气温。在完全不通风的情况下，温室温度可达50℃以上。过高的温度会导致过快的蒸腾速率，从而导致植物脱水甚至死亡。进行通风可有效引入室外相对较低温度的空气，排除室内多余热量，防止室内出现过高的气温。

促使室内空气流动，促使植物群落中的气体交换。室内空气滞留会抑制作物的蒸腾作用，也会增加作物发生病虫害的风险。通风换气可促进室内空气的流动，有利于作物健康生长。

排除室内水汽，降低室内空气湿度。温室在封闭管理的情况下，土壤中水分蒸发和植物蒸腾作用的水汽在室内聚集，往往产生较高的室内湿度，夜间室内相对湿度甚至可达95%以上。高湿度环境影响植物的蒸腾和水分与养分的吸收，不利于生长发育，还会引发病害。通风引入室外干燥空气可有效降低室内湿度。

传统的通风技术，以工作人员经验判断操作，判断是否通风的条件很多，如棚内浇水后，感觉湿度较高时，需打开通风机进行通风；天气晴天，感觉棚内外温差较大时，需打开通风机进行通风，通风过程中需密切注意温度变化，温度下降过快时，要及时关闭通风口，以防温度过度下降使蔬菜遭受危害；为保证棚内适宜蔬菜生长的温度，外界气温稍高时，需增加通风次数和时间；棚内湿度较大，棚膜及叶尖上有水滴形成一定要及时通风，并加大通风量，即使阴天在温度允许的情况下也需短时通风。人工通风不仅费时费力，而且过于依赖工作人员的经验，不同的工作人员判断是否通风的状态不同，种植效果难以复制。

二、总体框架

日光温室无人化精准通风系统采用总线通信集中控制方式，主要由机械系统、通信系统和控制系统组成。其中，控制系统和机械系统主要负责采集温室内部环境信息，并由下位机驱动通风口的开合，而传输模块将上位机通过移动网络并入物联网云平台。机械系统主要由减速机、卷膜杆、滑轮及拉绳等组成，负责机械传导；通信系统由上位机与下位机通信和上位机与物联网平台通信两部分组成；控制系统上下位机主要由单片机最小系统、温湿度传感器、电机驱动模块、通信模块、手动无线遥控模块等组成。

系统工作过程如下：设定上下限温度和电机工作时间后进入正常工作状态；上位机通过地址扫描的方式逐个采集下位机上的信息，地址配对成功的下位机将相应数据上传，并与用户提前设定好的温度进行比较，并判断通风口的位置；控制下位机驱动对应位置的电机动作，带动减速器正反转，从而启闭通风口，同时上位机采集到的温湿度会在屏幕上实时显示。另外，该系统还设置了手动模式，当接收到人工输入的控制信号时，下位机根据不同按键的键值控制电机的正反转。

系统还通过设施蔬菜物联网云平台集成了智能控制中模糊控制、作物生长模型、预测控制技术和优化算法，在高产出、高质量、低投入的约束条件下，实现对日光温室的无人通风的智能控制。采用作物生长模型和环境预测模型相结合的方法，把该技术嵌入到设施蔬菜物联网云平台自动控制系统中，以达到在无人的条件下对日光温室通风的最佳控制，为作物创造最适宜的生长环境。

三、应用案例

（一）设施蔬菜物联网试验基地

在设施蔬菜物联网试验基地日光温室无人化精准通风模块中，除了前端环采设备以及传输设备外，还包括温室大棚自动通风控制器和机械通风设备。

温室大棚自动通风控制器，每个大棚安装1个。采用智能控制技术，远程手动或自动控制轴流风机、离心风机等通风设备门窗的开关启闭。采用智能控制技术通风机电机的开关，通过开启/关闭通风机实现对农业生产现场的温度、湿度、CO_2浓度的控制，有自动、手动、定时3种控制模式。自动模式下，根据当前监测的棚内温湿度数据进行判定，当温湿度传感器监测到温湿度达到上/下限设定值时，内部继电器动作，自动开启/关闭通风机来调节温室大棚内的温湿度；手动模式下，手动按压面板开启/关闭按钮进行操作；定时模式下，可以设定时间，按照设定时间开启/关闭通风机。工作温度：-30~70℃；工作湿度：10%~90%RH，无凝露；内置继电器最大负载（阻性）：12A/16A、250VAC；最大切换电流：12A/16A；可通过RS485接收上位机指令和上传信息。

机械通风设备，每个大棚安装1个。日光温室通用风机，一般由外框、扇叶、百叶窗、电机、保护网、传动装置等组成。

设施蔬菜物联网云平台，将模糊控制、作物生长模型、预测控制技术等集成到云平台中，系统前端传感器监测到温室大棚现场环境数据，传至云平台，通过云平台作出决策，传送至温室大棚自动通风控制器（图4-10），实现温室大棚风机的开与关。

智农e联/智农e管手机App，通过控制模块，可以远程自动控制或系统智能控制温室大棚风机的开与关。

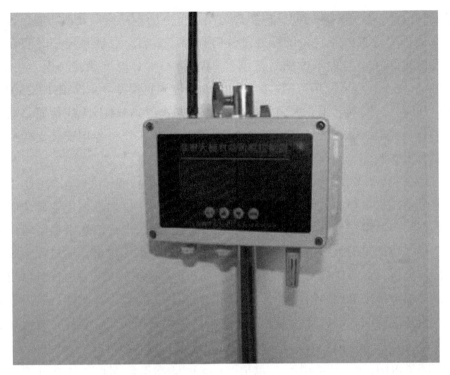

图4-10　温室大棚自动风机控制器

　　通过日光温室无人化精准通风系统，实现了日光温室自动通风，达到降温、降湿、降低二氧化浓度的功能，提高通风效率、降低通风能耗，有效控制日光温室内环境，从而提高作物产量；系统可根据前端环采设备采集到的环境数据，精准判断通风条件，捕捉最佳时机进行通风，避免低效通风、无效通风、过度通风和有害通风现象的发生；通风过程无需生产人员到现场，实现了无人化操作，节省了劳动力。

　　（二）山东省农业科学院农业物联网（蔬菜）试验示范基地

　　该基地主要从事高端绿色农产品的种植和销售，有着多年种植蔬菜的历史和大面积的日光温室。日光温室种植过程中，温度、湿度和CO_2浓度的管理与控制是温室大棚生产的关键因素之一，为了实现温室大棚生产中无人精准通风，于2017年在每个日光温室都安装了日光温室无人精准通风系统。

　　空气温湿度传感节点，每个大棚3个。实现数据采集功能，实时采集空气温湿度数据；电量信息采集功能，硬件平台通过太阳能供电，可实时获取电池剩余电量信息；数据组包功能，按既定通信协议对空气温湿度、剩余电量信息进行组包传输；数据校验功能，数据包的组包过程中含有数据校验信息，确保数据传输过程中数据不出现任何错误；无线通信功能，将按既定协议组包的采集数据，通过SI4432无线通信模块与网关节点通信，将组包数据上传至网关节点；接收网关节点校时信息，校正本地时间，以实现与网关节点同步；错误处理功能，若程序因内在或外界因素跑飞，系统可通过看门狗程序重启，保证系统长时间在线。空气温湿度传感节点的温度测量范围：$-40 \sim 125℃$；温度测量精度：$\pm 0.1℃$（$-10 \sim 60℃$）；湿度测量范围：$0 \sim 100\%$；湿度测量误差：$\pm 2\%RH$（$25℃$常湿$30\% \sim 70\%$）；供电电压：太阳能供电；通信方式：433MHz无线传输；功耗性能：平均功耗4.2mW，至少支持连续5个阴雨天正常工作；专用安装支架：插地式特制金属支架。

CO_2浓度传感节点，每个大棚2个。实现数据采集功能，实时采集CO_2浓度数据；电量信息采集功能，硬件平台通过太阳能供电，可实时获取电池剩余电量信息；数据组包功能，按既定通信协议对CO_2浓度、剩余电量信息组包传输；数据校验功能，数据包的组包过程中含有数据校验信息，确保数据传输过程中数据不出现任何错误；无线通信功能，将按既定协议组包的采集数据，通过SI4432短距离无线通信与网关节点通信，将组包数据上传至网关节点；接收网关节点校时信息，校正本地时间，以实现与网关节点同步；错误处理功能，若程序因内在或外界因素跑飞，系统可通过看门狗程序重启，保证系统长时间在线。CO_2浓度传感节点的测量范围：$0 \sim 10mg/L$；测量精度：$\pm 0.03mg/L \pm 5\%FS$；工作环境：温度$0 \sim 50℃$，湿度$0 \sim 95\%$；工作电压：5V；反应时间：$\leqslant 30s$；通信方式：433MHz无线传输；功耗性能：平均功耗$\leqslant 8mW$，至少支持连续7个阴雨天正常工作；专用安装支架：插地式特制金属支架。

温室大棚自动通风控制器，每个大棚安装1个。采用智能控制技术，远程手动或自动控制轴流风机、离心风机等通风设备门窗的开关启闭。采用智能控制技术通风机电机的开关，通过开启/关闭通风机实现对农业生产现场的温度、湿度、CO_2浓度的控制，有自动、手动、定时3种控制模式。自动模式下，根据当前监测的棚内温湿度数据进行判定，当温湿度传感器监测到温湿度达到上/下限设定值时，内部继电器动作，自动开启/关闭通风机来调节温室大棚内的温湿度；手动模式下，手动按压面板开启/关闭按钮进行操作；定时模式下，可以设定时间，按照设定时间开启/关闭通风机。工作温度：$-30 \sim 70℃$；工作湿度：$10\% \sim 90\%RH$，无凝露；内置继电器最大负载（阻性）：12A/16A、250VAC；最大切换电流：12A/16A；可通过RS485接收上位机指令和上传信息。

机械通风设备，每个大棚安装1个。日光温室通用风机，一般由外框、扇叶、百叶窗、电机、保护网、传动装置等组成。

设施蔬菜物联网云平台将模糊控制、作物生长模型、预测控制技术等集成到云平台中，系统前端传感器监测到温室大棚现场环境数据，传至云平台，通过云平台作出决策，传送至温室大棚自动通风控制器，实现温室大棚风机的开与关。

智农e联/智农e管手机App，通过控制模块，可以远程自动控制或系统智能控制温室大棚风机的开与关。

山东省农业科学院农业物联网（蔬菜）试验示范基地属于规模化的日光温室种植，单靠人工对每个大棚通风管理需要时刻关注大棚内外温度、湿度和CO_2浓度信息，需要大量人手，耗时费力，而且人工经验存在误差。引入日光温室无人精准通风系统后，前端感知设备采集温室大棚内外温度、湿度和CO_2浓度等环境数据，传至物联网云平台，由云平台将监测数据与系统内数据库进行比较，当棚内温度高了，湿度大了，CO_2浓度高时，自动发送开启指令至通风机，打开进行通风，直到棚内环境数据达到适合作物生长的范围内时，关闭通风机。使棚内的温度、湿度、CO_2浓度始终处于适合作物生长的最佳状态，实现了日光温室大棚无人化精准通风，提高了工作效率，降低了人工成本，提高了作物产量和质量。

第四节　蔬菜作物智能补光控制

一、技术需求

光照与作物的生长有密切的关系。最大限度地捕捉光能，充分发挥植物光合作用的潜力，将直接关系到农业生产的效益。随着社会的发展和人们对新鲜蔬菜瓜果的需求量越来越大，果蔬生产者对果蔬大棚的产出要求也越来越高。大多数蔬菜每天需要的光照时间在12h左右，但冬季北方光照时间短，一般在7h左右。尤其是受温室结构、卷放帘时间、棚膜上的尘土露水等的影响，温室内一般光照不足，冬春季节因受阴、雨、雪、雾等天气的影响，设施内部光照不足和光质组成不平衡现象尤为严重，严重影响了北方设施农业生产。因此，冬季进行适当的人工补光能够促进作物生长，是非常有必要的。根据温室生产和光环境的特点，用于温室补光的光源，必须具备栽培作物必需的光谱成分（即光质）和一定的功率（即光量），灯具应具有经济耐用、使用方便、安全无污染的特点。目前，作为温室补光用的光源主要有白炽灯、白光荧光灯、植物生长型荧光灯、金属卤化物灯（金卤灯）、高压水银灯（高压汞灯）、高压钠灯、LED光源等。白炽灯，价格低廉，补光的同时可以增温，但发光率低，用电成本高，寿命短，是热光源，在潮湿的温室内经常爆灯，几乎淘汰；白光荧光灯，生理辐射所占比例比白炽灯高（75%～80%），光照更均匀，还可通过采用成组灯管创造要求强度的光照，但近四成的黄绿光对植物生长作用不大，主要的红蓝光相对不足，目前应用较多；植物生长型荧光灯，生理辐射所占比（80%～85%），光照更均匀，还可通过采用成组灯管创造要求强度的光照，当季即可收回投入成本，但玻璃灯体，运输途中易碎，目前日光温室应用比较普遍；金卤灯，发光效率高于高压水银灯，功率大，寿命长，但灯内的填充物中有汞，当使用的灯破损或失效后抛弃时，会对环境造成污染，但光谱中含有较多的远红光，发热量大，不能近距离照射作物，目前应用较多；高压汞灯发光效率高，功率大，寿命长，蓝光比例高，但热光源，表面温度高，发热量较大，不能近距离照射作物，需要镇流器高压启动，断电后需完全冷却才能重新启动，不可以频繁启动；高压钠灯，发光效率高、耗电少、寿命长、透雾能力强、不诱虫，但功耗高，发热量大，表面温度高，不宜近距离照射作物，不宜频繁启动。钠灯缺少蓝光，容易造成幼苗徒长，目前连栋温室中应用较多；LED光源，使用低压电源，节能高效，适用范围广，稳定性强，响应时间快，无污染，可以改变颜色，使用寿命长，但散热功耗较高，采购成本高，是目前研究最多最有前景的类型。

日光温室内部植物补光灯照明的意义在于延长一天内足够多的光照强度。主要用于在晚秋和冬季种植蔬菜，温室照明对生长期和秧苗质量有巨大的影响。如番茄种植过程中，使用补光灯会在植物秧苗长出两片子叶后开始光照，持续光照12天可以减少6~8天的秧苗预备期。在多云和光照强度低的日子里，人工照明是必须的。尤其是在晚上给作物补充光照，可以促进作物生长。据有关研究，采用补光技术的温室作物，可提前成熟10天左右，产量提高30%，同时显著提高作物的免疫力和抗病能力，果实着色较好、畸形果少、品质优良，含糖量及维生素含量均得到提升。通过补光可以提供植物生长所有阶段所需要的光照、弥补冬季太阳光照的不足，而使植物生长不受季节的影响，促进植物光合作用，加速植物生长，进而缩短生长周期，调节农作物的开花与结果，控制株高和营养成分，提高免疫和抗病害能力，延长有效产收期，从而提高果蔬的品质与产量。

温室补光并不是简单的补光灯的开闭，温室补光继承了农业科学多学科性、复杂性的特点，所涉及的学科包括植物学、生物统计学、照明技术、控制技术等。影响作物生长的条件因素也非常多，除了阳光、空气、水这几个植物生长的环境因子之外，种子、土壤等也会影响植物的生长，各种条件的相互影响温室补光操作复杂化。首先，需要建立面向控制特定作物生长发育、优质高产所需的光照配方。所谓光照配方，是指以优质高产为目标，按照作物种类及其生长发育各阶段所需的光质种类及其数量属性的参数集合。其次，依据光照配方制定光环境控制策略。光照配方建立后，需要合理地制定光环境的控制策略。人工补光的目的一般分为补充自然光的不足和调节作物生长周期（如开花期的调节）2种。在实际生产中，一般遵循按需补光的原则，即按照作物生长发育的需求，从延长光照时间和增加光照强度2个方面进行补光。光环境控制的目的，应该是在作物生产中实现低投入、高产出的平衡状态，既不能一味地追求低投入忽视产出，也不能一味地追求高产出而忽视投入，因此在实际生产中光环境的控制策略，必须考虑温室补光灯的调控能力和在调控过程所消耗的成本投入。温室补光因日光温室类型而存在本质上的不同，也与栽培作物种类、季节因素有关，应根据不同植物、不同生育期对光周期的需求，合理确定补光灯的种类和时间。这种补光需求的时空变异性导致温室补光必需实施智能化管控，才能节能、高效。温室内光环境的质量和数量属性瞬间都在发生日变化和季节变化，如果采用恒定不变的补光系统进行光环境调控是不适合的，难以取得很好的生物学效益。所以，充分考虑利用自然光条件，科学设计补光时间，按需补光的蔬菜作物智能补光控制系统非常有必要。

二、总体架构

蔬菜作物智能补光控制系统分为感知、判断和控制三大部分。硬件系统采用模块化设计，由光强采集模块、电源模块、单片机控制模块、补光模块、电压校准电路模块、上位机模块构成。其中，光强采集电路包括一个定值电阻与光敏电阻，通过检测光敏电阻与地线的压差检测出外界光强度，将结果传输给主控芯片；主控部分为单片机，通过与设定的光照强度阈值对比进行智能调节；电源电路采用稳压电路，输出稳定直流电压为控制系统供电；光源电路采用恒流驱动模块上位机模块可以显示当前补光灯的运行状况和当前光照强度。

软件系统嵌入智能控制模块，一方面，建立一个面向控制及包含光照强度的日光温室小气候模型、作物生长模型及能量消耗模型，为实现智能控制奠定基础；另一方面，针对日光温室研制智能化程度高、操作简单直观、管理方式多样、系统廉价可靠的控制系统及其调节机构。控制系统应具备调节灯具的光质、光强和光周期，控制灯具的空间位置等功能。系统可以依据用户的相关设置控制植物的补光量，实现可对植物各阶段进行按需补光，避免不同植物在不同生长阶段以及不同地区补光不足或过度的问题，同时达到实际需要的光饱和点，避免过度补光，摆脱以往靠人工管理经验的补光方式，提高能源利用率，减少能源浪费，节约了人工成本。

三、应用案例

（一）山东省农业科学院农业物联网（蔬菜）试验示范基地

近年来，随着雾霾天气的逐渐增多，每年平均日照时间已经是连续十年偏少。植物受自然光照的机会逐渐减少，对一些蔬菜瓜果也造成了很大的影响。该基地自2015年在蔬菜大棚内引入了最新研制的蔬菜作物智能补光控制系统，主要用于解决冬季大棚蔬菜因雾霾阴天而导致的光照不足难题，特别适用于冬暖式大棚。

智能补光控制器，每个大棚安装1个。智能补光控制器用于自动控制大棚内植物补光灯的开启/关闭，对植物进行智能补光，主要包含光敏元件、温敏元件、定时元件以及存储显示元件等。通过设置光照强度参数、温度参数以及时间等方式，实现大棚内植物补光灯的调控。供电电压：AC220V；负载继电器输出容量：AC220V/7A；显示方式：数码管显示；控制模式：现场手动、远程自动和定时3种模式。

LED补光灯（图4-11），每个大棚安装1套。利用太阳光的原理，依照植物生长规律必须需要太阳光，代替太阳光给植物提供更好的生长发育环境。

图4-11　山东省农业科学院农业物联网（蔬菜）试验示范基地温室智能补光灯

光照强度传感器，每个大棚内外各安装2个。实现数据采集功能，实时采集光照强度数据；电量信息采集功能，硬件平台通过太阳能供电，可实时获取电池剩余电量信息；数据组包功能，按既定通信协议对光照强度、剩余电量信息组包传输；数据校验功能，数据包的组包过程中含有数据校验信息，确保数据传输过程中数据不出现任何错误；无线通信功能，将按既定协议组包的采集数据，通过SI4432短距离无线通信与网关节点通信，将组包数据上传至网关节点，接收网关节点校时信息，校正本地时间，以实现与网关节点同步；错误处理功能，若程序因内在或外界因素跑飞，系统可通过看门狗程序重启，保证系统长时间在线。光照强度传感器的测量范围：0～200klx；最小分辨率：1lx；工作温度：−30～80℃；通信方式：433MHz无线传输；功耗性能：平均功耗<5mW，至少支持连续7个阴雨天正常工作；专用安装支架：插地式特制金属支架。

设施蔬菜物联网云平台，设计了基于专家规则的智能补光系统，系统可对植物各阶段进行按需补光。系统前端传感器监测到温室大棚现场环境数据，传至云平台，通过云平台的智能补光系统作出决策，传送至温室大棚补光灯，实现智能补光。

智农e联/智农e管手机App，通过控制模块，可以远程自动控制或系统智能控制温室补光灯的开与关。

使用该系统后，园区工作人员反映："在遇到阴天下雨时使用，如有一些需要在冬季上市的蔬菜瓜果，在光照时间不长的情况下就有可能耽误了上市时间，必然会给我们这些种植户造成一些损失，像是这几天雾霾严重，光照时间减短了很多，有些蔬菜瓜果上市的时间可能就会延误，使用这种灯就可以避免这种情况的发生""LED补光灯能模拟植物需要，按照太阳光进行光合作用的原理，在自然光照不充足的情况下，对植物进行补光或者完全代替太阳光，蔬菜作物智能补光控制系统可以智能控制补光灯自动进行补光，通过手机App手动开启或关闭补光灯，简单方便，省时省工""使用蔬菜作物智能补光控制系统，可以提前或推后种苗上市的时间，从而增加产量，有效提高经济效益"。科学补光可以极大提高农产品产量及品质，达到增产、优质、高效、抗病和无公害的目的。通过补光可以促进农作物光合作用，调节农作物的开花与结果，控制株高和营养成分，加速农作物生长，提高免疫和抗病害能力，延长有效产收期，提高果蔬的品质与产量。蔬菜作物智能补光控制系统实现了科学自动补光，不依赖人工经验，补光效果更显著，同时减少了人力投入，降低了人工成本。

（二）设施蔬菜物联网试验基地

随着冬季来临，雨雪、雾霾天气也逐渐增多，植物受到自然光照的时间大幅减少，对冬季大棚蔬菜种植造成了很大影响。蔬菜作物智能补光控制系统走进了设施蔬菜物联网试验基地的大棚中，并取得了"补充光照、减病增产"的成效。

智能补光控制器，每个大棚安装1个。智能补光控制器用于自动控制大棚内植物补光灯的开启/关闭，对植物进行智能补光，主要包含光敏元件、温敏元件、定时元件以及存储显示元件等。通过设置光照强度参数、温度参数以及时间等方式，实现大棚内植物补光灯的调控。供电电压：AC220V；负载继电器输出容量：AC220V/7A；显示方式：数码管显示；控制模式：现场手动、远程自动和时间3种模式。

LED补光灯（图4-12），每个大棚安装1套。利用太阳光的原理，依照植物生长规律必须需要太阳光，代替太阳光给植物提供更好的生长发育环境。

光照强度传感器，每个大棚内外各安装2个。实现数据采集功能，实时采集光照强度数据；电量信息采集功能，硬件平台通过太阳能供电，可实时获取电池剩余电量信息；数据组包功能，按既定通信协议对光照强度、剩余电量信息组包传输；数据校验功能，数据包的组包过程中含有数据校验信息，确保数据传输过程中数据不出现任何错误；无线通信功能，将按既定协议组包的采集数据，通过SI4432短距离无线通信与网关节点通信，将组包数据上传至网关节点，接收网关节点校时信息，校正本地时间，以实现与网关节点同步；错误处理功能，若程序因内在或外界因素跑飞，系统可通过看门狗程序重启，保证系统长时间在线。光照强度传感器的测量范围：0～200klx；最小分辨率：1lx；工作温度：

-30~80℃；通信方式：433MHz无线传输；功耗性能：平均功耗<5mW，至少支持连续7个阴雨天正常工作；专用安装支架：插地式特制金属支架。

设施蔬菜物联网云平台，设计了基于专家规则的智能补光系统，系统可对植物各阶段进行按需补光。系统前端传感器监测到温室大棚现场环境数据，传至云平台，通过云平台的智能补光系统作出决策，传送至温室大棚补光灯，实现智能补光。

智农e联/智农e管手机App，通过控制模块，可以远程自动控制或系统智能控制温室补光灯的开与关。

图4-12　设施蔬菜物联网试验基地温室智能补光灯

这种LED灯模拟植物需要太阳光进行光合作用的原理，在自然光照不充足的情况下，对植物进行补光或者完全代替太阳光，全面增加了大棚蔬菜光照时间，植物光合作用更加充足，作物叶片在短时间内就能产生叶绿素，形成养分转换。一方面增强了作物的抗病能力，提升了农产品的品质；另一方面也大幅加快了作物的生长，提高了作物的产量。补光灯的操作可通过手机App完成，简单方便。手机App可以根据不同蔬菜水果光照时间的不同，科学设定补光时间，同时自动感应光照强度进行补光，不需要人为控制，实现植物补光智能化，合理利用植物生长补光灯，促进光合作用，加速植物生长，可以提前或推后黄瓜上市时间，农作物平均增产在20%左右。

第五节　蔬菜作物智能遮阳控制

一、技术需求

植物的生长是通过光合作用储存有机物来实现的，因此光照强度对植物的生长发育影响很大，它直接影响植物光合作用的强弱。光照强度与植物光合作用没有固定的比例关系，但是在一定光照强度范围内，在其他条件满足的情况下，随着光照强度的增加，光合作用的强度也相应的增加。但光照强度超过光的饱和点时，光照强度再增加，光合作用强度不增加。作物光合作用也有光饱和点，光照超过光饱和点叶绿素就要分解，呼吸作用增强，组织脱水，生理活动受到抑制，造成光合作用减弱，甚至死亡。夏季自然界光照经常在8万～12万lx，叶菜类蔬菜光饱和度3万～4万lx，一般喜温果菜4万～5万lx。夏季的强光、高温，直接影响了蔬菜的产量和质量。温室遮阳系统是现代温室重要的配套系统之一。温室遮阳是利用具有一定透光率的遮阳网遮挡过强阳光，减少太阳辐射，保证温室内作物正常生长所需的光照，降低室内温度。温室遮阳系统根据在温室中的安装位置可分为内遮阳和外遮阳，安装在温室屋面之上的称外遮阳，安装在温室屋面以下的称内遮阳。用来支撑遮阳网及其收张的是遮阳网架。从降温原理看，外遮阳是直接将太阳辐射阻隔在室外，而内遮阳则是安装在温室覆盖材料下面，太阳辐射有相当一部分被遮阳网自身循环吸收，遮阳网温度升高后再传给室内空气。所以外遮阳降温效果要比内遮阳好。但内遮阳同湿帘风机降温系统配合使用时，可以减少温室内需降温的有效气体体积，提高湿帘风机降温系统功效。内遮阳采用铝箔遮阳网使温室具有保温节能作用。温室内外遮阳帘收拢和展开的驱动是利用驱动电机和减速齿轮箱来实现的，目前普遍使用的3种类型驱动机构为：齿轮齿条推拉驱动、钢索驱动和链轮—钢索驱动。

（一）齿轮齿条推拉驱动

这类驱动大型温室项目或者桁架之间启闭的拉幕系统。它利用传动齿轮驱动开间长度的齿条在相邻两个桁架间运行。齿条与推拉杆φ32热镀锌圆管相连接（推拉杆与齿条的长度和=温室总长度-1个开间距离，这样齿轮与推拉杆才能来回移动），推杆牵引着幕布的活动边在开间里来回运行。齿轮齿条的驱动减速电机通常安装在温室中部附近，它们也可以安装在除首、末之外的任意一个开间内，因为齿条传动装置需一个开间的长度来自由运行，齿轮齿条驱动系统具有系统运行稳定，运行不易出现错误，减少维修费用。

（二）钢索驱动

钢索驱动既能用于天沟之间启闭幕布，也能用于桁架之间启闭幕布。这种系统中，钢索采用镀锌钢缆或不锈钢丝绳（或叫做航空钢缆），通过钢索牵引着幕布的活动边运行，驱动钢索缠绕在驱动轴的换向轮或紧线套筒上，随着电机带动驱动轴换向轮转动，缠好的钢索一端退绕放线，另一端则继续绕线，从而使闭合的驱动钢索实现在开间或跨度间的往复运动。钢索驱动系统的电机驱动装置一般安装在一侧山墙端（桁架间启闭）或一边侧墙处、幕布运行的平面上。通过滑轮将钢索向下引导，减速电机也可以安装在侧墙或山墙上任意方便安装的高度位置。

（三）链轮—钢索驱动

链轮—钢索驱动系统能同时驱动天构间和桁架间启闭的拉幕系统。一定长度的链条（像自行车链条一样）与钢索连接成一个与温室同长同宽的闭环，减速电机带动链轮齿转动，齿轮咬合着链条，链条带动钢索闭环前后运动。每块幕布的活动边都装有活动边导杆，他们与钢索固定连接，并随着钢索的前后运动而牵引着幕布的开启与闭合。这种系统的电机驱动装置一般安装在山墙或侧墙上，并通过滑轮和导向链轮齿将动力传导到幕布运行的平面上。传统温室大棚通过人工开启/关闭遮阳网，改变温室大棚中光照度和温度，1个人最多管理1~2座大棚，规模化的生产需要大量的劳动力。

二、总体架构

蔬菜作物智能遮阳控制分为感知、判断和控制三大部分。智能感知层为光照传感节点和温度传感节点，通过对日光温室光照、温度环境参数的实时采集，为蔬菜作物智能遮阳提供参考依据。云平台接收来自智能感知器通过网络传输的温室大棚环境条件关键参数数据，通过判断模块作出决策。同时，智能控制器通过网络接收控制指令，遮阳帘与智能控制器的继电器连接，实现温室遮阳帘的智能调节。

三、应用案例

日光温室在不适宜植物生长的季节，能提供生育期和增加产量，在寒冬季节保温种植喜温蔬菜，但当春、秋、夏季节，光照充足时，日光温室内温度可达50~60℃，不适合蔬菜的生长，因此需要开启遮阳网或铺设遮阳帘进行遮阳降温，人工操作费时费力，还存在一定的安全隐患，不适用规模化种植。山东省农业科学院农业物联网（蔬菜）试验示范基地自2016年引进了蔬菜作物智能遮阳控制系统，在日光温室内外安装了光照传感器、温度传感器以及智能遮阳控制器等硬件设备，农业物联网云平台和手机App软件系统。

使用该系统后，每座日光温室利用物联网技术，光照传感器、温度传感器采集蔬菜大棚内外光照强度和温度的信息，通过无线网络传输至云平台，通过模型分析，当外界光照或棚内温度超过一定限值自动开启遮阳网，外界光照或棚内温度低于一定限值自动关闭遮阳网，从而调节温室内光照强度和温度，获得植物生长的最佳条件。所有的日光温室通过接收无线传感汇聚节点发来的数据，进行存储、显示和数据管理，实现了生产基地所有温室大棚环境信息的获取、管理和分析处理，并以直观的图表和曲线方式显示出来，同时当日光温室内光照强度和温度超出设定值时，系统自动向工作人员发出报警信息，实现了园区日光温室集约化、网络化远程管理。

第六节　日光温室蔬菜栽培环境一机全管

一、技术需求

日光温室是一种在人工环境控制下栽培蔬菜的方式，即是在一种不适合蔬菜生长发育的季节或地区通过人工调控环境满足蔬菜生长发育需求的栽培。蔬菜生长发育过程中对环境的要求主要包括如下方面。

（一）温度

蔬菜对温度的基本要求包括气温和地温、昼温和夜温。气温和地温对蔬菜植株地下部分和地上部分生长发育及其相互关系产生影响，而昼温和夜温对昼夜不同时段蔬菜植株生长发育和物质积累及其相关关系产生影响，因此，气温和地温、昼温和夜温在蔬菜作物生长发育中均有十分重要的影响。

（二）光照强度（光照度、光质、光照长度）

光照环境是影响蔬菜生长发育的重要因子，设施蔬菜生产常在弱光季节进行，又加之蔬菜设施透光过程的光损失，故光照强度对作物尤其是喜光作物的生长有着十分重要的影响。

（三）CO_2浓度

空气中的CO_2浓度对蔬菜生长有着显著影响，在蔬菜光合作用CO_2饱和点以下提高CO_2浓度，可以明显增加蔬菜株高、径粗、叶片数、叶面积、开花数及坐果率，加快其生长发育，但是CO_2浓度过高也会引起蔬菜叶面失绿黄化、卷曲畸形、坏死等生长异常现象。

（四）湿度

水是蔬菜植物体内的主要成分之一，对大多数蔬菜来说，鲜重的80%～95%是水分，这些水分大部分存在细胞中，为许多生物化学反应提供合适的介质。然而植物生长发育过程中吸收的水分只有5%用于其生理生化过程及细胞扩散过程，大部分水分通过蒸腾而损失掉。环境中的湿度影响着植物的蒸腾作用，通过影响蒸腾作用，影响养分的吸收、植株体内代谢、叶片气孔导度、CO_2的同化等，从而影响植物的生长发育和作物产量。

（五）土壤环境

土壤环境包括水分、养分和生物等，土壤湿度低时，蔬菜根系生长缓慢，叶片气孔开放度减小或者关闭、蒸腾速率下降，依赖蒸腾拉力的蔬菜根系矿物质营养的被动吸收减弱，光合速率下降，光合产物合成代谢减缓；土壤湿度高时，土壤中气体空间减少，氧气不足，蔬菜植株根系呼吸会出现障碍，从而影响根系对矿物质的主动吸收和物质代谢，致使蔬菜生长不良，容易出现病虫害。

蔬菜作物生长发育需要的N、P、K等营养元素主要来源于土壤，缺N容易造成植株叶片发黄，缺P会影响植物的光合作用，缺K会影响光合产物的转化和运输。但这些环境与蔬菜生长发育的关系是复杂的，这种复杂性体现在两个方面：一是蔬菜生长发育对每个环境因子都有最适宜要求，但每个环境因子在蔬菜生长发育中都需要其他因子的配合，即蔬菜生长发育的每个最适宜环境都是在一定的其他环境条件下的最适环境；二是不同蔬菜种类甚至同一蔬菜种类的不同品种以及同一种类同一品种的蔬菜在不同的生长发育阶段对环境条件都有最适要求，即每个种类或品种各生育阶段蔬菜生长发育均有一个最佳环境组合。在传统日光温室生产中，大多数农户加温、浇水、通风等，全凭感觉。人感觉冷了就加温，感觉干了就浇水，感觉闷了就通风，没有科学依据，无法对作物生长作出及时有效的调整，通过传统人工经验难以控制环境达到最适宜的要求。因此，利用现代化技术，充分利用空气温湿度、土壤温度、土壤水分、光照、CO_2等传感器收集日光温室环境信息，利用计算机应用程序根据得到的数据进行分析，得出最优控制策略，达到日光温室环境精准调控的目的是非常有必要的。

二、总体构架

日光温室蔬菜栽培环境一机全管依据温室大棚环境控制目标及参数特点，以物联网技术为支撑，实现日光温室环境参数的全面感知、可靠传输与智能处理，可以全面控制生产现场卷帘系统、通风系统、水肥系统等，达到温室大棚自动化、智能化、网络化和科学化生产的目标。系统基于典型物联网体系架构，采用3层结构设计，包括感知层、传输层和应用层，感知层对日光温室小气候环境信息进行全面感知，是实现日光温室一机全管，对自动控制和智能决策提供准确、科学、全面的依据，现场传感器包括空气温度、空气湿度、光照强度、CO_2浓度和土壤温湿度等环境参数，现场控制器设备包括通风机、卷帘、水肥机等。传输层建立在局域网、移动通信网和互联网基础上，实现应用层和远程用户对感知层数据的获取和决策命令的下达。应用层通过对获取的日光温室各类信息进行融合、处理、共享，获得准确可靠的环境信息，为日光温室的远程控制和精准决策提供决策指导。系统在硬件上主要由传感器、现场控制器、集控计算机和执行机构组成。传感器及执行机构与现场控制器相连接，构成现场控制系统，每栋温室大棚内安装一套现场控制系统，各个现场控制系统通过以太网接入局域网络，与集控系统的集控计算机组成分布式控制结构。

三、应用案例

（一）设施蔬菜物联网试验基地

该基地安装了光照强度传感节点、空气温湿度传感节点、CO_2浓度传感节点、土壤水分传感节点、土壤pH值传感节点，在此基础上，将采集到的数据汇聚到温室大棚一体化控制器上（图4-13），通过温室大棚一体化控制器可以实现日光温室内环境监测、环境调控和自动报警等功能。

图4-13 设施蔬菜物联网试验基地环境一体化控制器

温室大棚一体化控制器，每个大棚安装1个。温室大棚一体化控制器可外接智农环采、智农环控和智农水肥等设备，实现了环境监测功能，通过（无线收发模块SI4432）与大棚内环境传感器连接，同时显示空气温湿度、CO_2浓度、光照强度、土壤温度、土壤水分等环境参数；环境调控功能，通过（RS-485串行总线）连接大棚内环境控制装置，对应每一执行设备均附带一套强电控制单元，手动或自动控制通风机、卷帘、卷膜、补光灯、遮阳、门锁等执行设备。报警功能，当温室内环境超过设定阈值时，可以自动报警，并可查看报警记录。语音播报功能，在输入框内输入文字，点击播放语音就能播放文本内容，同时能进行大棚环境参数播报。集成了远程通信模块，可实现平台及手机远控。工作电压/功率：200～240VAC/15W；环境采集模块数：5个；环境控制对象：11个；最大负载：10A/30VDC、10A/250VAC；通信方式：无线SI4432和有线RS-485串行总线；报警方式：报警记录通过显示屏查看；显示方式：液晶屏；产品尺寸：275mm×375mm×165mm；工作环境：0～45℃、5%～90%RH。

日光温室环境管理的所有操作都可以在温室大棚一体化控制器上完成。

（1）点击进入系统，输入密码，显示主界面，如图4-14所示。

图4-14　温室大棚一体化控制器主界面

（2）点击环境监测，显示空气温湿度、CO_2浓度、光照强度等环境参数，如图4-15所示。

图4-15　温室大棚一体化控制器环境监测界面

（3）点击环境调控，显示通风机控制、卷帘控制、补光灯控制、门锁控制模块。点击模块下的开始/停止按钮进行开始/停止控制，如图4-16所示。

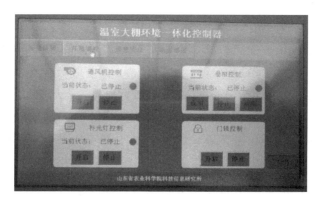

图4-16　温室大棚一体化控制器环境调控界面

（4）点击报警信息，显示空气温湿度、CO_2浓度、光照强度等环境参数报警上下限数据，点击报警记录，可查看报警的信息，如图4-17所示。

图4-17　温室大棚一体化控制器环境报警界面

（5）点击语音播报，播放输入框内文本内容，还能播报大棚环境参数播报功能，如图4-18所示。

图4-18　温室大棚一体化控制器语音播报界面

在日光温室里，通过一套温室环境管理设备可以查看日光温室内环境参数，调控日光温室内环控设备，还能进行报警和语音播报，通过平台及手机远控，实现了无人操作，为作物创造最佳的生长环境，提高了工作效率，提高了产量。

（二）夏津县香赵庄瑞丰源果蔬专业合作社

该合作社主要从事有机高端果树和蔬菜种植销售等，基地实行统一采购生产资料、统一技术种植，统一科学管理，统一销售的管理模式，在保护土壤、保护环境、高效高产种植的同时增加了经济效益，为各商场、超市及家庭消费者提供低价优质的绿色无公害、可追溯产品的果瓜蔬菜。为提高效益，减轻工作人员的劳动强度和提高蔬菜的质量，自2016年起，在种植基地的多座蔬菜大棚内安装了多套日光温室蔬菜栽培环境一机全管系统，实现了集约化管理。

光照强度传感器，每个大棚内外各安装2个。实现数据采集功能，实时采集光照强度数据；电量信息采集功能，硬件平台通过太阳能供电，可实时获取电池剩余电量信息；数据组包功能，按既定通信协议对光照强度、剩余电量信息组包传输；数据校验功能，数据包的组包过程中含有数据校验信息，确保数据传输过程中数据不出现任何错误；无线通信功能，将按既定协议组包的采集数据，通过SI4432短距离无线通信与网关节点通信，将组包数据上传至网关节点，接收网关节点校时信息，校正本地时间，以实现与网关节点同步；错误处理功能，若程序因内在或外界因素跑飞，系统可通过看门狗程序重启，保证系统长时间在线。光照强度传感器的测量范围：0～200klx；最小分辨率：1lx；工作温度：−30～80℃；通信方式：433MHz无线传输；功耗性能：平均功耗<5mW，至少支持连续7个阴雨天正常工作；专用安装支架：插地式特制金属支架。

空气温湿度传感节点，每个大棚3个。实现数据采集功能，实时采集空气温湿度数据；电量信息采集功能，硬件平台通过太阳能供电，可实时获取电池剩余电量信息；数据组包功能，按既定通信协议对空气温湿度、剩余电量信息进行组包传输；数据校验功能，数据包的组包过程中含有数据校验信息，确保数据传输过程中数据不出现任何错误；无线通信功能，将按既定协议组包的采集数据，通过SI4432无线通信模块与网关节点通信，将组包数据上传至网关节点；接收网关节点校时信息，校正本地时间，以实现与网关节点同步；错误处理功能，若程序因内在或外界因素跑飞，系统可通过看门狗程序重启，保证系统长时间在线。空气温湿度传感节点的温度测量范围：−40～125℃；温度测量精度：±0.1℃（−10～60℃）；湿度测量范围：0～100%；湿度测量误差：±2%RH（25℃常湿30%～70%）；供电电压：太阳能供电；通信方式：433MHz无线传输；功耗性能：平均功耗4.2mW，至少支持连续5个阴雨天正常工作；专用安装支架：插地式特制金属支架。

CO_2浓度传感节点，每个大棚2个。实现数据采集功能，实时采集CO_2浓度数据；电量信息采集功能，硬件平台通过太阳能供电，可实时获取电池剩余电量信息；数据组包功能，按既定通信协议对CO_2浓度、剩余电量信息组包传输；数据校验功能，数据包的组包过程中含有数据校验信息，确保数据传输过程中数据不出现任何错误；无线通信功能，将按既定协议组包的采集数据，通过SI4432短距离无线通信与网关节点通信，将组包数据上传至网关节点；接收网关节点校时信息，校正本地时间，以实现与网关节点同步；错误处理功能，若程序因内在或外界因素跑飞，系统可通过看门狗程序重启，保证系统长时间在线。CO_2浓度传感节点的测量范围：0～10mg/L；测量精度：±0.03mg/L±5%FS；工作环境：温度0～50℃，湿度0～95%；工作电压：5V；反应时间：≤30s；通信方式：433MHz无线传输；功耗性能：平均功耗≤8mW，至少支持连续7个阴雨天正常工作；专用安装支架：插地式特制金属支架。

土壤水分传感节点，每个大棚6个。实现数据采集功能，实时采集土壤水分数据；电量信息采集功能，硬件平台通过太阳能供电，可实时获取电池剩余电量信息；数据组包功能，按既定通信协议对土壤水分、剩余电量信息组包传输；数据校验功能，数据包的组包过程中含有数据校验信息，确保数据传输过程中数据不出现任何错误；无线通信功能，将按既定协议组包的采集数据，通过SI4432短距离无线通信与网关节点通信，将组包数据上传至网关节点；接收网关节点校时信息，校正本地时间，以实现与网关节点同步；错误处理功能，若程序因内在或外界因素跑飞，系统可通过看门狗程序重启，保证系统长时间在线。土壤水分传感节点的测量范围：0 ~ 100%（m^3/m^3）；探针材料：不锈钢；测量精度：0 ~ 50%（m^3/m^3）范围内为 ± 2%（m^3/m^3）；工作温度：−40 ~ 85℃；工作电压：5V；稳定时间：通电后1s内；通信方式：433MHz无线传输；功耗性能：平均功耗6.2mW，至少支持连续5个阴雨天正常工作；专用安装支架：插地式特制金属支架。

土壤温度传感节点，每个大棚6个。实现数据采集功能，实时采集土壤温度数据；电量信息采集功能，硬件平台通过太阳能供电，可实时获取电池剩余电量信息；数据组包功能，按既定通信协议对土壤温度、剩余电量信息组包传输；数据校验功能，数据包的组包过程中含有数据校验信息，确保数据传输过程中数据不出现任何错误；无线通信功能，将按既定协议组包的采集数据，通过SI4432短距离无线通信与网关节点通信，将组包数据上传至网关节点；接收网关节点校时信息，校正本地时间，以实现与网关节点同步；错误处理功能，若程序因内在或外界因素跑飞，系统可通过看门狗程序重启，保证系统长时间在线。土壤温度传感节点的测量范围：−55 ~ 125℃；测量精度：± 0.1℃；探针材料：不锈钢；通信方式：433MHz无线传输；功耗性能：平均功耗≤5mW，至少支持连续7个阴雨天正常工作；专用安装支架：插地式特制金属支架。

土壤pH值传感节点，每个大棚3个。数据采集功能，实时采集土壤pH值和EC；电量信息采集功能，硬件平台通过太阳能供电，可实时获取电池剩余电量信息；数据组包功能，按既定通信协议对土壤pH值和EC、剩余电量信息组包传输；数据校验功能，数据包的组包过程中含有数据校验信息，确保数据传输过程中数据不出现任何错误。无线通信功能，将按既定协议组包的采集数据，通过SI4432短距离无线通信与网关节点通信，将组包数据上传至网关节点；接收网关节点校时信息，校正本地时间，以实现与网关节点同步；错误处理功能，若程序因内在或外界因素跑飞，系统可通过看门狗程序重启，保证系统长时间在线。土壤pH值传感节点EC传感参数，测量精度：± 0.1pH值；最小分辨率：0.005pH值；工作温度：0 ~ 100℃；输出信号：−450 ~ 1 100mV；响应时间：30s读取98%（25℃）。EC传感参数：测量范围：0 ~ 20mS/cm；最小分辨率：0.008mS/cm；测量精度：≤ ± 0.02%。通信方式：433MHz无线传输；功耗性能：平均功耗<5mW，至少支持

连续7个阴雨天正常工作；专用安装支架：插地式特制金属支架。

温室大棚一体化控制器，每个大棚安装1个。温室大棚一体化控制器可外接智农环采、智农环控和智农水肥等设备，实现了环境监测功能，通过（无线收发模块SI4432）与大棚内环境传感器连接，同时显示空气温湿度、CO₂浓度、光照强度、土壤温度、土壤水分等环境参数；环境调控功能，通过（RS-485串行总线）连接大棚内环境控制装置，对应每一执行设备均附带一套强电控制单元，手动或自动控制通风机、卷帘、卷膜、补光灯、遮阳、门锁等执行设备。报警功能，当温室内环境超过设定阈值时，可以自动报警，并可查看报警记录。语音播报功能，在输入框内输入文字，点击播放语音就能播放文本内容，同时能进行大棚环境参数播报。集成了远程通信模块，可实现平台及手机远控。工作电压/功率：200～240VAC/15W；环境采集模块数：5个；环境控制对象：11个；最大负载：10A/30VDC、10A/250VAC；通信方式：无线SI4432和有线RS-485串行总线；报警方式：报警记录通过显示屏查看；显示方式：液晶屏；产品尺寸：275mm×375mm×165mm；工作环境：0～45℃、5%～90%RH。

智能补光控制器，每个大棚安装1个。智能补光控制器用于自动控制大棚内植物补光灯的开启/关闭，对植物进行智能补光，主要包含光敏元件、温敏元件、定时元件以及存储显示元件等。通过设置光照强度参数、温度参数以及时间等方式，实现大棚内植物补光灯的调控。供电电压：AC220V；负载继电器输出容量：AC220V/7A；显示方式：数码管显示；控制模式：现场手动、远程自动和时间3种模式。

智能通风控制器，每个大棚安装1个。采用智能控制技术通风机电机的开关，通过开启/关闭通风机实现对农业生产现场的温湿度的自动控制，有自动、手动、定时3种控制模式。自动模式下，根据当前监测的棚内温湿度数据进行判定，当温湿度传感器监测到温湿度达到上/下限设定值时，内部继电器动作，自动开启/关闭通风机来调节温大棚内的温湿度；手动模式下，手动按压面板开启/关闭按钮进行操作；定时模式下，可以设定时间，按照设定时间开启/关闭通风机。工作温度：-30～70℃；工作湿度：10%～90%RH，无凝露；内置继电器最大负载（阻性）：12A/16A、250VAC；最大切换电流：12A/16A；可通过RS485接收上位机指令和上传信息。

在园区中，使用日光温室蔬菜栽培环境一机全管系统，可以准确监测日光温室环境中温度、相对湿度、pH值、光照强度、土壤养分、CO₂浓度等环境参数，并可以控制日光温室内环控设备，保证农作物有一个良好的、适宜的生长环境。同时，经过接收无线传感会聚节点发来的数据，进行存储、显现和数据办理，可完成一切基地测试点信息的获取、办理和剖析处理，以直观的图表和曲线方式显现，依据栽培植物的需求提供各种声光报警信息和短信报警信息，完成温室集约化、网络化管理。还可以把不同时间植物的体现和环境因子进行剖析，反映到下一轮的出产中，然后完成更精准的管理，生产出更优质的蔬菜产品。

第七节　蔬菜作物水肥一体化精量施用

一、技术需求

水分和肥料是作物生长发育的两大重要因素，水肥对作物生长发育的影响主要是对作物株高、茎粗等生长指标及作物光合速率、气孔导度等生理指标的影响。适合的水肥促进作物生长，反之，则抑制作物的生长发育。合理的水肥管理有利于作物高产，而盲目的水肥管理不但对作物生长发育不利，还将导致水肥资源浪费和环境污染。长期以来，传统种植浇水采取大水漫灌的方式，化肥施用没有节制，浪费严重、利用率较低。水肥一体化技术是将灌溉与施肥融为一体的农业新技术。水肥一体化是借助压力系统（或地形自然落差），将可溶性固体或液体肥料，按土壤养分含量和作物种类的需肥规律和特点，配兑成的肥液与灌溉水一起，通过可控管道系统供水、供肥，使水肥相融后，通过管道、喷枪或喷头形成喷灌、均匀、定时、定量，喷洒在作物发育生长区域，使主要发育生长区域土壤始终保持疏松和适宜的含水量，同时根据不同作物的需肥特点，土壤环境和养分含量状况，需肥规律情况进行不同生育期的需求设计，把水分、养分定时定量，按比例直接提供给作物。水肥一体化是指根据作物需求，对农田水分和养分进行综合调控和一体化管理，以水促肥、以肥调水，实现水肥耦合，全面提升水肥利用效率。与传统模式相比，水肥一体化实现了水肥管理的革命性转变，即渠道输水向管道输水转变、浇地向浇庄稼转变、土壤施肥向作物施肥转变、水肥分开向水肥一体转变。水肥一体化有以下优点。

（一）提高水肥利用率

传统土施肥料，氮肥常因淋溶、反硝化等而损失，磷肥和中微量元素容易被土壤固定，肥料利用率只有30%左右，浪费严重的同时作物养分供应不足。在水肥一体化模式下，肥料溶解于水中通过管道以微灌的形式直接输送到作物根部，大幅减少了肥料淋失和土壤固定，磷肥利用率可提高到40% ~ 50%，氮肥、钾肥可提高到60%以上，作物养分供应更加全面高效。根据多年大面积示范结果，在玉米、小麦、马铃薯、棉花等大田作物和设施蔬菜、果园上应用水肥一体化技术可节约用水40%以上，节约肥料20%以上，大幅度提高肥料利用率。

（二）节省劳动力

在农业生产中，水肥管理需要耗费大量的人工。如在华南地区的香蕉生产中，有些产地的年施肥次数达18次。每次施肥要挖穴或开浅沟，施肥后要灌水，需要耗费大量劳动力。南方很多果园、茶园及经济作物位于丘陵山地，灌溉和施肥非常困难，采用水肥一体化技术，可以大幅度减轻劳动强度。

（三）保证养分均衡供应

传统种植注重前期忽视中后期，注重底墒水和底肥，作物中后期的灌溉和施肥操作难以进行，如小麦拔节期后，玉米大喇叭口期后，田间封行封垄基本不再进行灌水和施肥。采用水肥一体化，人员无需进入田间，即便封行封垄也可通过管道很方便地进行灌水施肥。因为水肥一体化能提供全面高效的水肥供应，尤其是能满足作物中后期对水肥的旺盛需求，非常有利于作物产量要素的形成，进而大幅提高粮食单产。

（四）利于保护环境

水肥一体化条件下，设施蔬菜土壤湿润比通常为60%～80%，降低了土壤和空气湿度，能有效减轻病虫害发生，从而减少了农药用量，降低了农药残留，提高了农产品安全性，减轻了对环境的负面影响，生态环保。

（五）减少病虫害的发生

水肥一体化技术有助于调节田间湿度，减轻病虫害的发生。对土传病害（茄科植物疫病、枯萎病等会随流水传播）也有很好地控制作用。

二、总体构架

蔬菜作物水肥一体化精量施用系统分为前端感知系统、水肥一体化系统、智能控制系统和滴灌系统四大部分。前端感知系统是通过空气温湿度传感器、光照传感器、土壤温湿度传感器、土壤pH值传感器等获取温室内环境数据和作物本体数据。水肥一体化系统是核心部分，按土壤养分含量和作物种类的需肥规律和特点，调节肥料、水、酸碱等的配比，通过可控管道系统供水、供肥，使水肥相融后，通过管道和滴头形成滴灌、均匀、定时、定量，浸润作物根系发育生长区域，使主要根系土壤始终保持疏松和适宜的含水量，同时根据不同蔬菜的需肥特点、土壤环境和养分含量状况，把水分、养分定时定量，按比例直接提供给作物。智能控制系统接收各传感器采集的数据并发送到云端，云端软件分析进行智能化分析，发送指令给控制器，实现灌溉设备的远程自动化控制。用户可根据栽培作物品种、生育期、种植面积等参数，对灌溉量、施肥量以及灌溉的时间进行设置，形成一个水肥灌溉模型。通过对各前端传感器的数据分析，结合作物的生长发育需求，科学合理的安排灌溉计划，实现电脑端和手机端的远程自动化控制。

三、应用案例

（一）设施蔬菜物联网试验基地

由于长期种植，蔬菜大棚由于常年累作，土壤环境恶化，影响到作物的生长。基地自2014年引进了蔬菜作物水肥一体化精量施用系统，系统由物联网云平台、墒情数据采集终端、视频监控、水肥一体机、管路等组成。整个系统可根据监测的土壤水分、作物种类的需肥规律，设置周期性水肥计划实施轮灌。施肥机会按照用户设定的配方、灌溉过程参数自动控制灌溉量、吸肥量、肥液浓度、酸碱度等水肥过程的重要参数，实现对灌溉、施肥的定时、定量控制，充分提高水肥利用率，实现节水、节肥、改善土壤环境，提高作物品质的目的，如图4-19所示。

图4-19　设施蔬菜物联网试验基地水肥精量施用系统

使用该系统提高了水肥利用率。使用该系统前，何时灌溉，何时施肥，施多少肥，浇多少水，都是以经验为主，人为判定，水肥利用率低；使用该系统后，根据传感器的数据，结合作物的生长期和实际需求，精准施用，水肥利用率高。使用该系统提高了效益。使用该系统前，施肥浇水都是人工操作，每个工人只能管理1~2个温室，人工成本高；使用该系统后，系统自动施肥浇水，无须人工操作，人工成本低。多年的使用经验证明，该系统能有效提高水肥利用率，提高蔬菜产量和质量，降低人工成本，提高了效益。

（二）山东省农业科学院农业物联网（蔬菜）试验示范基地

山东省农业科学院农业物联网（蔬菜）试验示范基地主要从事高档水果、蔬菜的种植和销售、加工，有很多蔬菜温室大棚。蔬菜生长最重要的元素莫过于水，蔬菜大棚通过灌溉提供蔬菜所需的水分是唯一途径，传统种植过程中，蔬菜大棚种植高水高肥，水利用率低下，高耗肥料等问题，增加了成本的同时，还污染了环境。自2015年，在基地的番茄种植大棚内，安装了水肥一体机精准施用系统，通过灌溉系统给作物施肥浇水，作物在吸收水分的同时吸收养分，借助压力灌溉系统，将完全水溶性固体肥料或液体肥料，按番茄生长各阶段对养分的需求和土壤养分的供给状况，配兑而成的肥液与灌溉水融为一体，适时、定量、均匀、准确地输送到番茄根部土壤。系统由物联网云平台、墒情数据采集终端、视频监控、智农水肥设备、管路等组成。其中，智农水肥设备是按照"实时监测、精准配比、自动注肥、精量施用、远程管理"的设计原则，安装于作物生产现场，用灌水器以点滴状或连续细小水流等形式自动进行水肥浇灌，实现对灌溉、施肥的定时、定量控制，提高水肥利用率，达到节水、节肥，改善土壤环境的目的。设备分为本地控制和远程控制两种控制方式。本地控制分为执行部分和控制部分。执行部分包括两个35W的微型注肥泵，一个0.55kW的离心泵，以及开关电源和2分水管、PVC水管等。控制部分采用PLC和节水MCGS触摸屏。本地控制分为3种控制方式：流量控制、时间控制和手动控制。流量控制界面可以设定泵流量，按下启动键，当流量到达目标流量后，就自动停止。时间控制界面可以设定时间、选择运行哪些泵。按下启动键，达到预定时间则会自动停止运行。手动控制可以对各个电机进行灵活操作，可以单独控制水泵。智农水肥设备是整个系统的核心。

番茄生长期间追肥结合水分滴灌同步进行。根据设施番茄不同生长期、不同生长季节的需肥特点，按照平衡施肥的原则，在设施番茄生长期分阶段进行合理施肥。定植至开花期间，选用高氮型滴灌专用肥；开花后至拉秧期间，选用高钾型滴灌专用肥；逆境条件下需要加强叶面肥管理。滴灌专用肥尽量选用含氨基酸、腐殖酸、海藻酸等具有促根抗逆作用功能型完全水溶性肥料。使用蔬菜作物水肥一体化精量施用后，实现了节水、节能，滴灌比地面沟灌节约用水30%~40%，同时节省了抽水的油、电等能源消耗。减少了番茄病害的发生，滴灌能减少大棚地表蒸发，降低温室湿度，减少病虫害和杂草的发生。提高了工作效率，在滴灌系统上附设施肥装置，将肥料随着灌溉水一起送到根区附近，不仅节约肥料，而且提高了肥效，节省了施肥用工。一些用于土壤消毒和从根部施入的农药，也可以通过滴灌施入土壤，从而节约了劳力开支，提高了用药效果。减轻了对土壤的伤害，滴灌是采取滴渗浸润的方法向土壤供水，不会造成对土壤结构的破坏。

参考文献

陈晓栋，原向阳，郭平毅，等.2015.农业物联网研究进展与前景展望[J].中国农业科技导报，17（2）：8-16.

董静，赵志伟，梁斌.2017.我国设施蔬菜产业发展现状[J].中国园艺文摘（1）：75-77.

董文国.2012.蔬菜温室大棚智能控制系统的设计[D].曲阜：曲阜师范大学.

傅琳.1987.微灌工程技术指南[M].北京.水利电力出版社.

葛文杰，赵春江.2014.农业物联网研究与应用现状及发展对策研究[J].农业机械学报，45（7）：222-226.

顾涛，李兆增，吴玉芹.2017.我国微灌发展现状及十三五发展展望[J].节水灌溉（3）：90-91.

顾陈耀，胡志强，吴云，等.2011.温室大棚卷帘机无线远程控制系统的设计[J].现代电子技术，34（19）：44-45.

韩毅.2016.基于物联网的设施农业温室大棚智能控制系统研究[D].太原：太原理工大学.

孔国利，苏玉.2015.日照温室大棚自动卷帘机与智能通风控制系统设计[J].湖北农业科学，54（24）：6 386-6 388.

李道亮.2012.农业物联网导论[M].北京：科学出版社.

李道亮.2017.中国农业信息化发展报告（2017）[M].北京：电子工业出版社.

李灯华，李哲敏，许世卫，等.2015.我国农业物联网产业化现状与对策[J].广东农业科学，20（1）：149-157.

李灯华，李哲敏，许世卫，等.2016.先进国家农业物联网的最新进展及对我国的启示[J].江苏农业科学，44（10）：1-5.

李广林.2016.基于云管理的农业大棚控制系统的研究[D].唐山：华北理工大学.

李辉尚，王晓东，杨唯，等.2018.我国蔬菜市场2017年形势分析与后市展望[J].中国蔬菜（1）：7-12.

李瑾，郭美荣.2016.农业物联网发展评价指标体系设计：研究综述和构想[J].农业现代化研究，37（3）：423-429.

李军.2006.农业信息技术[M].第2版.北京：科学出版社.

李俊良，梁斌.2015.设施蔬菜微灌施肥工程与技术[M].北京：中国农业出版社.

李萍萍，王纪章.2014.温室环境信息智能化管理研究进展[J].农业机械学报，45（4）：237-239.

李天来.2011.设施蔬菜栽培学[M].北京：中国农业出版社.

李旭，刘颖.2013.物联网通信技术[M].北京：北京交通大学出版社，清华大学出版社.

刘军，阎芳，杨玺.2017.物联网技术[M].北京：机械工业出版社.

苗凤娟，高玉峰，陶佰睿，等.2011.基于物联网与太阳能光伏的智能温室监控系统设计[J].科技通报，32（9）：89-92.

裴小军.2015.互联网+农业打造全新的农业生态圈[M].北京：中国经济出版社.

宋志伟，翟国亮.2018.蔬菜水肥一体化实用技术[M].北京.化学工业出版社.

唐辉宇.2006.农业用机器人[J].湖南农机（5）：124-126.

汪懋华.2010.物联网农业领域应用发展对现代科学仪器的需求[J].现代科学仪器，1（3）：5-6.

王宏宇，黄文忠，张玉娟.2008.温室园艺精量播种机械发展现状概述[J].农业科技与装备（2）：111-112.

王艳芳，李灵芝.2014.我国蔬菜食品安全问题及对策[J].中国蔬菜（15）：194-197.

吴玉康，邓世建，袁刚强，等.2010.SHT11数字式温湿度传感器的应用[J].工矿自动化，4（4）：99-101.

向绪友，周超等.2016.农业物联网应用推广存在的问题和改进建议[J].湖南农业科学，23（1）：81-85.

邢希君，宋建成，齐伶艳，等.2017.设施农业温室大棚智能控制技术的现状与展望[J].江苏农业科学，45（21）：10-15.

徐华，付立思，孙晓杰，等.2007.基于ARM的农用机器人开放式控制器的设计[J].农机化研究（5）：124-126.

徐坚，高春娟.2014.水肥一体实用技术[M].北京.中国农业出版社.

宣传忠，武佩，马彦华，等.2013.基于物联网技术的设施农业智能管理系统[J].农业工程，3（2）：222-226.

郇新，谢宗华.2017.基于物联网的温室大棚控制系统[J].河北农机，10（25）：43-45.

阎晓军，王维瑞，梁建平.2012.北京市设施农业物联网应用模式构建[J].农业工程学报，28（4）：149-154.

杨宝珍，安龙哲，李会荣，等.2008.农业机器人的应用及发展[J].农机使用与维修（6）：103.

杨桂荣，任士虎.2017.基于物联网的温室大棚智能控制系统总体方案设计[J].现代化农业（5）：51-52.

杨学坤，蒋晓胡，瑶玫.2017.日光温室补光技术的应用现状分析与对策研究[J].农产品加工（7）：71-74.

应向伟，吴巧玲.2017.农业装备智能控制系统发展动态研究[M].北京：科学技术文献出版社.

于曦，李丹.2002.面向消息的中间件概述[J].成都大学学报（自然科学版），4（21）：34-36.

余欣荣.2013.关于发展农业物联网的几点认识[J].中国科学院院刊，28（3）：679-685.

张唯，刘婧.2002.设施农业种植下物联网技术的应用及发展趋势[J].科技广场（1）：241.

赵春江.2014.对我国农业物联网发展的思考与建议[J].农林工作通讯，7（1）：25-26.

赵匀，武传宇，胡旭东.2003.农业机器人的研究进展及存在的问题[J].农业工程学报，19

（1）：20-24.

郑纪业，阮怀军，封文杰，等. 2017. 农业物联网体系结构与应用领域研究进展[J]. 中国农业科学，50（4）：657-668.

郑继业. 2016. 农业物联网应用体系结构与关键技术研究[D]. 北京：中国农业科学院.

庄保陆，郭根喜. 2008. 水产养殖自动投饵装备研究进展与应用[J]. 南方水产，4（4）：67-71.

曾令培. 2015. 智能温室大棚系统的设计[D]. 西安：西安交通大学.

Pieter Hintjens. 2015. ZeroMQ云时代极速消息通信库[M]. 卢涛，李颖译. 北京：电子工业出版社.

W.Richard Stevens，Stephen A.Rago. 2006.UNIX环境高级编程[M]. 尤晋元，张亚英，戚正伟译. 北京：人民邮电出版社.

Belforte G，Deboli R，Gay P，et al . 2006 . Robot design and testingfor greenhouse applications[J]. Biosystems Engineering，95（3）：309-321.

Tanigakia K，Fujiuraa T，Akascb，et al. 2008. Cherry-harvesting robot[J]. Computers and Electronics in Agriculture，63（1）：65-72.